"十二五"普通高等教育本科国家级规划教材

自主创新
方法先行

线性代数及其应用

方文波 主编
李正帮 胡雁玲 李书刚 代晋军 程婷 编

XIANXING
DAISHU
JIQI
YINGYONG

高等教育出版社·北京

内容简介

本书是科技部创新方法工作专项项目——“科学思维、科学方法在高等学校教学创新中的应用与实践”(项目编号:2009IM010400)子课题“科学思维、科学方法在线性代数课程中的应用与实践”的研究成果，并入选“十二五”普通高等教育本科国家级规划教材，主要内容包括线性方程组的研究，行列式，矩阵及其运算，线性方程组，向量组的线性相关性，特征值、特征向量及二次型6章。

为了提高学生的应用能力，本书介绍了线性代数在其他学科中的多个应用案例，为后续课程的学习和工作实践奠定了基础。同时，书中多达62幅的几何图形更便于读者理解线性代数中的抽象概念，大量的习题和例题也便于读者进行更进一步的练习和参考。

本书内容深入浅出，论述清晰，可供普通高等学校，特别是以培养创新性应用型人才为主要目的的本科院校作为理工类线性代数课程的教材，还可作为相关研究人员的参考书。

图书在版编目（CIP）数据

线性代数及其应用/方文波主编；段汕等编. —北京：高等教育出版社，2011.2（2016.3 重印）

ISBN 978-7-04-031420-5

Ⅰ. ①线…　Ⅱ. ①方…②段…　Ⅲ. ①线性代数-高等学校-教材

Ⅳ. ①O151.2

中国版本图书馆 CIP 数据核字(2010)第 262017 号

策划编辑　王　强　　责任编辑　王　强　　封面设计　于　涛　　责任绘图　于　博

版式设计　范晓红　　责任校对　杨雪莲　　责任印制　刘思涵

出版发行　高等教育出版社
社　　址　北京市西城区德外大街 4 号
邮政编码　100120
印　　刷　唐山市润丰印务有限公司
开　　本　787×960　1/16
印　　张　14.5
字　　数　260 000
购书热线　010-58581118
咨询电话　400-810-0598
网　　址　http://www.hep.edu.cn
　　　　　http://www.hep.com.cn
网上订购　http://www.landraco.com
　　　　　http://www.landraco.com.cn
版　　次　2011 年 2 月第 1 版
印　　次　2016 年 3 月第 9 次印刷
定　　价　24.20 元(含光盘)

物 料 号　31420-A0

序言

随着计算机技术的发展,线性代数课程的重要性越来越突出,同时现代信息技术已经为显著改进教与学的方式提供了可能。武汉纺织大学方文波教授领导的教学团队多年来致力于线性代数课程的数字化资源建设,并在数字化资源的建设过程中不断探索更利于学生理解的教学方法,从而使该教材更加适合与数字化资源配合、交替使用,收到良好的教学效果。

教材的编者们自1998年开始进行线性代数数字化教学资源的研究,目前已研发出的数字化教学资源和软件有:线性代数演算系统、线性代数(在线)测试系统、线性代数(在线)实验系统、线性代数学习模型、线性代数求解模型和线性代数系列智能电子教案。这些资源和软件经过有机整合后,构成了线性代数课程的教学平台,并在全国多所高校进行试点和使用,受到了广大师生的一致好评,收到了较好的教学效果。2009年,方文波教授主持的教研成果"基于智能教学平台的线性代数课程教学模式的研究与实践"获得第六届全国教学成果二等奖,以方文波教授为负责人的线性代数课程被评为国家级精品课程。

在此基础上,编者们又对国内外优秀的线性代数教材进行了细致的研究,对线性代数教材建设的状态和发展潮流有了较全面的了解,对线性代数的教材建设有了崭新的认识。因此,该教材既继承了国内外优秀线性代数教材的优点,为进一步适应当前教学改革与课程体系教改实践打下了很好的基础;又较好地处理了线性代数经典内容与现代应用的关系、纸质教材与数字化资源的关系,形成了鲜明的特色:

一、突出了线性代数的应用特色。本书的适用人群被定位于一般本科院校的学生,目标是通过课程教学潜移默化地培养学生具备创新性应用型人才的素质与能力。该教材共介绍了十多个应用案例,涉及工程、计算机、物理、生物、化学等多个学科,全书广泛选取的这些应用实例从不同侧面说明了线性代数这门课程的作用。

二、对代数与几何进行了有效整合。由于许多学生更容易接受形象化的概念,所以对书中的主要概念都给出了几何解释。全书设计了大量独具匠心的几何图形用于辅助学生理解相关知识点,不少内容的引进与教学设计方式都有令人耳目一新的感觉。

三、注重了纸质教材内容与数字化教学资源的互补性。本教材编写团队在教材编写之初就十分注重纸质教材内容与数字化教学资源及学习网站的整合，如：全部因篇幅限制而省略的定理之详细证明均在网站上给出；理论性较强的、适合课后研究性学习的例子通过网站适当补充；对立志参加研究生考试或其他学有余力的同学给以专题辅导栏目；教材上的静态图形均在网站上给出了动态形成过程，以便加深使用者对相关知识点的理解；习题中实验题和应用案例中的绝大部分可由学生在在线实验系统中进行自主探究完成。

该书的编写，为传统教学手段与现代教学技术的有机结合探索出了一条有效的途径。使用本书，会对提高教学质量、拓宽学生的知识面产生很大的作用。

广东工业大学　郝志峰

前言

本书是科技部创新方法工作专项项目——“科学思维、科学方法在高等学校教学创新中的应用与实践”(项目编号:2009IM010400)的研究成果之一,是高等学校大学数学教学研究与发展中心2010年第二批教改项目——“线性代数课程在知识、素养、能力等方面的具体要求以及在教材、教学过程和考核中的统筹设计与实践”成果,是结合我们多年教学实践、改革的经验和数字化教学资源建设的成果编写而成。

我们的研究团队自1998年开始进行线性代数数字化教学资源的研究,目前已研发出6类数字化教学资源:线性代数演算系统、线性代数(在线)测试系统、线性代数(在线)实验系统、线性代数学习模型、线性代数求解模型和线性代数系列智能电子教案。其中系列智能电子教案已先后在高等教育出版社出版,线性代数(在线)测试系统和(在线)实验系统也在全国几十所高校内使用。在这些数字化教学资源的研发过程中,我们参考了大量的国内外优秀的线性代数教材,对国内外线性代数教材的建设状态和发展潮流有了较全面的了解,也对中外优秀教材进行了比较:国内线性代数教材偏重自身的理论体系,强调线性代数的基本定义、定理及其证明;而国外优秀教材则对线性代数的基本内容与应用的关系、代数与几何的关系以及教材与网站的关系等方面处理得较好。基于此,我们产生了编写一本线性代数教材的想法。在得到了全国高等学校教学研究中心的大力支持,并参加了科技部创新方法工作专项项目——“科学思维、科学方法在高等学校教学创新中的应用与实践”子课题“科学思维、科学方法在线性代数课程中的应用与实践”后,我们受到了极大的鼓舞,也加快了本教材的建设步伐。

内容处理

本书共有6章,除第0章外,其他每章在基本内容的基础上,又增加了2~4个应用案例。第1章行列式的应用案例有:求平行四边形的面积和平行六面体的体积;第2章矩阵及其运算的应用案例有:平面图形变换、矩阵在计算机图形学中的应用和希尔密码;第3章线性方程组的应用案例有:剑桥减肥食谱、电路网络、配平化学方程式和网络流;第4章向量组的线性相关性的应用案例有:在差分方程中的应用和马尔可夫链;第5章特征值、特征向量及二次型的应用案例有:二次曲线的研究、条件优化和离散动力系统。

在内容的组织上,本书以线性方程组的研究为主线。第0章引出线性方程组需研究的问题,是全书的引子;第1章~第4章均围绕线性方程的研究而展开,第5章作为线性方程组的应用。对于重要的概念,我们都给出了相关的引例,所以本书非常适合用于问题式教学。

在难易程度的处理上,本书适当降低了理论深度,有些定理的证明没有在教材中给出,而是放在学习网站上。例题的配置也以基本概念和基本方法为主,适当减少了证明题的数量,应用题的数量则有所增加。

鲜明的特色

应用特色

本书的读者定位于一般本科院校的学生,目标是培养创新性应用型人才,因此全书共介绍了14个线性代数应用案例,涉及工程学、计算机科学、物理学、生物学、化学等多个学科。

几何特色

由于许多学生更容易接受形象化的概念,所以书中的几何图形多达62幅,并给出了主要概念的几何解释。几何特色的另一体现方式是创新性的几何题,这些几何题的求解需要从几何到代数,再从代数回到几何,实现了代数与几何的有效整合。

与网上资源的相互补充

本书在编写时将教材上的内容与学习网站上的资源进行了深层次的整合:教材上省略的定理证明在网站上给出;在网站上补充了一些理论性较强的例子,以满足立志参加研究生考试的同学和学有余力的同学的需求;教材上的静态图形,在网站上给出动态形成过程,加深同学们对相关知识的理解;学生可以在网站上的在线实验系统中对14个应用案例中的9个进行自主探究,每章习题中的实验题也可在实验系统中完成。

网上支持

为了给广大师生提供一个全方位、立体化的线性代数教学模式,我们研发了线性代数学习网站,包括测试系统、实验系统、智能教案、评价系统、信息处理、交流答疑和在线帮助等模块,以及由这些模块组合而成的线性代数智能教学平台。使用本书的用户可以免费使用这些数字化教学资源,没有使用本书的用户也可免费使用除测试系统、实验系统等以外的其他资源。

学习网站的网址是:http://211.67.48.5/xxds。本书中所指的学习网站即这个网址,书中所讲的实验也来自于该网站(或安装后的智能教学平台)中的实验系统。在这里既可下载智能教学平台的客户端,也可直接进行学习。

对教师的建议

关于学时

如果课程的学时数不超过40,建议只讲基本内容,应用案例可布置为课外作业;如果学时数大于40,则可根据具体的学时数和学生的专业情况,在基本内容外,再从应用案例中选择若干个进行详细讲解,其余的布置为课外作业。

关于课堂教学

本书的基本内容是围绕方程组的研究这一中心问题展开的,所以建议教师使用问题式教学法进行课堂教学。

关于智能电子教案

教案中的定理、性质的证明以及例题的求解过程都使用了一个特殊的链接,教师可根据具体情况选择是否写板书。对于教案中的所有数值计算例题中的数据,教师可现场更改,并利用演算系统或求解模型求解,建议用演算系统或求解模型求解这些例题时,不写或少写板书,以提高课堂效率。

关于求解模型和学习模型

建议利用求解模型进行启发式教学,选择几个学习模型并将它们布置为课前作业,引导学生进行探究性学习,并在下一次上课时利用几分钟时间组织讨论。

关于作业

建议教师要求学生在测试系统和实验系统中完成作业,另外每章布置1~2次理论性较强的作业,以便教师只需经常登录教学平台即可动态地全面地了解学生的学习情况。

关于课程考核

在学习网站中,我们设计了几种基于测试系统和实验系统的课程考核模式:无卷面无实验、无卷面有实验、有卷面无实验、有卷面有实验。教师可根据实际情况选择一种模式进行考试改革。这几年我校主要使用无卷面无实验和有卷面有实验这两种模式,考查课使用无卷面无实验模式:学生的平时作业和期末考试都在测试系统中进行,将前5章的成绩作为平时成绩,综合测试成绩作为期末考试成绩,最后按一定的比例得到总评成绩,期末不再出卷考试,实验系统的成绩不记入总评成绩;考试课使用有卷面有实验模式,在这种模式下,总评成绩等于测试系统成绩、实验系统成绩和期末闭卷考试成绩的加权求和。

对学生的建议

线性代数是一门非常有特色、也是非常有价值的大学数学课程。在线性代数中,概念和计算同样重要,虽然可以使用计算机进行数值计算,但学习者必须具有选取正确的计算方法、知道如何解释结果、并能够向其他人解释结果的能力。由于这个原因,书中有大量的习题要求学生计算结果,在测试系统中也是计算题占多数。线性代数是一种语言,工程技术中的很多问题都可以用这种语言描述,并且用这种语言描述的问题很容易通过计算机解决,所以学生必须像学习外语那样每天学习这种语言。

为了帮助同学们学好这门课程,我们研发了很多数字化学习资源,希望这些资源能对大家的学习有帮助。

关于教案

PPT 教案主要用于教师的课堂教学,当然学生也可以用来进行课外学习。不具备网络条件时 PPT 教案将是唯一的选择,具备上网条件时也可选择 html 教案进行自主学习。

关于测试系统

测试系统与教材配套,每章设计一个测试模块,全书设计一个综合测试模块,故共有 6 个测试模块。测试系统能做到每个人每次的测试题互不相同,所有人的测试题各不相同;系统能自动阅卷、登记成绩;用户提交后,可查看每道测试题完整的解答过程。系统只记录每章测试的最好成绩,以鼓励同学们利用它进行自主学习。所以建议同学们每学完一节内容后,只做本章测试题中与本节内容相关的测试题,一章学完后再将该章的测试题完整做一次,以得到一个较好的成绩。

关于实验系统

测试系统主要侧重知识的学习,实验系统则侧重知识的应用和同学们能力的培养。实验系统设计了 10 个实验,其中 8 个可以在网上提交,2 个要求提交纸质实验报告或小论文,以训练同学们的写作能力。建议同学们先在测试系统取得较好成绩后,再做与本章相关的实验,以达到较好的学习效果。

关于教学光盘

与本教材配套的教学课件(智能电子教案)分教师版和学生版两种。教师版与本教材同时在高等教育出版社出版,高等教育出版社将向使用本教材的学校赠送该课件。教师版课件的内容有:智能电子教案、智能教学平台单机版、智能教学平台网络版、演算系统、求解模型、学习模型、数字化教学资源 demo、线性代数“四结合”教学模式介绍和教学日历。教师版课件可为教师的教学活动提供全方位的服务。

学生版课件附在书后，主要内容有：智能电子教案、智能教学平台单机版、智能教学平台网络版、学习模型、数字化教学资源 demo。学生版课件将为学生的自主学习提供有力的支持。

教学课件中的智能教学平台单机版是为在不具备网络支持的情况下，教师和学生可方便地使用该平台专门开发的。网络版则只有在网络支持下才能运行，运行时需经过“用户注册—作者审批”的过程才能使用（注册后用邮件通知我们）。我们将为使用本教材的学校免费注册一个超级管理员，由超级管理员注册本校的管理员（教师），管理员可注册学生用户，从而方便以校（或教师）为单位组织教学活动。

交流讨论

对于全国广大师生，欢迎各位将在线性代数教、学过程中遇到的问题通过以下方式与我们进行交流讨论：

网上交流：http://211.67.48.5/dayi/fwb/；

博客：http://math. cncourse. com/mathroller/circle/getCircle. do? method = getCircle&circle = wbfang；

邮箱：Fangwb1963@ hotmail. com；

线性代数课程教学群（QQ 群）：414200694。

创作团队

本书是一本教育信息化背景下的教材，实现了主教材和学习网站的有机融合，是新教学模式的体现。因此，本书的创作是一个庞大的系统工程，创作团队由武汉纺织大学、中南民族大学、武汉工程大学、合肥学院、黄石理工学院等五所高校的十多名教师组成。名单如下：

武汉纺织大学：方文波、刘杰、欧贵兵、张俊杰、唐强、袁子厚、王洪山、陈园、李琳；

中南民族大学：段汕、朱忠熏；

武汉工程大学：江世宏、罗进；

合肥学院：胡雁玲、江立辉；

黄石理工学院：程铭东、刘修生。

本书初稿由武汉纺织大学方文波、欧贵兵、唐强、王洪山完成。武汉纺织大学、中南民族大学、武汉工程大学进行了试用。另外，中南民族大学的段汕教授、武汉工程大学的江世宏教授共同完成了教材中的习题解答，合肥学院的胡雁玲老师、黄石理工学院的程铭东老师也对初稿进行了审阅并提出了修改意见。主编对各试用高校在使用过程中发现的问题和相关建议以及胡雁玲、程铭东老师的修改意见进行了汇总，对初稿进行了修改并最终定稿。

学习网站由方文波、张俊杰、李琳研发，创作团队中的五所高校均进行了试用并提出了修改意见。

智能电子教案由方文波、欧贵兵、唐强、王洪山制作。

本书在创作过程中得到了各参与学校特别是武汉纺织大学的大力支持，在此表示衷心的感谢。另外，我们也得到了马知恩、汪国强、郝志峰、黄廷祝、刘斌等知名专家的指导，在此我们也对他们的帮助表示衷心的感谢。

限于编者的水平，书中难免有不妥或错误，欢迎广大读者批评指正。

编　者

2010 年 8 月于武汉纺织大学

目录

第 0 章 线性方程组的研究

线性方程组是线性代数课程的核心内容之一，本书以线性方程组为主线引出线性代数课程的主要内容. 本章通过几个简单的例子引出研究线性方程组时需解决的主要问题，后面各章的内容都是为解决这些问题而展开的.

在中学阶段，我们会用加减消元法或代入消元法解二元、三元甚至四元线性方程组，那么在线性代数中为什么还要研究线性方程组呢？为此，我们先看几个例子.

例 1 求解二元线性方程组

$$\begin{cases} x_1 - 3x_2 = -7, \\ 3x_1 + x_2 = 9. \end{cases}$$

解 第一个方程的-3 倍加到第二个方程上去，原方程组变为

$$\begin{cases} x_1 - 3x_2 = -7, \\ 10x_2 = 30. \end{cases}$$

第二个方程两边除以 10，得

$$\begin{cases} x_1 - 3x_2 = -7, \\ x_2 = 3. \end{cases}$$

将第二个方程代入第一个方程并化简，即得方程组的解

$$\begin{cases} x_1 = 2, \\ x_2 = 3\ . \end{cases}$$

即该方程组有唯一解，其几何意义如图 0-1 所示.

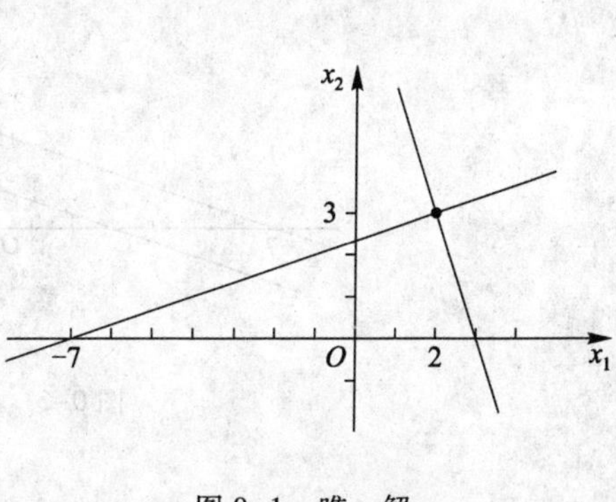

图 0-1 唯一解

例 2 求解二元线性方程组

$$\begin{cases} x_1 - 3x_2 = -7, \\ -x_1 + 3x_2 = 7. \end{cases}$$

解 第一个方程加到第二个方程上去得

$$\begin{cases} x_1-3x_2=-7, \\ 0=0. \end{cases}$$

该方程组中的第二个方程为一个恒等式，即满足第一个方程的解即为方程组的解，而第一个方程有无穷多解，故原方程组有无穷多解. 其几何意义如图 0-2 所示.

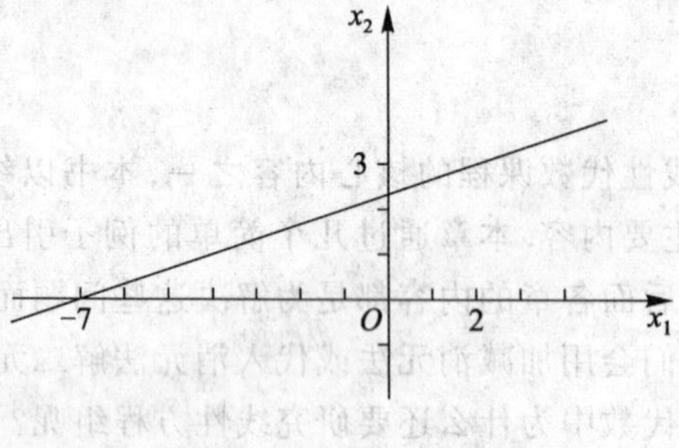

图 0-2　无穷多解

例 3　求解二元线性方程组

$$\begin{cases} x_1-3x_2=-7, \\ x_1-3x_2=-3. \end{cases}$$

解　第二个方程减去第一个方程得

$$\begin{cases} x_1-3x_2=-7, \\ 0=4. \end{cases}$$

该方程组中的第二个方程为一个矛盾的方程，即不论 x_1，x_2取何值，第二个方程总不成立，故原方程组无解. 其几何意义如图 0-3 所示.

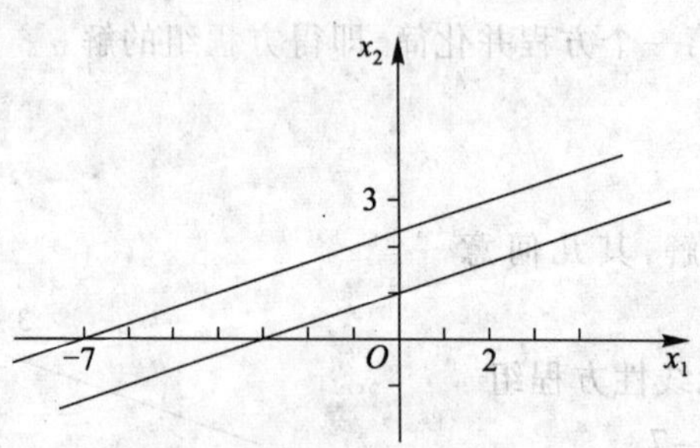

图 0-3　无解

例 1、例 2 和例 3 说明线性方程组的下列一般事实，这将在第 3 章中证明.

线性方程组的解有以下三种情况：

(1) 无解.

(2) 有唯一解.

(3) 有无穷多个解.

例 4　求解三元线性方程组

$$\begin{cases} x_1 - x_2 + x_3 = 1, & ①\\ 2x_1 + 3x_2 - x_3 = -2, & ②\\ 4x_1 + x_2 + x_3 = 0, & ③\\ x_1 + 4x_2 - 2x_3 = -3. & ④ \end{cases}$$

解　这是一个有3个未知量4个方程的线性方程组. 首先我们来讨论一下该方程组中有没有多余的方程，所谓多余的方程是指去掉该方程后不影响原方程组的解. 不难发现，

$$③ = 2\times① + ②,$$

$$④ = -1\times① + ②,$$

这就是说，满足方程①和方程②的解一定满足方程③和方程④，即原方程组的解完全由方程①和方程②确定，因此，方程③和方程④是多余的方程，去掉它们后不影响方程组的解. 去掉所有多余方程后所得的方程组与原方程组同解，称之为**保留方程组**. 原方程组的保留方程组为

$$\begin{cases} x_1 - x_2 + x_3 = 1,\\ 2x_1 + 3x_2 - x_3 = -2. \end{cases}$$

保留方程组是一个有3个未知量2个有效方程的方程组，应有一个自由未知量，选 x_3 为自由未知量(在本例中，3个未知量都可作为自由未知量，但要注意的是，在某些情况下，有的未知量不能作为自由未知量)，并把自由未知量移到右边，得

$$\begin{cases} x_1 - x_2 = -x_3 + 1,\\ 2x_1 + 3x_2 = x_3 - 2. \end{cases}$$

令 $x_3 = c$(c 为任意常数)，有

$$\begin{cases} x_1 - x_2 = -c + 1,\\ 2x_1 + 3x_2 = c - 2. \end{cases}$$

这是一个有2个未知量2个方程的方程组，用例1的方法，可求得其解为

$$\begin{cases} x_1 = -\dfrac{2}{5}c+\dfrac{1}{5}, \\ x_2 = \dfrac{3}{5}c-\dfrac{4}{5}. \end{cases}$$

则原方程组的解为

$$\begin{cases} x_1 = -\dfrac{2}{5}c+\dfrac{1}{5}, \\ x_2 = \dfrac{3}{5}c-\dfrac{4}{5}, \\ x_3 = c \end{cases}$$ （c 为任意常数）.

由于 c 可任意取值，故原方程组有无穷多解.

例 5　求解三元线性方程组

$$\begin{cases} x_1 - x_2 + x_3 = 1, & ① \\ 2x_1 + 3x_2 - x_3 = -2, & ② \\ 4x_1 + x_2 + x_3 = 0, & ③ \\ x_1 + 4x_2 - 2x_3 = 4. & ④ \end{cases}$$

解　该方程组的前三个方程与例 4 完全相同，因此方程③是多余的，但方程④不能由方程①和方程②通过运算得到，所以方程④不是多余的方程，因而保留方程组为

$$\begin{cases} x_1 - x_2 + x_3 = 1, \\ 2x_1 + 3x_2 - x_3 = -2, \\ x_1 + 4x_2 - 2x_3 = 4. \end{cases}$$

在保留方程组中，把第一个方程和第二个方程的 (-1) 倍都加到第三个方程上去，则第三个方程变为 $0 = 7$，这是一个矛盾的方程，所以方程组无解.

例 1—例 5 所用的求解方法适用于任意线性方程组，这种求解方法可归纳成以下三步：

（1）求保留方程组；

（2）判别保留方程组是否有解；

（3）当保留方程组有解时，求出它的所有解.

从上面的解法中，自然会提出以下一些问题：

（1）如何判别方程组中是否有多余的方程，如何求保留方程组？

（2）如何判别保留方程组是否有解？

（3）在有解时，如何求出全部解？

当方程组中未知量和方程的个数都较小时，如例1—例5，这三个问题很容易解决，但当问题的规模很大时，即未知量和方程的个数都很大时，这些问题的解决就变得非常复杂. 而在工程技术领域，我们碰到的线性方程组往往有成百上千个未知量和方程，因此这些问题的研究就变得尤为重要了.

第1章 行列式

行列式是线性代数中的一个重要概念,它广泛用于数学、工程技术及经济学等众多领域. 本章首先从二元、三元线性方程组的求解公式出发,引出二阶和三阶行列式的定义,并由此引出本章的中心问题:未知量的个数与方程的个数相等的一类特殊线性方程组的求解公式;然后通过分析二阶和三阶行列式的定义给出 n 阶行列式的定义,讨论 n 阶行列式的性质和计算方法;最后介绍克拉默(Cramer)法则,从而解决本章的中心问题.

1.1 二阶与三阶行列式

1.1.1 二阶行列式

我们来讨论有两个方程的二元线性方程组解的问题. 未知量的个数与方程的个数相等的二元线性方程组的一般形式是

$$\begin{cases} a_{11}x_1+a_{12}x_2=b_1, \\ a_{21}x_1+a_{22}x_2=b_2, \end{cases} \tag{1.1}$$

其中 x_1,x_2 为未知量(也叫未知数或变量),$a_{11},a_{12},a_{21},a_{22},b_1,b_2$ 为常数,$a_{11},a_{12},a_{21},a_{22}$ 叫做方程组(1.1)的系数,b_1,b_2 叫做方程组(1.1)的常数项. 下面用消元法来解方程组(1.1).

为了消去未知量 x_2,以 a_{22} 与 a_{12} 分别乘方程组(1.1)的第一和第二个方程,然后两个方程相减,得

$$(a_{11}a_{22}-a_{12}a_{21})x_1=b_1a_{22}-a_{12}b_2,$$

类似地,消去 x_1,得

$$(a_{11}a_{22}-a_{12}a_{21})x_2=a_{11}b_2-b_1a_{21}.$$

当 $a_{11}a_{22}-a_{12}a_{21}\neq 0$ 时,求得方程组(1.1)的解为

$$\begin{cases} x_1 = \dfrac{b_1 a_{22} - a_{12} b_2}{a_{11} a_{22} - a_{12} a_{21}}, \\ x_2 = \dfrac{a_{11} b_2 - b_1 a_{21}}{a_{11} a_{22} - a_{12} a_{21}}, \end{cases} \tag{1.2}$$

(1.2)称为二元线性方程组(1.1)的求解公式. 在求解公式(1.2)中,x_1,x_2的结构相同,分子与分母都是两对数相乘然后再相减,且它们的分母相同,为方程组(1.1)的四个系数确定. 为了记忆该求解公式,先把这四个数按它们在方程组(1.1)中的位置,排成二行二列(横排称为行、竖排称为列)的数表

$$\begin{matrix} a_{11} & a_{12} \\ a_{21} & a_{22} \end{matrix} \tag{1.3}$$

表达式 $a_{11}a_{22}-a_{12}a_{21}$ 称为数表(1.3)所确定的**二阶行列式**,并记作

$$\begin{vmatrix} a_{11} & a_{12} \\ a_{21} & a_{22} \end{vmatrix},$$

即

$$\begin{vmatrix} a_{11} & a_{12} \\ a_{21} & a_{22} \end{vmatrix} = a_{11}a_{22}-a_{12}a_{21}.$$

上述二阶行列式的定义,可用如图 1-1 所示的对角线法则来记忆.

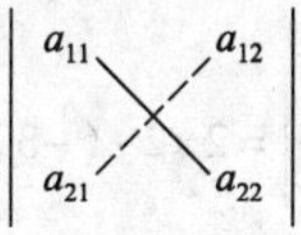

图 1-1 二阶行列式的对角线法则

图中 a_{11},a_{22} 的连线称为主对角线,用实线表示;a_{12},a_{21} 的连线称为副对角线,用虚线表示. 所以二阶行列式可以定义为主对角线上两个元素的乘积减去副对角线上的两个元素的乘积.

由二阶行列式的定义,(1.2)式中 x_1,x_2 的分子也可写成二阶行列式,即

$$b_1a_{22}-a_{12}b_2 = \begin{vmatrix} b_1 & a_{12} \\ b_2 & a_{22} \end{vmatrix}, a_{11}b_2-b_1a_{21} = \begin{vmatrix} a_{11} & b_1 \\ a_{21} & b_2 \end{vmatrix}.$$

若记

$$D = \begin{vmatrix} a_{11} & a_{12} \\ a_{21} & a_{22} \end{vmatrix}, D_1 = \begin{vmatrix} b_1 & a_{12} \\ b_2 & a_{22} \end{vmatrix}, D_2 = \begin{vmatrix} a_{11} & b_1 \\ a_{21} & b_2 \end{vmatrix},$$

那么求解公式(1.2)可写成

$$x_1=\frac{D_1}{D}=\frac{\begin{vmatrix} b_1 & a_{12} \\ b_2 & a_{22} \end{vmatrix}}{\begin{vmatrix} a_{11} & a_{12} \\ a_{21} & a_{22} \end{vmatrix}},x_2=\frac{D_2}{D}=\frac{\begin{vmatrix} a_{11} & b_1 \\ a_{21} & b_2 \end{vmatrix}}{\begin{vmatrix} a_{11} & a_{12} \\ a_{21} & a_{22} \end{vmatrix}}.$$

注意：

(1) 分母 D 为由方程组(1.1)的系数所确定的二阶行列式,称为系数行列式.

(2) x_1 的分子 D_1 是用常数项 b_1,b_2 替换 D 中第一列所得的二阶行列式.

(3) x_2 的分子 D_2 是用常数项 b_1,b_2 替换 D 中第二列所得的二阶行列式.

例 1　求解二元线性方程组

$$\begin{cases} 2x_1-3x_2=4, \\ x_1+2x_2=9. \end{cases}$$

解　因为

$$D=\begin{vmatrix} 2 & -3 \\ 1 & 2 \end{vmatrix}=2\times2-(-3)\times1=7\neq0,$$

$$D_1=\begin{vmatrix} 4 & -3 \\ 9 & 2 \end{vmatrix}=4\times2-(-3)\times9=35,$$

$$D_2=\begin{vmatrix} 2 & 4 \\ 1 & 9 \end{vmatrix}=2\times9-4\times1=14,$$

所以
$$x_1=\frac{D_1}{D}=\frac{35}{7}=5,x_2=\frac{D_2}{D}=\frac{14}{7}=2.$$

1.1.2　三阶行列式

对于给定的三元线性方程组

$$\begin{cases} a_{11}x_1+a_{12}x_2+a_{13}x_3=b_1, \\ a_{21}x_1+a_{22}x_2+a_{23}x_3=b_2, \\ a_{31}x_1+a_{32}x_2+a_{33}x_3=b_3, \end{cases} \tag{1.4}$$

为了得到类似于(1.2)的求解公式,先来定义三阶行列式.

定义 1　设有 9 个数排成 3 行 3 列的数表

$$\begin{matrix} a_{11} & a_{12} & a_{13} \\ a_{21} & a_{22} & a_{23} \\ a_{31} & a_{32} & a_{33} \end{matrix} \tag{1.5}$$

由数表(1.5)中的元素构成的代数和

$$a_{11}a_{22}a_{33}+a_{12}a_{23}a_{31}+a_{13}a_{21}a_{32}-a_{13}a_{22}a_{31}-a_{12}a_{21}a_{33}-a_{11}a_{23}a_{32}$$

称为数表(1.5)所确定的**三阶行列式**,记为

$$\begin{vmatrix} a_{11} & a_{12} & a_{13} \\ a_{21} & a_{22} & a_{23} \\ a_{31} & a_{32} & a_{33} \end{vmatrix},$$

即

$$\begin{vmatrix} a_{11} & a_{12} & a_{13} \\ a_{21} & a_{22} & a_{23} \\ a_{31} & a_{32} & a_{33} \end{vmatrix}=a_{11}a_{22}a_{33}+a_{12}a_{23}a_{31}+a_{13}a_{21}a_{32}-a_{13}a_{22}a_{31}-a_{12}a_{21}a_{33}-a_{11}a_{23}a_{32}.$$

三阶行列式的定义也可以用如图 1-2 所示的对角线法则来记忆.

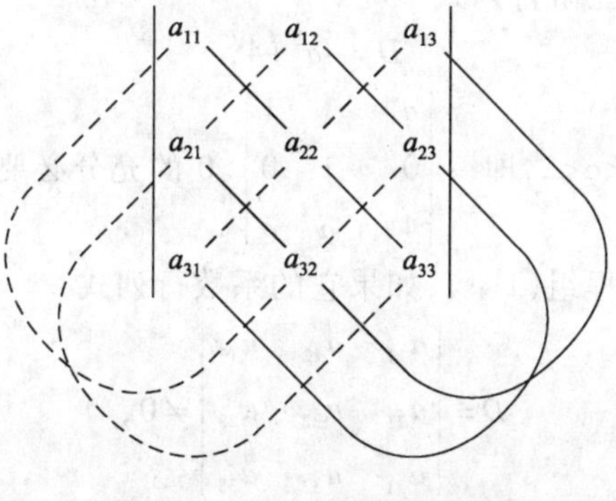

图 1-2　三阶行列式的对角线法则

其中实线连接的三个元素的乘积在代数和中为正项,虚线连接的三个元素的乘积在代数和中为负项.

> 注意:对角线法则只适用于二阶和三阶行列式.

例 2　计算三阶行列式

$$D=\begin{vmatrix}2&-4&3\\1&5&7\\8&3&-2\end{vmatrix}.$$

解　$D=2\times5\times(-2)+(-4)\times7\times8+3\times1\times3-3\times5\times8-(-4)\times1\times(-2)-2\times7\times3=-405.$

例 3　解方程

$$\begin{vmatrix}3&1&x\\4&x&0\\1&0&x\end{vmatrix}=0.$$

解　方程左边的三阶行列式

$$D=3x^2-x^2-4x=2x^2-4x,$$

由 $2x^2-4x=0$　解得　$x=0$ 或 $x=2$.

例 4　$\begin{vmatrix}a&1&1\\0&-1&0\\4&a&a\end{vmatrix}>0$ 的充分必要条件是什么?

解　上式左边的三阶行列式

$$D=-a^2+4,$$

由　$-a^2+4>0$　得 $-2<a<2$,即 $\begin{vmatrix}a&1&1\\0&-1&0\\4&a&a\end{vmatrix}>0$ 的充分必要条件是 $-2<a<2$.

对于三元线性方程组(1.4),如果它的系数行列式

$$D=\begin{vmatrix}a_{11}&a_{12}&a_{13}\\a_{21}&a_{22}&a_{23}\\a_{31}&a_{32}&a_{33}\end{vmatrix}\neq0,$$

利用消元法和三阶行列式的定义,可得其解为

$$\begin{cases}x_1=\dfrac{D_1}{D},\\x_2=\dfrac{D_2}{D},\\x_3=\dfrac{D_3}{D},\end{cases}$$

其中 $D_j(j=1,2,3)$ 是用常数项 b_1,b_2,b_3 替换 D 中的第 j 列所得的三阶行列式,即

$$D_1=\begin{vmatrix}b_1&a_{12}&a_{13}\\b_2&a_{22}&a_{23}\\b_3&a_{32}&a_{33}\end{vmatrix},D_2=\begin{vmatrix}a_{11}&b_1&a_{13}\\a_{21}&b_2&a_{23}\\a_{31}&b_3&a_{33}\end{vmatrix},D_3=\begin{vmatrix}a_{11}&a_{12}&b_1\\a_{21}&a_{22}&b_2\\a_{31}&a_{32}&b_3\end{vmatrix}.$$

例 5 求解三元线性方程组

$$\begin{cases} x_1+2x_2+4x_3=31, \\ 5x_1\ \ +x_2+2x_3=29, \\ 3x_1\ \ -x_2\ \ +x_3=10. \end{cases}$$

解 $D=\begin{vmatrix} 1 & 2 & 4 \\ 5 & 1 & 2 \\ 3 & -1 & 1 \end{vmatrix}=1\times1\times1+2\times2\times3+4\times5\times(-1)-1\times2\times(-1)-2\times5\times1-4\times1\times3=-27$,

$$D_1=\begin{vmatrix} 31 & 2 & 4 \\ 29 & 1 & 2 \\ 10 & -1 & 1 \end{vmatrix}=-81, D_2=\begin{vmatrix} 1 & 31 & 4 \\ 5 & 29 & 2 \\ 3 & 10 & 1 \end{vmatrix}=-108, D_3=\begin{vmatrix} 1 & 2 & 31 \\ 5 & 1 & 29 \\ 3 & -1 & 10 \end{vmatrix}=-135,$$

所以

$$\begin{cases} x_1=\dfrac{D_1}{D}=\dfrac{-81}{-27}=3, \\ x_2=\dfrac{D_2}{D}=\dfrac{-108}{-27}=4, \\ x_3=\dfrac{D_3}{D}=\dfrac{-135}{-27}=5. \end{cases}$$

对于二元和三元线性方程组,我们通过引进二阶和三阶行列式后,可以用行列式来表示其解,那么,我们自然会猜想,对于 $n(n>3)$ 元线性方程组,是否也能通过定义 n 阶行列式,并用 n 阶行列式来表示其解呢? n 阶行列式又该如何定义呢? 这就是本章要解决的中心问题.

1.2 *n* 阶行列式

为了研究高阶行列式,下面先介绍有关全排列的知识,然后引出 n 阶行列式的概念.

1.2.1 排列及其逆序数

定义 2 由 $1,2,\cdots,n$ 组成的一个有序数组称为一个 **n 阶排列**.

例如,2431 是一个 4 阶排列,51243 是一个 5 阶排列. 若用 P_n 表示前 n 个自然数的所有 n 阶排列的个数,则 P_n 可用下述的方法来计算:

从这 n 个自然数中任取一个放在第一个位置上,有 n 种取法;

又从剩下的 $n-1$ 个数中任取一个放在第二个位置上,有 $n-1$ 种取法;

这样继续下去,直到最后只剩下一个元素放在第 n 个位置上,只有 1 种取法. 于是

$$P_n=n\cdot(n-1)\cdot\cdots\cdot3\cdot2\cdot1=n!.$$

在 n 个自然数的排列中，如果我们规定元素由小到大为标准次序，则在所有 $n!$ 个排列中，只有排列 $1\ 2\cdots n$ 为标准次序，其他排列都或多或少地破坏了这种次序，为此我们定义：

定义 3　在一个排列中，如果一对数的前后位置与大小顺序相反，即前面的数大于后面的数，那么它们就称为一个**逆序**，一个排列中逆序的总数就称为这个排列的**逆序数**，排列 $p_1p_2\cdots p_n$ 的逆序数记为 $\tau(p_1p_2\cdots p_n)$. 逆序数为偶数的排列称为**偶排列**，逆序数为奇数的排列称为**奇排列**.

下面来讨论计算排列逆序数的方法.

设 $p_1p_2\cdots p_n$ 为一个排列，考虑元素 $p_i(i=1,2,\cdots,n)$，如果比 p_i 大的且排在 p_i 前面的元素有 t_i 个，则 p_i 这个元素的逆序数是 t_i. 全体元素的逆序数之总和

$$t=t_1+t_2+\cdots+t_n=\sum_{i=1}^{n}t_i,$$

即是这个排列的逆序数.

例 6　求排列 3712465 的逆序数.

解　在排列 3712465 中，

3 排在首位，逆序数为 0；

7 是最大数，逆序数为 0；

1 的前面有两个数 3 和 7 比它大，故逆序数为 2；

2 的前面有两个数 3 和 7 比它大，故逆序数为 2；

4 的前面有一个数 7 比它大，故逆序数为 1；

6 的前面有一个数 7 比它大，故逆序数为 1；

5 的前面有两个数 7 和 6 比它大，故逆序数为 2，

于是这个排列的逆序数为

$$t=0+0+2+2+1+1+2=8.$$

把一个排列中某两个数的位置互换，而其余的数不动，就得到另一个排列，这样一个变换称为一个**对换**. 例如，经过 1,2 对换，排列 2431 就变成了 1432，排列 2134 就变成了 1234. 关于排列的奇偶性，有下面的定理.

定理 1　对换改变排列的奇偶性.

这个定理在这里我们不作证明，有兴趣的同学可以登录学习网站，查找该定理的证明过程. 在这里我们用两个例子来验证定理的正确性.

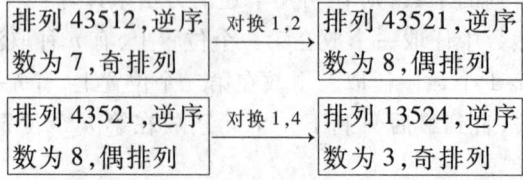

排列 43512，逆序数为 7，奇排列 —对换 1,2→ 排列 43521，逆序数为 8，偶排列

排列 43521，逆序数为 8，偶排列 —对换 1,4→ 排列 13524，逆序数为 3，奇排列

定理 2 在 n 个自然数的排列中奇偶排列各占一半.

证 n 阶排列的总数为 $n!$,设其中奇排列为 p 个,偶排列为 q 个. 把 p 个奇排列中的最后两个数对换,则由定理 1 可知 p 个奇排列全部变为偶排列,于是有 $p\leqslant q$;同理把 q 个偶排列中的最后两个数对换,则 q 个偶排列全部变为奇排列,于是又有 $q\leqslant p$,所以就有 $q=p$,即奇偶排列数相等,各为 $n!/2$ 个. ■

用三阶排列来验证,见表 1-1,奇偶排列各三个.

表 1-1

排　列	逆序数	排列的奇偶性
123	0	偶排列
132	1	奇排列
213	1	奇排列
231	2	偶排列
312	2	偶排列
321	3	奇排列

1.2.2 n 阶行列式的定义

为了定义 n 阶行列式,下面我们进一步研究三阶行列式的定义. 三阶行列式的定义如下

$$\begin{vmatrix} a_{11} & a_{12} & a_{13} \\ a_{21} & a_{22} & a_{23} \\ a_{31} & a_{32} & a_{33} \end{vmatrix}=a_{11}a_{22}a_{33}+a_{12}a_{23}a_{31}+a_{13}a_{21}a_{32}-a_{13}a_{22}a_{31}-a_{12}a_{21}a_{33}-a_{11}a_{23}a_{32}. \tag{1.6}$$

容易看出:

(1) (1.6)式右边的每一项都恰是三个元素的乘积,这三个元素位于不同的行、不同的列. 因此,(1.6)式右端的任一项除正负号以外可以写成$a_{1p_1}a_{2p_2}a_{3p_3}$. 这里第一个下标(行标)排成标准排列 123,而第二个下标(列标)排成 $p_1p_2p_3$,它是 1,2,3 三个数的某个排列. 这样的排列共有 6 种,故(1.6)式右边有 6 项.

(2) 各项的正负号由列标排列的逆序数确定:当列标排列为偶数时该项取正号,当列标排列为奇数时该项取负号. 因此各项所带的正负号可以表示为 $(-1)^t$,其中 t 为列标排列的逆序数.

于是三阶行列式的定义可写成

$$\begin{vmatrix} a_{11} & a_{12} & a_{13} \\ a_{21} & a_{22} & a_{23} \\ a_{31} & a_{32} & a_{33} \end{vmatrix} = \sum (-1)^t a_{1p_1} a_{2p_2} a_{3p_3},$$

其中 t 为列标排列 $p_1p_2p_3$ 的逆序数，$\sum$ 表示对 1,2,3 三个数的所有排列 $p_1p_2p_3$ 取和.

类似地，可定义 n 阶行列式.

定义 4 设有 n^2 个数，排成 n 行 n 列的数表

$$\begin{matrix} a_{11} & a_{12} & \cdots & a_{1n} \\ a_{21} & a_{22} & \cdots & a_{2n} \\ \vdots & \vdots & & \vdots \\ a_{n1} & a_{n2} & \cdots & a_{nn} \end{matrix}$$

作出表中位于不同行不同列的 n 个数的乘积，并冠以符号 $(-1)^t$，得到形如

$$(-1)^t a_{1p_1} a_{2p_2} \cdots a_{np_n}$$

的项，其中 $p_1p_2\cdots p_n$ 为自然数 $1,2,\cdots,n$ 的一个排列，t 为这个排列的逆序数. 所有项数之和

$$\sum (-1)^t a_{1p_1} a_{2p_2} \cdots a_{np_n}$$

称为 **n 阶行列式**，记作

$$D=\det(a_{ij})=\begin{vmatrix} a_{11} & a_{12} & \cdots & a_{1n} \\ a_{21} & a_{22} & \cdots & a_{2n} \\ \vdots & \vdots & & \vdots \\ a_{n1} & a_{n2} & \cdots & a_{nn} \end{vmatrix} = \sum (-1)^t a_{1p_1} a_{2p_2} \cdots a_{np_n},$$

其中 a_{ij} 均为行列式的元素，简称 (i,j) 元.

例 7 证明下三角形行列式

$$D=\begin{vmatrix} a_{11} & & & 0 \\ a_{21} & a_{22} & & \\ \vdots & \vdots & \ddots & \\ a_{n1} & a_{n2} & \cdots & a_{nn} \end{vmatrix} = a_{11}a_{22}\cdots a_{nn}. \tag{1.7}$$

证 在此行列式中，当 $i<j$ 时 $a_{ij}=0$，故 D 中可能不为 0 的元素 a_{ip_i}，其下标应满足 $p_i \leqslant i$，即 $p_1 \leqslant 1, p_2 \leqslant 2, \cdots, p_n \leqslant n$. 由于 $p_1, p_2, \cdots, p_n$ 为 $1 \sim n$ 之间的整数，且它们互不相等，故有 $p_1=1, p_2=2, \cdots, p_n=n$，即 D 中可能不为 0 的项只有一项 $(-1)^t a_{11}a_{22}\cdots a_{nn}$. 此项的符号 $(-1)^t=(-1)^0=1$，所以

$$D=a_{11}a_{22}\cdots a_{nn}.$$

类似地，可得

$$\text{上三角形行列式} D=\begin{vmatrix} a_{11} & a_{12} & \cdots & a_{1n} \\ & a_{22} & \cdots & a_{2n} \\ & & \ddots & \vdots \\ 0 & & & a_{nn} \end{vmatrix}=a_{11}a_{22}\cdots a_{nn}. \tag{1.8}$$

$$\text{对角行列式} \quad D=\begin{vmatrix} a_{11} & & & 0 \\ & a_{22} & & \\ & & \ddots & \\ 0 & & & a_{nn} \end{vmatrix}=a_{11}a_{22}\cdots a_{nn}. \tag{1.9}$$

> (1.7)—(1.9)式是 n 阶行列式的重要计算公式之一，希望同学们熟练掌握.

例 8 证明

$$D=\begin{vmatrix} a_{11} & 0 & \cdots & 0 \\ a_{21} & a_{22} & \cdots & a_{2n} \\ \vdots & \vdots & & \vdots \\ a_{n1} & a_{n2} & \cdots & a_{nn} \end{vmatrix}=a_{11}\begin{vmatrix} a_{22} & \cdots & a_{2n} \\ \vdots & & \vdots \\ a_{n2} & \cdots & a_{nn} \end{vmatrix}.$$

证 由定义知 $D=\sum\limits_{n!}(-1)^{\tau(p_1p_2\cdots p_n)}a_{1p_1}a_{2p_2}\cdots a_{np_n}$.

只有 p_1 取 1 的项 $a_{1p_1}a_{2p_2}\cdots a_{np_n}$ 才可能不为零，这些不为零的项有 $(n-1)!$. 当 $p_1=1$ 时，$p_2,\cdots,p_n$ 只能在 $2,\cdots,n$ 中取值. 又由于 $\tau(1p_2\cdots p_n)=\tau(p_2\cdots p_n)$，于是

$$D=\sum_{(n-1)!}(-1)^{\tau(1p_2\cdots p_n)}a_{11}a_{2p_2}\cdots a_{np_n}=a_{11}\sum_{(n-1)!}(-1)^{\tau(p_2\cdots p_n)}a_{2p_2}\cdots a_{np_n}$$

$$=a_{11}\begin{vmatrix} a_{22} & \cdots & a_{2n} \\ \vdots & & \vdots \\ a_{n1} & \cdots & a_{nn} \end{vmatrix}.$$

为了进一步加强对行列式定义的理解，下面再举一例.

例 9 设 $D=\begin{vmatrix} 2x & -1 & -3x & 5 \\ x & 7x & 3 & 1 \\ -2 & 5x & 1 & 2x \\ 3 & 2 & 4x & x \end{vmatrix}$，问 D 是 x 的几次多项式？并求其最高次幂项的系数？

解 四阶行列式共有 24 项，每一项除了符号以外，是位于行列式的不同行和不同列的 4 个元素的乘积. 而行列式 D 的 16 个元素中最高是 x 的一次幂，故 D 最高是 4 次多项式. 当位于不同行和不同列的 4 个元素都含有 x 时，才能得到

x 的 4 次幂项. 这样的项可能不唯一,在本例中可找到以下两项:

$$a_{11}a_{22}a_{34}a_{43}=2x\cdot 7x\cdot 2x\cdot 4x=112x^4,$$
$$a_{13}a_{21}a_{32}a_{44}=(-3x)\cdot x\cdot 5x\cdot x=-15x^4,$$

排列 1243 的逆序数为 1,故 $a_{11}a_{22}a_{34}a_{43}$ 前面的符号为-,排列 3124 的逆序数为 2,所以 $a_{13}a_{21}a_{32}a_{44}$ 前面的符号为+. 因此,D 是 4 次多项式,最高次幂项的系数为

$$-112-15=-127.$$

由排列的性质,不难证明行列式的如下等价定义.

定义 4′　n 阶行列式也可定义为

$$D=\sum(-1)^{\tau(p_1p_2\cdots p_n)}a_{p_11}a_{p_22}\cdots a_{p_nn}.$$

1.3　行列式的性质

在上一节我们给出了 n 阶行列式的定义. n 阶行列式共有 $n!$ 项,故直接用定义来计算 n 阶行列式的计算量相当大,即使是用目前最快的计算机也很难实现. 如用定义计算一个 25 阶行列式,需做超过 $25!\approx 1.5\times 10^{25}$ 次的乘法运算,若一个超级计算机每秒钟能够完成 1 万亿次乘法运算,用这种方法计算一个 25 阶行列式,也将需要运算 50 万年. 因此如何快速地计算行列式是我们急需解决的问题,为此,我们先来研究行列式的性质.

设

$$D=\begin{vmatrix} a_{11} & a_{12} & \cdots & a_{1n} \\ a_{21} & a_{22} & \cdots & a_{2n} \\ \vdots & \vdots & & \vdots \\ a_{n1} & a_{n2} & \cdots & a_{nn} \end{vmatrix},D^{\mathrm{T}}=\begin{vmatrix} a_{11} & a_{21} & \cdots & a_{n1} \\ a_{12} & a_{22} & \cdots & a_{n2} \\ \vdots & \vdots & & \vdots \\ a_{1n} & a_{2n} & \cdots & a_{nn} \end{vmatrix},$$

则行列式 D^{T} 称为行列式 D 的**转置行列式**.

性质 1　行列式与它的转置行列式相等.

这个性质可以用行列式的定义直接证明,这里略. 有兴趣的同学可以在我们的网站上找到证明(后面凡是省略的证明在我们的网站上都可以找到,以后不再说明).

性质 1 说明,在行列式中,行与列的地位是等同的. 行列式的性质也就是它的行和列所具有的性质,在本节中,有时为了叙述方便,只给出行或列具有的性质.

性质 2　交换行列式的两行(列),行列式变号.

证明略. 下面用一个例子进行验证. 设

$$D=\begin{vmatrix}1&0&0\\0&2&0\\0&0&3\end{vmatrix},D_1=\begin{vmatrix}0&0&3\\0&2&0\\1&0&0\end{vmatrix},$$

容易看出,D_1是把 D 的第 1 行与第 3 行交换而得到. 由定义可得,$D=6,D_1=-6$.

以 r_i表示行列式的第 i 行,以 c_i表示行列式的第 i 列. 交换 i,j 两行记作 $r_i\leftrightarrow r_j$,交换 i,j 两列记作 $c_i\leftrightarrow c_j$.

推论　如果行列式有两行(列)完全相同,则此行列式等于零.

证　把这两行互换,有 $D=-D$,故 $D=0$. ■

性质 3　行列式的某一行(列)中所有的元素都乘同一数 k,等于用数 k 乘此行列式.

例如,设 $D=\begin{vmatrix}1&2\\3&1\end{vmatrix},D_1=\begin{vmatrix}2&4\\3&1\end{vmatrix},D_2=2\begin{vmatrix}1&2\\3&1\end{vmatrix}$,这里,$D_1$是把 D 的第一行的两个元素都乘 2,D_2是用 2 乘 D. 由二阶行列式的定义可得,$D_1=2\times1-4\times3=-10$,$D_2=2(1\times1-2\times3)=-10$,即 $D_1=D_2$.

第 i 行(或列)乘 k,记作 $r_i\times k$(或 $c_i\times k$).

推论　行列式中某一行(列)的所有元素的公因子可以提到行列式记号的外面.

第 i 行(或列)提出公因子 k,记作 $r_i\div k$(或 $c_i\div k$).

性质 4　行列式中如果有两行(列)对应元素成比例,则此行列式等于零.

例如,设 $D=\begin{vmatrix}1&2\\3&6\end{vmatrix}$,这里 D 的第 2 行与第 1 行对应元素之比为 3,即两行成比例. 由定义得

$$D=1\times6-2\times3=0.$$

性质 5　若行列式的某一列(行)的元素都是两数之和,例如第 i 列的元素都是两数之和:

$$D=\begin{vmatrix}a_{11}&a_{12}&\cdots&(a_{1i}+a'_{1i})&\cdots&a_{1n}\\a_{21}&a_{22}&\cdots&(a_{2i}+a'_{2i})&\cdots&a_{2n}\\\vdots&\vdots&&\vdots&&\vdots\\a_{n1}&a_{n2}&\cdots&(a_{ni}+a'_{ni})&\cdots&a_{nn}\end{vmatrix},$$

则 D 等于下列两个行列式之和:

$$D=\begin{vmatrix}a_{11}&a_{12}&\cdots&a_{1i}&\cdots&a_{1n}\\a_{21}&a_{22}&\cdots&a_{2i}&\cdots&a_{2n}\\\vdots&\vdots&&\vdots&&\vdots\\a_{n1}&a_{n2}&\cdots&a_{ni}&\cdots&a_{nn}\end{vmatrix}$$

$$
+\begin{vmatrix} a_{11} & a_{12} & \cdots & a'_{1i} & \cdots & a_{1n} \\ a_{21} & a_{22} & \cdots & a'_{2i} & \cdots & a_{2n} \\ \vdots & \vdots & & \vdots & & \vdots \\ a_{n1} & a_{n2} & \cdots & a'_{ni} & \cdots & a_{nn} \end{vmatrix}.
$$

性质 6　把行列式的某一列(行)的各元素乘同一数然后加到另一列(行)对应的元素上去,行列式不变.

例如,以数 k 乘第 j 列加到第 i 列上(记作 c_i+kc_j),有

$$
\begin{vmatrix} a_{11} & \cdots & a_{1i} & \cdots & a_{1j} & \cdots & a_{1n} \\ a_{21} & \cdots & a_{2i} & \cdots & a_{2j} & \cdots & a_{2n} \\ \vdots & & \vdots & & \vdots & & \vdots \\ a_{n1} & \cdots & a_{ni} & \cdots & a_{nj} & \cdots & a_{nn} \end{vmatrix}
$$

$$
\xlongequal{c_i+kc_j}\begin{vmatrix} a_{11} & \cdots & (a_{1i}+ka_{1j}) & \cdots & a_{1j} & \cdots & a_{1n} \\ a_{21} & \cdots & (a_{2i}+ka_{2j}) & \cdots & a_{2j} & \cdots & a_{2n} \\ \vdots & & \vdots & & \vdots & & \vdots \\ a_{n1} & \cdots & (a_{ni}+ka_{nj}) & \cdots & a_{nj} & \cdots & a_{nn} \end{vmatrix}\ (i\neq j).
$$

(以数 k 乘第 j 行加到第 i 行上记作 r_i+kr_j)

一般来说,低阶行列式的计算比高阶行列式的计算要简便,于是,我们自然地考虑用低阶行列式来表示高阶行列式的问题.为此,先引进余子式和代数余子式的概念.

在 n 阶行列式中,把(i,j)元 a_{ij}所在的第 i 行和第 j 列划去后,剩下的元素按原来的排列顺序组成的 $n-1$ 阶行列式叫做(i,j)元 a_{ij}的**余子式**,记作 M_{ij};若记

$$
A_{ij}=(-1)^{i+j}M_{ij},
$$

则 A_{ij}叫做(i,j)元 a_{ij}的**代数余子式**.

例如四阶行列式

$$
D=\begin{vmatrix} 2 & 3 & -1 & 1 \\ -4 & 1 & 2 & 2 \\ 5 & 3 & 0 & 3 \\ 0 & 2 & 1 & 1 \end{vmatrix}
$$

中$(3,2)$元 a_{32}的余子式和代数余子式分别为

$$
M_{32}=\begin{vmatrix} 2 & -1 & 1 \\ -4 & 2 & 2 \\ 0 & 1 & 1 \end{vmatrix},A_{32}=(-1)^{3+2}M_{32}=-M_{32}.
$$

性质 7(行列式展开定理)　行列式等于它的任一行(列)的各元素与其对应的代数余子式乘积之和,即

$$D=a_{i1}A_{i1}+a_{i2}A_{i2}+\cdots+a_{in}A_{in},\quad 1\leqslant i\leqslant n\quad(\text{按第 } i \text{ 行展开}),$$

或

$$D=a_{1j}A_{1j}+a_{2j}A_{2j}+\cdots+a_{nj}A_{nj},\quad 1\leqslant j\leqslant n\quad(\text{按第 } j \text{ 列展开}).$$

证 先证特殊情形一：D 的第一行只有 a_{11} 不为零，其余元素均为零，即

$$D=\begin{vmatrix} a_{11} & 0 & \cdots & 0 \\ a_{21} & a_{22} & \cdots & a_{2n} \\ \vdots & \vdots & & \vdots \\ a_{n1} & a_{n2} & \cdots & a_{nn} \end{vmatrix}=a_{11}\begin{vmatrix} a_{22} & \cdots & a_{2n} \\ \vdots & & \vdots \\ a_{n2} & \cdots & a_{nn} \end{vmatrix}=a_{11}M_{11}=a_{11}A_{11}.$$

这种情形在例 8 中已证.

再证特殊情形二：D 的第 i 行所有元素除 (i,j) 元 a_{ij} 外都为零，即

$$D=\begin{vmatrix} a_{11} & \cdots & a_{1j} & \cdots & a_{1n} \\ \vdots & & & & \vdots \\ 0 & \cdots & a_{ij} & \cdots & 0 \\ \vdots & & & & \vdots \\ a_{n1} & \cdots & a_{nj} & \cdots & a_{nn} \end{vmatrix}.$$

为了利用前面的结果，将 D 的行列作如下调换：将 D 的第 i 行依次与第 $i-1$ 行、第 $i-2$ 行、…、第 1 行对调，这样数 a_{ij} 就调成 $(1,j)$ 元、调换的次数为 $i-1$. 再将第 j 列依次与第 $j-1$ 列、第 $j-2$ 列、…、第 1 列对调，这样数 a_{ij} 就调成 $(1,1)$ 元，调换的次数为 $j-1$. 总之，经 $i+j-2$ 次调换，数 a_{ij} 就调成 $(1,1)$ 元，所得的行列式 $D_1=(-1)^{i+j-2}D=(-1)^{i+j}D$. 而 D_1 中 $(1,1)$ 元的余子式就是 D 中 (i,j) 元的余子式 M_{ij}. 由于 D_1 中的 $(1,1)$ 元为 a_{ij}，第 1 行其余元素都为 0，利用特殊情形一，有

$$D_1=a_{ij}M_{ij},$$

于是

$$D=(-1)^{i+j}D_1=(-1)^{i+j}a_{ij}M_{ij}=a_{ij}A_{ij}.$$

最后再利用特殊情形二和性质 5 来证明一般情形.

$$D=\begin{vmatrix} a_{11} & a_{12} & \cdots & a_{1n} \\ \vdots & \vdots & & \vdots \\ a_{i1}+0+\cdots+0 & 0+a_{i2}+\cdots+0 & \cdots & 0+0+\cdots+a_{in} \\ \vdots & \vdots & & \vdots \\ a_{n1} & a_{n2} & \cdots & a_{nn} \end{vmatrix}$$

$$=\begin{vmatrix} a_{11} & a_{12} & \cdots & a_{1n} \\ \vdots & \vdots & & \vdots \\ a_{i1} & 0 & \cdots & 0 \\ \vdots & \vdots & & \vdots \\ a_{n1} & a_{n2} & \cdots & a_{nn} \end{vmatrix}+\begin{vmatrix} a_{11} & a_{12} & \cdots & a_{1n} \\ \vdots & \vdots & & \vdots \\ 0 & a_{i2} & \cdots & 0 \\ \vdots & \vdots & & \vdots \\ a_{n1} & a_{n2} & \cdots & a_{nn} \end{vmatrix}+\cdots+\begin{vmatrix} a_{11} & a_{12} & \cdots & a_{1n} \\ \vdots & \vdots & & \vdots \\ 0 & 0 & \cdots & a_{in} \\ \vdots & \vdots & & \vdots \\ a_{n1} & a_{n2} & \cdots & a_{nn} \end{vmatrix}$$

$$=a_{i1}A_{i1}+a_{i2}A_{i2}+\cdots+a_{in}A_{in},\qquad 1\leqslant i\leqslant n.$$

类似地，若按列证明，可得

$$D=a_{1j}A_{1j}+a_{2j}A_{2j}+\cdots+a_{nj}A_{nj},\qquad 1\leqslant j\leqslant n. \blacksquare$$

由性质 7，还可得下述重要推论.

推论　行列式某一行(列)的元素与另一行(列)的对应元素的代数余子式乘积之和等于零. 即

$$a_{i1}A_{j1}+a_{i2}A_{j2}+\cdots+a_{in}A_{jn}=0,\quad i\neq j,$$

或

$$a_{1i}A_{1j}+a_{2i}A_{2j}+\cdots+a_{ni}A_{nj}=0,\quad i\neq j.$$

性质 2,3,6 介绍了行列式关于行和列的三种运算，即 $r_i\leftrightarrow r_j$, $r_i\times k$, r_i+kr_j 和 $c_i\leftrightarrow c_j$, $c_i\times k$, c_i+kc_j，利用这些运算可简化行列式的计算，特别是利用运算 r_i+kr_j(或 c_i+kc_j)可以把行列式化为三角形行列式，从而得到行列式的值；利用性质 6 和性质 7 可得到行列式计算的另一重要方法——降阶法，即把高阶行列式降成低阶行列式. 下面举几个用这些方法计算行列式的例子.

例 10　利用行列式的性质将行列式 D 化为上三角形行列式并计算其值.

$$D=\begin{vmatrix}3&1&-1&2\\-5&1&3&-4\\2&0&1&-1\\1&-5&3&-3\end{vmatrix}.$$

解

$$D\xlongequal{c_1\leftrightarrow c_2}-\begin{vmatrix}1&3&-1&2\\1&-5&3&-4\\0&2&1&-1\\-5&1&3&-3\end{vmatrix}\xlongequal[r_4+5r_1]{r_2-r_1}-\begin{vmatrix}1&3&-1&2\\0&-8&4&-6\\0&2&1&-1\\0&16&-2&7\end{vmatrix}$$

$$\xlongequal{r_2\leftrightarrow r_3}\begin{vmatrix}1&3&-1&2\\0&2&1&-1\\0&-8&4&-6\\0&16&-2&7\end{vmatrix}\xlongequal[r_4-8r_2]{r_3+4r_2}\begin{vmatrix}1&3&-1&2\\0&2&1&-1\\0&0&8&-10\\0&0&-10&15\end{vmatrix}$$

$$\xlongequal{r_4+\frac{5}{4}r_3}\begin{vmatrix}1&3&-1&2\\0&2&1&-1\\0&0&8&-10\\0&0&0&\frac{5}{2}\end{vmatrix}=40.$$

例 11　利用行列式展开定理计算行列式

$$D=\begin{vmatrix} 2 & 1 & -3 & 5 \\ -1 & 1 & 2 & 2 \\ 2 & 0 & 1 & 1 \\ 1 & -4 & 3 & -1 \end{vmatrix}.$$

解 利用行列式展开定理计算行列式时，一般先用性质 6 将所选择的行(列)化成只有一个元素不为零，而其余元素都为零的情形，然后按该行(列)展开，这样就可将 n 阶行列式降成 $n-1$ 阶行列式，重复上述过程，直到得到结果为止. 在选择行(列)时，一般选择零较多的行(列)，原因是可减少计算量. 在本例中，第 3 行和第 2 列都含有一个 0，故可选第 3 行或第 2 列，下面我们选择按第 3 行展开，保留第 3 行的(3,3)元，而将第 3 行的其他两个非零元化为零.

$$D\overset{c_1-2c_3}{\underset{c_4-c_3}{=\!=\!=\!=}}\begin{vmatrix} 8 & 1 & -3 & 8 \\ -5 & 1 & 2 & 0 \\ 0 & 0 & 1 & 0 \\ -5 & -4 & 3 & -4 \end{vmatrix}=(-1)^{3+3}\begin{vmatrix} 8 & 1 & 8 \\ -5 & 1 & 0 \\ -5 & -4 & -4 \end{vmatrix}\overset{r_1+2r_3}{=\!=\!=\!=}\begin{vmatrix} -2 & -7 & 0 \\ -5 & 1 & 0 \\ -5 & -4 & -4 \end{vmatrix}$$

$$=-4(-1)^{3+3}\begin{vmatrix} -2 & -7 \\ -5 & 1 \end{vmatrix}=148.$$

例 12 计算 n 阶行列式

$$D=\begin{vmatrix} x & a & a & \cdots & a \\ a & x & a & \cdots & a \\ a & a & x & \cdots & a \\ \vdots & \vdots & \vdots & & \vdots \\ a & a & a & \cdots & x \end{vmatrix}.$$

解 第一列的元素分别加上第二列、…、第 n 列元素(的 1 倍)，再提出第一列的公因子，得

$$D=[x+(n-1)a]\begin{vmatrix} 1 & a & a & \cdots & a \\ 1 & x & a & \cdots & a \\ 1 & a & x & \cdots & a \\ \vdots & \vdots & \vdots & & \vdots \\ 1 & a & a & \cdots & x \end{vmatrix}$$

$$\overset{r_i-r_1}{\underset{2\leqslant i\leqslant n}{=\!=\!=\!=}}[x+(n-1)a]\begin{vmatrix} 1 & a & a & \cdots & a \\ 0 & x-a & 0 & \cdots & 0 \\ 0 & 0 & x-a & \cdots & 0 \\ \vdots & \vdots & \vdots & & \vdots \\ 0 & 0 & 0 & \cdots & x-a \end{vmatrix}$$

$$=[x+(n-1)a](x-a)^{n-1}.$$

例 13 证明范德蒙德(Vandermonde)行列式

$$V_n=\begin{vmatrix}1&1&\cdots&1\\x_1&x_2&\cdots&x_n\\x_1^2&x_2^2&\cdots&x_n^2\\\vdots&\vdots&&\vdots\\x_1^{n-1}&x_2^{n-1}&\cdots&x_n^{n-1}\end{vmatrix}=\prod_{1\leqslant j<i\leqslant n}(x_i-x_j),$$

其中连乘积号“$\prod$”是对满足 $1\leqslant j<i\leqslant n$ 的所有因子 (x_i-x_j) 的乘积.

如 $n=3$, $\prod\limits_{1\leqslant j<i\leqslant 3}(x_i-x_j)=(x_2-x_1)(x_3-x_1)(x_3-x_2)$.

例如, $\begin{vmatrix}1&1&1\\2&3&5\\2^2&3^2&5^2\end{vmatrix}=(3-2)\times(5-2)\times(5-3)=1\times3\times2=6.$

证 用归纳法证明,当 $n=2$ 时,

$$V_2=\begin{vmatrix}1&1\\x_1&x_2\end{vmatrix}=x_2-x_1=\prod_{1\leqslant j<i\leqslant 2}(x_i-x_j),$$

结论成立. 假设结论对 $n-1$ 阶范德蒙德行列式成立,现证明对 n 阶范德蒙德行列式结论也成立.

为此,设法将 V_n 降阶:从第 n 行开始,后行减去前行的 x_1 倍,有

$$V_n=\begin{vmatrix}1&1&1&\cdots&1\\0&x_2-x_1&x_3-x_1&\cdots&x_n-x_1\\0&x_2(x_2-x_1)&x_3(x_3-x_1)&\cdots&x_n(x_n-x_1)\\\vdots&\vdots&\vdots&&\vdots\\0&x_2^{n-2}(x_2-x_1)&x_3^{n-2}(x_3-x_1)&\cdots&x_n^{n-2}(x_n-x_1)\end{vmatrix},$$

按第 1 列展开,并将每列的公因子 (x_i-x_1) 提出,就有

$$V_n=(x_2-x_1)\cdot\cdots\cdot(x_n-x_1)\begin{vmatrix}1&1&\cdots&1\\x_2&x_3&\cdots&x_n\\\vdots&\vdots&&\vdots\\x_2^{n-2}&x_3^{n-2}&\cdots&x_n^{n-2}\end{vmatrix},$$

上式右端的行列式已是一个 $n-1$ 阶范德蒙德行列式,根据归纳法假设,所以

$$V_n=(x_2-x_1)\cdot\cdots\cdot(x_n-x_1)\prod_{2\leqslant j<i\leqslant n}(x_i-x_j)=\prod_{1\leqslant j<i\leqslant n}(x_i-x_j).\ ■$$

行列式的计算主要有以下两种方法:

(1) 利用行列式的性质将行列式化为三角形行列式,例 10、例 12 用的就是该方法;

(2) 利用行列式展开定理降阶,例 11、例 13 用的就是该方法.

为了加强对行列式展开定理的理解，下面我们再举一例.

例 14 设

$$D=\begin{vmatrix}3&-5&2&1\\1&1&0&-5\\-1&3&1&3\\2&-4&-1&-3\end{vmatrix},$$

D 的(i,j)元的余子式和代数余子式依次记作 M_{ij}和 A_{ij}，求

$$A_{11}+A_{12}+A_{13}+A_{14} 及 M_{11}+M_{21}+M_{31}+M_{41}.$$

解 构造行列式

$$D_1=\begin{vmatrix}1&1&1&1\\1&1&0&-5\\-1&3&1&3\\2&-4&-1&-3\end{vmatrix},$$

则 D 和 D_1的第 1 行对应元素的代数余子式相同，把 D_1按第 1 行展开，有

$$D_1=\begin{vmatrix}1&1&1&1\\1&1&0&-5\\-1&3&1&3\\2&-4&-1&-3\end{vmatrix}=A_{11}+A_{12}+A_{13}+A_{14},$$

于是

$$A_{11}+A_{12}+A_{13}+A_{14}=\begin{vmatrix}1&1&1&1\\1&1&0&-5\\-1&3&1&3\\2&-4&-1&-3\end{vmatrix}\xlongequal[r_4+r_1]{r_3-r_1}\begin{vmatrix}1&1&1&1\\1&1&0&-5\\-2&2&0&2\\3&-3&0&-2\end{vmatrix}$$

$$=\begin{vmatrix}1&1&-5\\-2&2&2\\3&-3&-2\end{vmatrix}\xlongequal[r_3-3r_1]{r_2+2r_1}\begin{vmatrix}1&1&-5\\0&4&-8\\0&-6&13\end{vmatrix}=\begin{vmatrix}4&-8\\-6&13\end{vmatrix}=4.$$

由余子式和代数余子式的关系有

$$M_{11}+M_{21}+M_{31}+M_{41}=A_{11}-A_{21}+A_{31}-A_{41}$$

$$=\begin{vmatrix}1&-5&2&1\\-1&1&0&-5\\1&3&1&3\\-1&-4&-1&-3\end{vmatrix}\xlongequal{r_4+r_3}\begin{vmatrix}1&-5&2&1\\-1&1&0&-5\\1&3&1&3\\0&-1&0&0\end{vmatrix}$$

$$=(-1)\begin{vmatrix}1&2&1\\-1&0&-5\\1&1&3\end{vmatrix}\xlongequal{r_1-2r_3}-\begin{vmatrix}-1&0&-5\\-1&0&-5\\1&1&3\end{vmatrix}=0.$$

1.4　克拉默法则

现在我们来研究本章 1.1 节提出的 n 元线性方程组的求解公式问题. 这个问题由瑞士数学家克拉默(Cramer)研究解决,其结论称为克拉默法则.

含有 n 个未知量 $x_1, x_2, \cdots, x_n$ 和 n 个线性方程的方程组

$$\begin{cases} a_{11}x_1+a_{12}x_2+\cdots+a_{1n}x_n=b_1, \\ a_{21}x_1+a_{22}x_2+\cdots+a_{2n}x_n=b_2, \\ \cdots\cdots\cdots\cdots \\ a_{n1}x_1+a_{n2}x_2+\cdots+a_{nn}x_n=b_n \end{cases} \tag{1.10}$$

与二元、三元线性方程组相类似,它的解可用 n 阶行列式表示,即有

克拉默法则(Cramer 法则)　如果线性方程组(1.10)的系数行列式不等于零,即

$$D=\begin{vmatrix} a_{11} & \cdots & a_{1n} \\ \vdots & & \vdots \\ a_{n1} & \cdots & a_{nn} \end{vmatrix} \neq 0,$$

那么,方程组(1.10)有唯一解

$$x_1=\frac{D_1}{D}, x_2=\frac{D_2}{D}, \cdots, x_n=\frac{D_n}{D}, \tag{1.11}$$

其中 $D_j(j=1,2,\cdots,n)$ 是将系数行列式 D 中第 j 列的元素用方程组右端的常数项代替后所得到的 n 阶行列式,即

$$D_j=\begin{vmatrix} a_{11} & \cdots & a_{1,j-1} & b_1 & a_{1,j+1} & \cdots & a_{1n} \\ \vdots & & \vdots & \vdots & \vdots & & \vdots \\ a_{n1} & \cdots & a_{n,j-1} & b_n & a_{n,j+1} & \cdots & a_{nn} \end{vmatrix}.$$

这个法则的证明在第 2 章中给出.

例 15　解线性方程组

$$\begin{cases} x_1+x_2+x_3+x_4=0, \\ 2x_1-x_2+3x_3-x_4=11, \\ x_1-2x_2+x_3-2x_4=9, \\ 3x_1+2x_2-x_3=-1. \end{cases}$$

解　先计算系数行列式

$$D=\begin{vmatrix}1&1&1&1\\2&-1&3&-1\\1&-2&1&-2\\3&2&-1&0\end{vmatrix}\xlongequal[r_3+2r_1]{r_2+r_1}\begin{vmatrix}1&1&1&1\\3&0&4&0\\3&0&3&0\\3&2&-1&0\end{vmatrix}=-\begin{vmatrix}3&0&4\\3&0&3\\3&2&-1\end{vmatrix}=2\begin{vmatrix}3&4\\3&3\end{vmatrix}=-6\neq0,$$

所以方程组有唯一解. 而

$$D_1=\begin{vmatrix}0&1&1&1\\11&-1&3&-1\\9&-2&1&-2\\-1&2&-1&0\end{vmatrix}=-6,D_2=\begin{vmatrix}1&0&1&1\\2&11&3&-1\\1&9&1&-2\\3&-1&-1&0\end{vmatrix}=6,$$

$$D_3=\begin{vmatrix}1&1&0&1\\2&-1&11&-1\\1&-2&9&-2\\3&2&-1&0\end{vmatrix}=-12,D_4=\begin{vmatrix}1&1&1&0\\2&-1&3&11\\1&-2&1&9\\3&2&-1&-1\end{vmatrix}=12,$$

于是唯一解为 $$x_1=1,x_2=-1,x_3=2,x_4=-2.$$

克拉默法则可叙述为下面的定理:

定理 3　如果线性方程组(1.10)的系数行列式 $D\neq0$,则它一定有解,且解是唯一的;也就是说,如果线性方程组(1.10)无解或有两个不同的解,则它的系数行列式必为零.

线性方程组(1.10)右端的常数项 $b_1,b_2,\cdots,b_n$ 不全为零时,线性方程组(1.10)叫做**非齐次线性方程组**,当 $b_1,b_2,\cdots,b_n$ 全为零时,线性方程组(1.10)叫做**齐次线性方程组**.

对于齐次线性方程组

$$\begin{cases}a_{11}x_1+a_{12}x_2+\cdots+a_{1n}x_n=0,\\a_{21}x_1+a_{22}x_2+\cdots+a_{2n}x_n=0,\\\cdots\cdots\cdots\cdots\\a_{n1}x_1+a_{n2}x_2+\cdots+a_{nn}x_n=0,\end{cases}\tag{1.12}$$

$x_1=x_2=\cdots=x_n=0$ 一定是它的解,这个解叫做**齐次线性方程组(1.12)的零解**. 如果一组不全为零的数是(1.12)的解,则它叫做**齐次线性方程组(1.12)的非零解**. 齐次线性方程组(1.12)一定有零解,但不一定有非零解.

将克拉默法则用于齐次线性方程组(1.12),可得

定理 4　如果齐次线性方程组(1.12)的系数行列式 $D\neq0$,则它没有非零解;也就是说,如果齐次线性方程组(1.12)有非零解,则它的系数行列式必为零.

定理 4 说明系数行列式 $D=0$ 是齐次线性方程组有非零解的必要条件. 在第 3 章中还将证明这个条件也是充分的.

例 16 问 λ 取何值时,齐次线性方程组

$$\begin{cases}(2-\lambda)x & -5y & +7z=0,\\ & (-4-\lambda)y & +6z=0,\\ & & -y+(1-\lambda)z=0\end{cases}$$

有非零解.

解 由定理 4,若方程组有非零解,则其系数行列式 $D=0$. 而

$$D=\begin{vmatrix}2-\lambda & -5 & 7\\ 0 & -4-\lambda & 6\\ 0 & -1 & 1-\lambda\end{vmatrix}=-(\lambda+1)(\lambda+2)(\lambda-2),$$

由此得,$\lambda=-2,\lambda=-1$ 或 $\lambda=2$.

不难验证,当 $\lambda=-2,-1$ 或 2 时,所给齐次线性方程组确有非零解.

克拉默法则是线性方程组理论的一个很重要的结果,它不仅给出了方程组(1.10)有唯一解的条件,并且给出了方程组的解与方程组的系数和常数项的关系,在后面的讨论中,还会看到它在更一般的线性方程组的研究中也起着重要的作用. 用克拉默法则求解 n 元线性方程组时,要计算 $n+1$ 个 n 阶行列式,这个计算量是相当大的,所以,在具体求解线性方程组时,很少用克拉默法则. 另外,当方程组中方程的个数与未知数的个数不相等时,就不能用克拉默法则;当方程组(1.10)的系数行列式等于零时,不能由克拉默法则判别方程组是否有解. 因此需要对线性方程组进行进一步的研究.

1.5 应用举例

在本节中我们将阐述二阶、三阶行列式的几何解释,即用二阶行列式求平面图形的面积、用三阶行列式求平行六面体的体积.

1.5.1 用二阶行列式求平行四边形的面积

设有二阶行列式 $D=\begin{vmatrix}a & b\\ c & d\end{vmatrix}$,令 $\boldsymbol{\alpha}=\begin{pmatrix}a\\ c\end{pmatrix},\boldsymbol{\beta}=\begin{pmatrix}b\\ d\end{pmatrix}$,则向量组 $\boldsymbol{\alpha},\boldsymbol{\beta}$ 称为二阶行列式 D 的**列向量组**. 如图 1-3 所示,向量 $\boldsymbol{\alpha},\boldsymbol{\beta}$ 确定一个平行四边形. 关于二阶行列式与其列向量组有以下定理.

定理 5 二阶行列式 D 的列向量组所确定的平行四边形的面积等于 $|D|$.

证 若 D 为 2 阶对角行列式,定理显然成立.

$$D=\begin{vmatrix}a & 0\\ 0 & b\end{vmatrix}=ab,\ |\boldsymbol{D}|=|ab|=\text{矩形的面积},$$

见图 1-4.

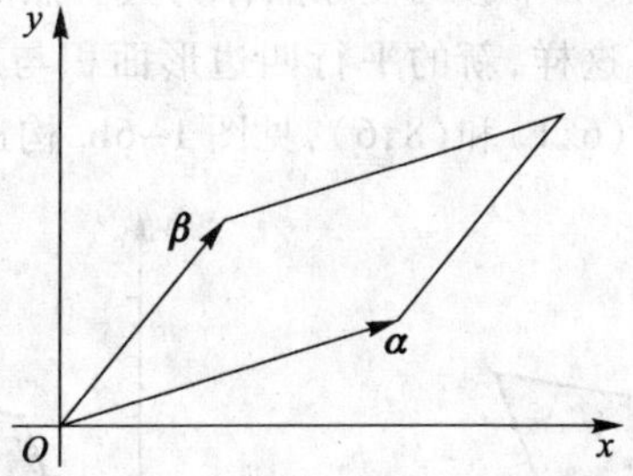

图 1-3 两向量所确定的平行四边形

下面我们来证 D 不为对角行列式的情形. 由行列式的性质我们知道,当行列式的两列交换或一列的倍数加到另一列上时,行列式的绝对值不改变. 同时容易看到,这样的运算足以能够把 D 化为对角形. 因为列交换不会改变对应的平行四边形,所以只需证明平面向量的下列简单的几何现象就足够了.

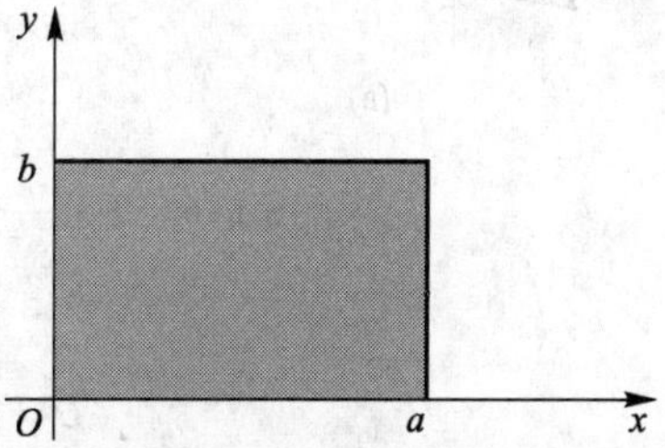

图 1-4 面积 $=|ab|$

设 $\boldsymbol{\alpha}$ 和 $\boldsymbol{\beta}$ 为非零向量,则对任意数 k,由 $\boldsymbol{\alpha}$ 和 $\boldsymbol{\beta}$ 确定的平行四边形的面积等于由 $\boldsymbol{\alpha}$ 和 $\boldsymbol{\beta}+k\boldsymbol{\alpha}$ 确定的平行四边形的面积.

为了证明这个结论,不妨假设 $\boldsymbol{\beta}$ 不是 $\boldsymbol{\alpha}$ 的倍数,否则这个平行四边形将退化成面积为 0 的平行四边形(即两个向量共线). $\boldsymbol{\alpha},\boldsymbol{\beta}$ 与 $\boldsymbol{\alpha}$, $\boldsymbol{\beta}+k\boldsymbol{\alpha}$ 所确定的两个平行四边形如图 1-5 所示,在这两个平行四边形中,向量 $\boldsymbol{\alpha}$ 为它们公共的底边,而它们与 $\boldsymbol{\alpha}$ 平行的对边在同一直线上,则它们的公共底边上的高也相等,所以这两个平行四边形具有相同的面积. ■

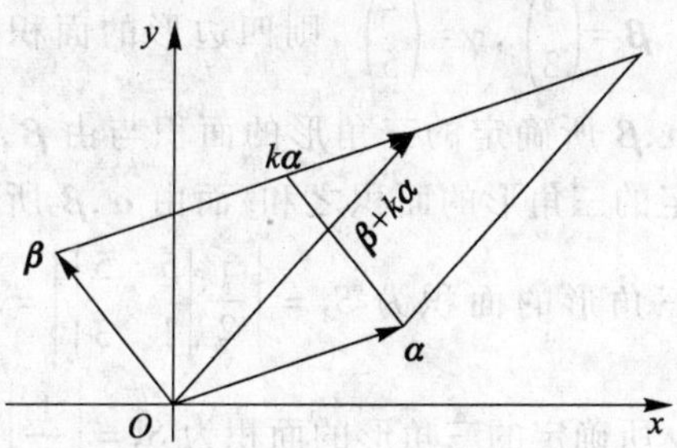

图 1-5 两个等面积的平行四边形

例 17 计算由点 $(-2,-2)$, $(0,3)$, $(4,-1)$ 和 $(6,4)$ 确定的平行四边形的面积. 见图 1-6a.

解　先将此平行四边形平移到使原点作为其一点的情形. 例如,将每个顶点坐标减去顶点(-2,-2),这样,新的平行四边形面积与原平行四边形面积相同,其顶点为(0,0),(2,5),(6,1)和(8,6),见图 1-6b. 构造行列式

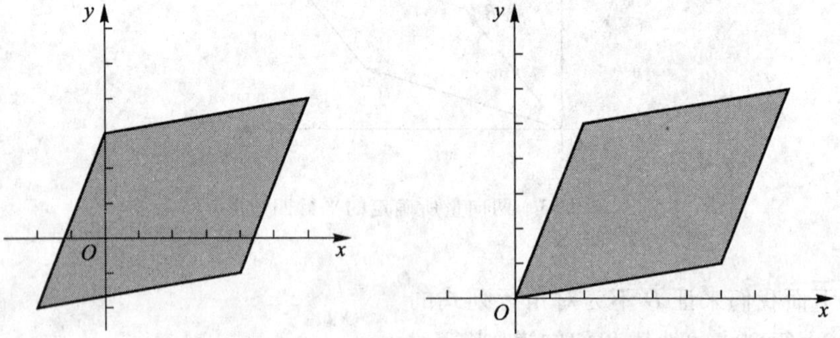

(a)　　　　(b)

图 1-6　平移一个平行四边形不改变其面积

$$D=\begin{vmatrix}2&6\\5&1\end{vmatrix}=-28,$$

则所求平行四边形的面积为 28.

例 18　如图 1-7 所示的四边形的四个顶点的坐标分别为(0,0),(5,1),(5,3)和(2,5),求其面积.

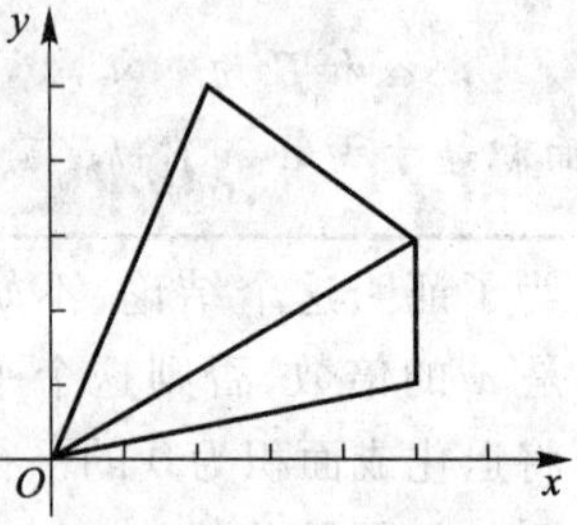

图 1-7　四边形的面积

解　以(0,0)为起点作三个向量 $\boldsymbol{\alpha}=\begin{pmatrix}5\\1\end{pmatrix}$,$\boldsymbol{\beta}=\begin{pmatrix}5\\3\end{pmatrix}$,$\boldsymbol{\gamma}=\begin{pmatrix}2\\5\end{pmatrix}$,则四边形的面积等于由 $\boldsymbol{\alpha},\boldsymbol{\beta}$ 所确定的三角形的面积与由 $\boldsymbol{\beta},\boldsymbol{\gamma}$ 所确定的三角形的面积之和. 而由 $\boldsymbol{\alpha},\boldsymbol{\beta}$ 所确定的三角形的面积为 $S_1=\left|\dfrac{1}{2}\begin{vmatrix}5&5\\1&3\end{vmatrix}\right|=5$,由 $\boldsymbol{\beta},\boldsymbol{\gamma}$ 所确定的三角形的面积为 $S_2=\left|\dfrac{1}{2}\begin{vmatrix}5&2\\3&5\end{vmatrix}\right|=9.5$,所以所求四边形的面积为 $5+9.5=14.5$.

用例 18 的方法可由二阶行列式求任意多边形的面积,进而可求任意不规则平面图形面积的近似值,这些问题的讨论可在实验一中找到.

1.5.2 用三阶行列式求平行六面体的体积

对于三阶行列式 $D=\begin{vmatrix} a & d & e \\ f & b & g \\ h & i & c \end{vmatrix}$,令

$$\boldsymbol{\alpha}=\begin{pmatrix} a \\ f \\ h \end{pmatrix},\boldsymbol{\beta}=\begin{pmatrix} d \\ b \\ i \end{pmatrix},\boldsymbol{\gamma}=\begin{pmatrix} e \\ g \\ c \end{pmatrix},$$

则向量组 $\boldsymbol{\alpha},\boldsymbol{\beta},\boldsymbol{\gamma}$ 称为三阶行列式 D 的**列向量组**. 关于三阶行列式与其列向量组,我们有以下定理.

定理 6 三阶行列式 D 的列向量组所确定的平行六面体的体积等于 $|D|$.

证 若 D 为三阶对角行列式,定理显然成立.

$$D=\begin{vmatrix} a & 0 & 0 \\ 0 & b & 0 \\ 0 & 0 & c \end{vmatrix}=abc,$$

$|D|=|abc|=$长方体的体积,见图 1-8.

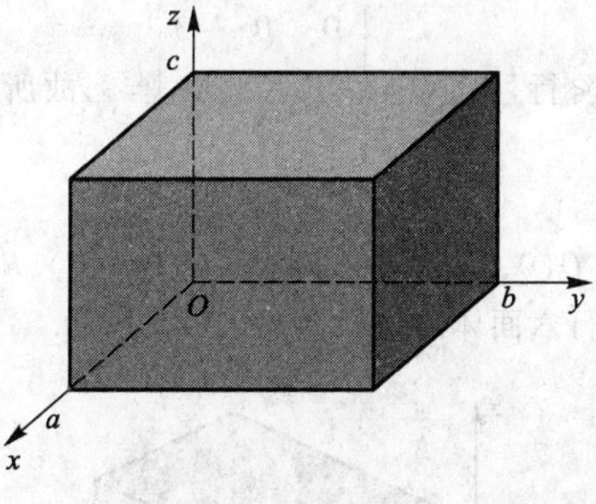

图 1-8 体积 $=|abc|$

当行列式不为对角形时,与定理 5 的证明类似,只需证明将三阶行列式的某一列的倍数加到另一列上的运算方式不改变平行六面体的体积即可. 为叙述方便,把三阶行列式记为

$$D=|\boldsymbol{\alpha} \quad \boldsymbol{\beta} \quad \boldsymbol{\gamma}|,$$

D 的列向量组 $\boldsymbol{\alpha},\boldsymbol{\beta},\boldsymbol{\gamma}$ 所确定的平行六面体如图 1-9(a)所示. 对 D 的列作运算 $\boldsymbol{\gamma}+k\boldsymbol{\alpha}$,得行列式 $D_1=|\boldsymbol{\alpha} \quad \boldsymbol{\beta} \quad \boldsymbol{\gamma}+k\boldsymbol{\alpha}|$,$D_1$ 的列向量组 $\boldsymbol{\alpha},\boldsymbol{\beta},\boldsymbol{\gamma}+k\boldsymbol{\alpha}$ 所确定的平行六面体如图 1-9(b)所示. 这两个平行六面体有相同的底面,即向量 $\boldsymbol{\alpha},\boldsymbol{\beta}$ 所确定的平行四边形,而由向量加法的三角形法则可知,当向量 $\boldsymbol{\gamma}$ 与 $\boldsymbol{\gamma}+k\boldsymbol{\alpha}$ 的起点相同

时，它们的终点在同一平面上，所以这两个平行六面体相同的底面上的高也相等，故它们的体积相等，于是列的倍加运算不影响平行六面体的体积，由于列的交换运算也不影响体积，所以定理证毕.

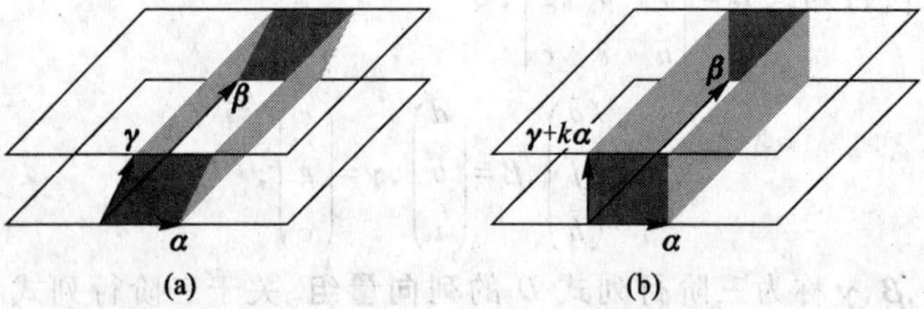

图 1-9　两个体积相等的平行六面体　■

例 19　求一个顶点在(1,1,1)，相邻顶点在(1,0,2)，(1,3,2)，(-2,1,1)的平行六面体的体积.

解　以(1,1,1)为起点作三个向量 $\boldsymbol{\alpha}=\begin{pmatrix}0\\-1\\1\end{pmatrix}$，$\boldsymbol{\beta}=\begin{pmatrix}0\\2\\1\end{pmatrix}$，$\boldsymbol{\gamma}=\begin{pmatrix}-3\\0\\0\end{pmatrix}$，

并以它们为列构造三阶行列式 $D=\begin{vmatrix}0&0&-3\\-1&2&0\\1&1&0\end{vmatrix}=9$，故所求平行六面体的体积为 9.

例 20　设有四点 $O(0,0,0)$，$P(a,0,0)$，$Q(0,b,0)$，$R(0,0,c)$，求由这四点所确定的四面体和平行六面体的体积，如图 1-10 所示.

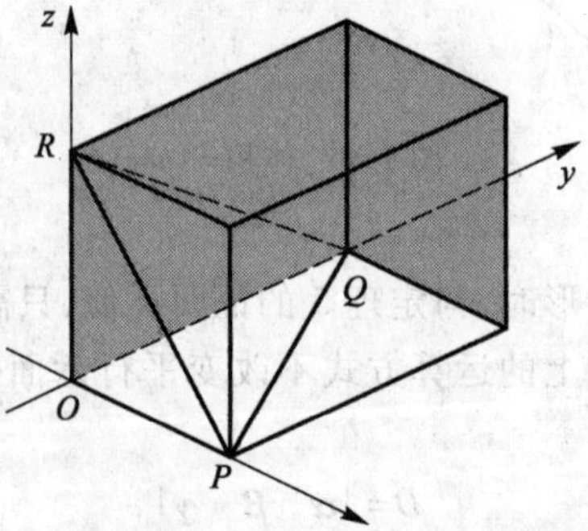

图 1-10　四面体和平行六面体

解 记四面体和平行六面体的体积分别为 V_1, V_2，由于 P, Q, R 分别在三条坐标轴上，所以有

$$V_1=\frac{1}{3}OR\times S_{\triangle OPQ}=\frac{1}{3}c\left(\frac{1}{2}ab\right)=\frac{1}{6}abc,$$

$$V_2=abc.$$

由此可得 $V_1=\frac{1}{6}V_2$.

例 20 是一个非常简单的例子，通过该例说明这样一个事实：

> 任意不在同一平面上的四个点所确定的平行六面体的体积等于由它们所确定的四面体体积的 6 倍.

习 题 一

1. 利用对角线法则计算下列三阶行列式：

(1) $\begin{vmatrix} 2 & 1 & 5 \\ -1 & 0 & 2 \\ 3 & 1 & 4 \end{vmatrix}$；　　(2) $\begin{vmatrix} a & b & c \\ c & a & b \\ b & c & a \end{vmatrix}$；

(3) $\begin{vmatrix} 1 & a & a^2 \\ 1 & b & b^2 \\ 1 & c & c^2 \end{vmatrix}$；　　(4) $\begin{vmatrix} x & y & x+y \\ y & x+y & x \\ x+y & x & y \end{vmatrix}$.

2. 按自然数从小到大为标准次序，求下列各排列的逆序数，并确定排列的奇偶性：

(1) 3 6 1 7 2 5 4；　　(2) 8 9 1 4 7 6 2 3 5；

(3) $(2n+1)\ (2n-1)\cdots 5\ 3\ 1$.

3. 写出四阶行列式 $D=\det(a_{ij})$ 中所有包含 a_{23} 并带正号的项.

4. 若 n 阶行列式 $D=\det(a_{ij})$ 的元素满足 $a_{ij}=-a_{ji}\ (i,j=1,2,\cdots,n)$，则称这样的行列式为**反对称行列式**，试证：当 n 为奇数时，$D=0$.

5. 计算下列行列式：

(1) $\begin{vmatrix} 2 & -4 & 1 & 2 \\ 3 & 3 & -1 & 4 \\ -5 & -6 & 2 & 5 \\ 4 & 1 & 0 & 6 \end{vmatrix}$；　　(2) $\begin{vmatrix} 1 & -4 & 0 & 0 \\ 3 & 2 & 0 & 0 \\ 0 & 0 & 2 & 1 \\ 0 & 0 & -7 & 3 \end{vmatrix}$；

(3) $\begin{vmatrix} 12 & 13 & 14 \\ 15 & 16 & 17 \\ 18 & 19 & 20 \end{vmatrix}$;　　(4) $\begin{vmatrix} x^2+1 & xy & xz \\ xy & y^2+1 & yz \\ xz & yz & z^2+1 \end{vmatrix}$;

(5) $\begin{vmatrix} 0 & x & y & z \\ x & 0 & z & y \\ y & z & 0 & x \\ z & y & x & 0 \end{vmatrix}$;　　(6) $\begin{vmatrix} 9 & 1 & 9 & 9 & 9 \\ 9 & 0 & 9 & 9 & 2 \\ 4 & 0 & 0 & 5 & 0 \\ 9 & 0 & 3 & 9 & 0 \\ 6 & 0 & 0 & 7 & 0 \end{vmatrix}$.

6. 计算 n 阶行列式:

(1) $\begin{vmatrix} 1 & 1 & 1 & \cdots & 1 \\ 1 & 2 & 2 & \cdots & 2 \\ 1 & 2 & 3 & \cdots & 3 \\ \vdots & \vdots & \vdots & & \vdots \\ 1 & 2 & 3 & \cdots & n \end{vmatrix}$;　　(2) $\begin{vmatrix} 1 & 2 & 3 & \cdots & n \\ -1 & 0 & 3 & \cdots & n \\ -1 & -2 & 0 & \cdots & n \\ \vdots & \vdots & \vdots & & \vdots \\ -1 & -2 & -3 & \cdots & 0 \end{vmatrix}$.

7. 求解下列方程:

(1) $\begin{vmatrix} x+1 & 2 & -1 \\ 2 & x+1 & 1 \\ -1 & 1 & x+1 \end{vmatrix}=0$;　　(2) $\begin{vmatrix} 1 & x & y & z \\ x & 1 & 0 & 0 \\ y & 0 & 1 & 0 \\ z & 0 & 0 & 1 \end{vmatrix}=1$.

8. 设

$$D=\begin{vmatrix} 3 & 1 & -1 & 2 \\ -5 & 1 & 2 & -3 \\ 2 & 0 & 1 & 1 \\ 1 & 3 & -2 & -1 \end{vmatrix},$$

D 的 (i,j) 元的代数余子式记作 A_{ij},求

$$A_{31}+2A_{32}-3A_{33}+2A_{34}.$$

9. 用克拉默法则解下列方程组:

(1) $\begin{cases} 5x_1+7x_2=3, \\ 2x_1+4x_2=1; \end{cases}$　　(2) $\begin{cases} 2x_1+x_2+x_3=4, \\ -x_1+2x_3=4, \\ 3x_1+x_2+3x_3=-2; \end{cases}$

(3) $\begin{cases} 5x_1+4x_3+2x_4=3, \\ x_1-x_2+2x_3+x_4=1, \\ 4x_1+x_2+2x_3=3, \\ x_1+x_2+x_3+x_4=0; \end{cases}$　　(4) $\begin{cases} 5x_1+6x_2=1, \\ x_1+5x_2+6x_3=1, \\ x_2+5x_3+6x_4=1, \\ x_3+5x_4=1. \end{cases}$

10. 确定参数 k 的值,使下列方程组有唯一解,并求出该解:

(1) $\begin{cases}6kx_1+4x_2=5,\\ 9x_1+2kx_2=-2;\end{cases}$ (2) $\begin{cases}kx_1-2kx_2=-1,\\ 3x_1+6kx_2=4.\end{cases}$

11. 确定参数 k 的值,使以下齐次线性方程组有非零解:

$$\begin{cases}(1-k)x_1-2x_2+4x_3=0,\\ 2x_1+(3-k)x_2+x_3=0,\\ x_1+x_2+(1-k)x_3=0.\end{cases}$$

12. 求三次多项式 $f(x)$,使 $f(x)$ 满足

$$f(-1)=0, f(1)=4, f(2)=3, f(3)=16.$$

13. 在空间坐标系中,三元方程 $ax+by+cz=d$ 表示一空间平面. 设有三元线性方程组

$$\begin{cases}a_1x+b_1y+c_1z=d_1,\\ a_2x+b_2y+c_2z=d_2,\\ a_3x+b_3y+c_3z=d_3,\end{cases}$$

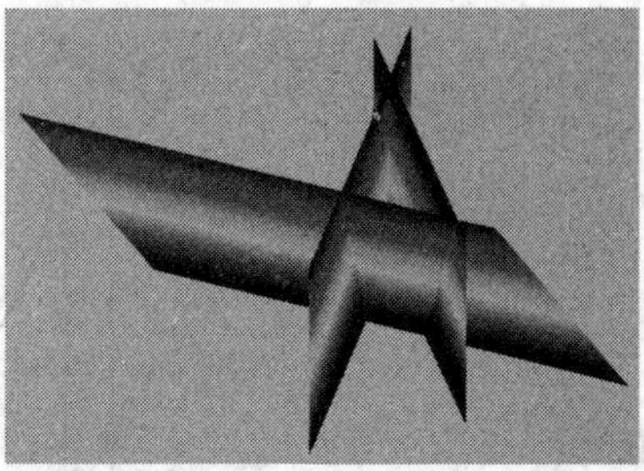

其几何意义如右图所示,判别向量

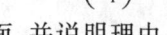

$\boldsymbol{\alpha}=\begin{pmatrix}a_1\\b_1\\c_1\end{pmatrix}, \boldsymbol{\beta}=\begin{pmatrix}a_2\\b_2\\c_2\end{pmatrix}, \boldsymbol{\gamma}=\begin{pmatrix}a_3\\b_3\\c_3\end{pmatrix}$ 是否共面,并说明理由.

14. 证明平面上经过两不同点 (x_1,y_1),(x_2,y_2) 的直线的方程可以写成

$$\begin{vmatrix}1&1&1\\x&x_1&x_2\\y&y_1&y_2\end{vmatrix}=0.$$

15. 证明:顶点为 (x_1,y_1),(x_2,y_2),(x_3,y_3) 的三角形的面积

$$S=\frac{1}{2}|D|, \text{其中 } D=\begin{vmatrix}1&x_1&y_1\\1&x_2&y_2\\1&x_3&y_3\end{vmatrix}.$$

16. 分别求下列给定顶点的四边形的面积,并判别其中哪几个是平行四边形.

(1) $(0,0)$,$(5,2)$,$(6,4)$,$(11,6)$;

(2) $(0,0)$,$(-1,3)$,$(4,-5)$,$(3,1)$;

(3) $(-1,1)$,$(0,5)$,$(1,-4)$,$(2,1)$;

(4) $(0,-2)$,$(6,-1)$,$(-3,1)$,$(3,2)$.

17. 分别求以下列给定点确定的平行六面体的体积:

(1) 一个顶点在原点,相邻顶点在(1,0,-2),(1,2,4),(7,1,0);

(2) 一个顶点在原点,相邻顶点在(1,4,0),(-2,-5,2),(-1,2,-1);

(3) 一个顶点在(1,1,1),相邻顶点在(0,-1,-2),(1,-4,3),(-2,1,4);

(4) 一个顶点在(2,1,3),相邻顶点在(1,-1,4),(2,-1,5),(-3,2,1).

利用实验一所提供的计算器,完成下面 3 题.

18. [M]求以(-2,-3),(4,-3),(6,2),(1,6),(-4,5),(-6,2)为顶点的六边形的面积.

19. [M]分别求单位圆的内接正 6 边形、正 12 边形、正 24 边形的面积,由此你能得到何猜想?

20. [M]求如下图所示的曲边梯形面积的近似值.

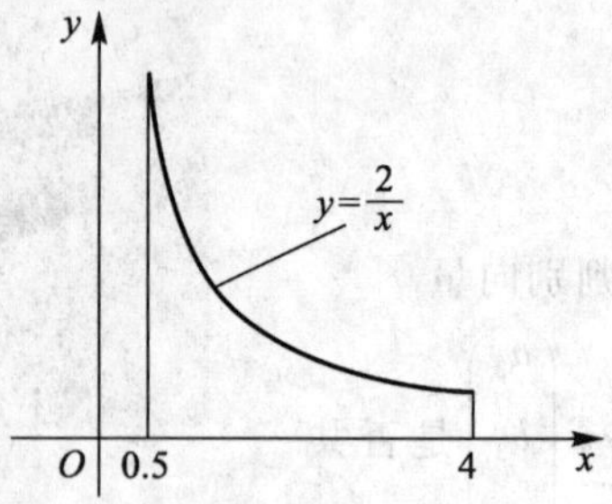

第 2 章

矩阵及其运算

矩阵是线性代数的另一个重要概念,矩阵方法是线性代数的一个重要方法. 自然科学和工程技术中的很多问题需要用矩阵来建模,用矩阵方法解决. 比如线性方程组的研究就需要用到矩阵的理论和方法. 本章先从几个实际问题引出矩阵的概念,然后介绍矩阵的基本运算、逆矩阵. 分块矩阵等内容,最后给出矩阵应用的三个实例.

2.1 矩阵的定义

2.1.1 引例

在工程技术中,有很多问题的模型可以用一个矩形数表来表示,这种表示不仅仅是形式上的简化,更主要的是它引出了一种重要的研究方法. 下面我们先看几个例子.

引例 1 考虑如下线性方程组

$$\begin{cases} x_1 - x_2 + x_3 + 2x_4 = 1, \\ 2x_1 + 3x_2 - x_3 - x_4 = -1, \\ 4x_1 + x_2 + x_3 + x_4 = 0, \\ x_1 + 4x_2 - 2x_3 + 3x_4 = -2. \end{cases} \tag{2.1}$$

(2.1)式可以用表

x_1	x_2	x_3	x_4	
1	−1	1	2	1
2	3	−1	−1	−1
4	1	1	1	0
1	4	−2	3	−2

来表示. 其中最右边一列为方程组右端的常数项,其他列为相应未知量的系数,

第二行起每一行对应一个方程. 如果规定了未知量 x_1,x_2,x_3,x_4 的顺序,则(2.1)式可用如下数表

$$\begin{pmatrix}1 & -1 & 1 & 2 & 1\\ 2 & 3 & -1 & -1 & -1\\ 4 & 1 & 1 & 1 & 0\\ 1 & 4 & -2 & 3 & -2\end{pmatrix}$$

来表示.

引例 2　设变量 y_1,y_2,y_3 均可表示为变量 x_1,x_2 的线性函数,即

$$\begin{cases}y_1=x_1-3x_2,\\ y_2=-x_1+2x_2,\\ y_3=2x_1+3x_2.\end{cases}\tag{2.2}$$

(2.2)式可以用表

	x_1	x_2
y_1	1	−3
y_2	−1	2
y_3	2	3

来表示. 其中每一列数为 $x_i(i=1,2)$ 的系数,每一行对应一个线性函数. 如果规定了 x_1,x_2,y_1,y_2,y_3 的顺序,则(2.2)式可用如下数表

$$\begin{pmatrix}1 & -3\\ -1 & 2\\ 2 & 3\end{pmatrix}$$

来表示.

引例 3　二次曲线的一般方程为

$$ax^2+2bxy+cy^2+2dx+2ey+f=0.\tag{2.3}$$

(2.3)式左端可以用表

	x	y	1
x	a	b	d
y	b	c	e
1	d	e	f

来表示. 其中每一个数就是它所在行和列所对应的 x,y 或 1 的乘积的系数,而(2.3)式左端即为按这样的约定所形成的项之和. 于是只要规定了 $x,y,1$ 的顺序,(2.3)式左端就可用如下数表

$$\begin{pmatrix} a & b & d \\ b & c & e \\ d & e & f \end{pmatrix}$$

来表示.

引例 4 四个城市间的单向航线如图 2-1 所示.

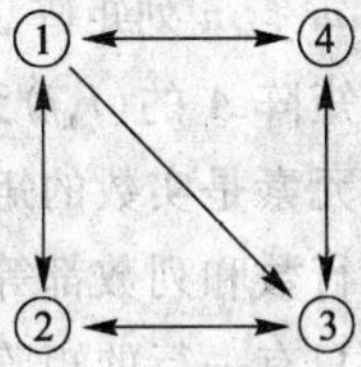

图 2-1

若令

$$a_{ij}=\begin{cases}1, 从 i 市到 j 市有一条单向航线,\\ 0, 从 i 市到 j 市没有单向航线,\end{cases}$$

则图 2-1 可用如下数表

$$\begin{pmatrix} 0 & 1 & 1 & 1 \\ 1 & 0 & 1 & 0 \\ 0 & 1 & 0 & 1 \\ 1 & 0 & 1 & 0 \end{pmatrix}$$

来表示.

引例 5 如图 2-2 所示的四边形

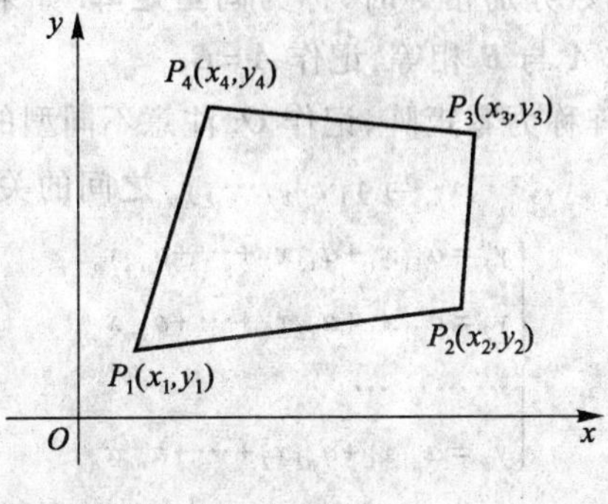

图 2-2

可用如下数表

$$\begin{pmatrix} x_1 & x_2 & x_3 & x_4 \\ y_1 & y_2 & y_3 & y_4 \end{pmatrix}$$

来表示.

上述几个问题均可用一个矩形数表来表示,这样的矩形数表就称为矩阵.

2.1.2 定义

定义 1 由 $m\times n$ 个数 $a_{ij}(i=1,2,\cdots,m;j=1,2,\cdots,n)$ 排成的一个 m 行 n 列

的矩形数表

$$A=\begin{pmatrix} a_{11} & a_{12} & \cdots & a_{1n} \\ a_{21} & a_{22} & \cdots & a_{2n} \\ \vdots & \vdots & & \vdots \\ a_{m1} & a_{m2} & \cdots & a_{mn} \end{pmatrix} \tag{2.4}$$

称为 m 行 n 列矩阵，简称 $m\times n$ 矩阵. 数 a_{ij} 称为矩阵 $\boldsymbol{A}$ 的第 i 行第 j 列的元素，简称为矩阵 $\boldsymbol{A}$ 的 (i,j) **元**. $m\times n$ 矩阵 $\boldsymbol{A}$ 也可记作 $\boldsymbol{A}_{m\times n}$ 或 $\boldsymbol{A}=(a_{ij})$ 或 $\boldsymbol{A}=(a_{ij})_{m\times n}$.

元素是实数的矩阵称为实矩阵，元素是复数的矩阵称为**复矩阵**.

行数和列数都等于 n 的矩阵称为 **n 阶矩阵**或 **n 阶方阵**，记作 $\boldsymbol{A}_n$.

只有一行的矩阵 $\boldsymbol{A}=(a_1\ a_2 \cdots\ a_n)$ 称为**行矩阵**，又称**行向量**，也记作 $\boldsymbol{A}=(a_1, a_2, \cdots, a_n)$. 只有一列的矩阵 $\boldsymbol{B}=\begin{pmatrix} b_1 \\ b_2 \\ \vdots \\ b_m \end{pmatrix}$ 称为**列矩阵**，又称**列向量**.

两个矩阵的行、列数分别相等时，称为**同型矩阵**. 如果 $\boldsymbol{A}$ 与 $\boldsymbol{B}$ 是同型矩阵，且对应元素相等，则称 $\boldsymbol{A}$ 与 $\boldsymbol{B}$ 相等，记作 $\boldsymbol{A}=\boldsymbol{B}$.

元素都为零的矩阵称为零矩阵，记作 $\boldsymbol{O}$. 注意不同型的零矩阵是不同的.

例 1 n 个变量 $x_1, x_2, \cdots, x_n$ 与 $y_1, y_2, \cdots, y_n$ 之间的关系式

$$\begin{cases} y_1 = a_{11}x_1 + a_{12}x_2 + \cdots + a_{1n}x_n, \\ y_2 = a_{21}x_1 + a_{22}x_2 + \cdots + a_{2n}x_n, \\ \cdots\cdots\cdots\cdots \\ y_n = a_{n1}x_1 + a_{n2}x_2 + \cdots + a_{nn}x_n \end{cases} \tag{2.5}$$

表示一个从变量 $x_1, x_2, \cdots, x_n$ 到变量 $y_1, y_2, \cdots, y_n$ 的**线性变换**，其中 a_{ij} 为常数. 线性变换(2.5)的系数 a_{ij} 构成矩阵 $\boldsymbol{A}=(a_{ij})_{n\times n}$.

给定了线性变换(2.5)，它的系数所构成的矩阵(称为**系数矩阵**)也就确定. 反之，如果给定一个线性变换的系数矩阵，则线性变换也就确定. 故线性变换和矩阵之间存在一一对应的关系.

例如线性变换

$$\begin{cases} y_1 = x_1, \\ y_2 = x_2, \\ \cdots\cdots\cdots\cdots \\ y_n = x_n \end{cases}$$

叫做**恒等变换**，它对应的一个 n 阶方阵

$$E=\begin{pmatrix}1&0&\cdots&0\\0&1&\cdots&0\\\vdots&\vdots&&\vdots\\0&0&\cdots&1\end{pmatrix},$$

称为 ***n* 阶单位矩阵**,简称**单位阵**. 单位阵从左上角到右下角的直线(称为主对角线)上的元素都是 1,其他元素都是 0.

又如线性变换

$$\begin{cases}y_1=\lambda_1x_1,\\y_2=\lambda_2x_2,\\\cdots\cdots\cdots\cdots\\y_n=\lambda_nx_n\end{cases}$$

对应一个 n 阶方阵

$$\boldsymbol{\Lambda}=\begin{pmatrix}\lambda_1&0&\cdots&0\\0&\lambda_2&\cdots&0\\\vdots&\vdots&&\vdots\\0&0&\cdots&\lambda_n\end{pmatrix},$$

这种不在主对角线上的元素都是零的方阵称为**对角矩阵**,简称**对角阵**,也记作

$$\boldsymbol{\Lambda}=\mathrm{diag}(\lambda_1,\lambda_2,\cdots,\lambda_n).$$

例 2 对于含有 n 个未知数 $x_1,x_2,\cdots,x_n$,m 个方程的线性方程组

$$\begin{cases}a_{11}x_1+a_{12}x_2+\cdots+a_{1n}x_n=b_1,\\a_{21}x_1+a_{22}x_2+\cdots+a_{2n}x_n=b_2,\\\cdots\cdots\cdots\cdots\\a_{m1}x_1+a_{m2}x_2+\cdots+a_{mn}x_n=b_m.\end{cases}\tag{2.6}$$

记

$$\boldsymbol{B}=\begin{pmatrix}a_{11}&a_{12}&\cdots&a_{1n}&b_1\\a_{21}&a_{22}&\cdots&a_{2n}&b_2\\\vdots&\vdots&&\vdots&\vdots\\a_{m1}&a_{m2}&\cdots&a_{mn}&b_m\end{pmatrix},$$

称矩阵 $\boldsymbol{B}$ 为线性方程组的**增广矩阵**. 任何一个方程组都可以用一个增广矩阵来描述;反之,一个增广矩阵也完全刻画了一个线性方程组. 故线性方程组和增广矩阵之间存在一一对应的关系.

2.2　矩阵的运算

2.2.1　矩阵的线性运算

定义 2　设 $\boldsymbol{A}=(a_{ij})$ 和 $\boldsymbol{B}=(b_{ij})$ 都是 $m\times n$ 矩阵，$\boldsymbol{A}$ 与 $\boldsymbol{B}$ 的**加法**（或称**和**）记作 $\boldsymbol{A}+\boldsymbol{B}$，规定为

$$\boldsymbol{A}+\boldsymbol{B}=\begin{pmatrix} a_{11}+b_{11} & a_{12}+b_{12} & \cdots & a_{1n}+b_{1n} \\ a_{21}+b_{21} & a_{22}+b_{22} & \cdots & a_{2n}+b_{2n} \\ \vdots & \vdots & & \vdots \\ a_{m1}+b_{m1} & a_{m2}+b_{m2} & \cdots & a_{mn}+b_{mn} \end{pmatrix}.$$

注意：只有同型矩阵才能作加法运算.

例 3　设

$$\boldsymbol{A}=\begin{pmatrix} 1 & -4 & 3 \\ -5 & 0 & 2 \end{pmatrix},\boldsymbol{B}=\begin{pmatrix} 2 & 1 & 2 \\ 3 & -7 & 8 \end{pmatrix},\boldsymbol{C}=\begin{pmatrix} 2 & -4 \\ 3 & 1 \end{pmatrix},$$

则

$$\boldsymbol{A}+\boldsymbol{B}=\begin{pmatrix} 3 & -3 & 5 \\ -2 & -7 & 10 \end{pmatrix},$$

但 $\boldsymbol{A}+\boldsymbol{C}$ 没有意义，因 $\boldsymbol{A}$ 与 $\boldsymbol{C}$ 不是同型矩阵.

设 $\boldsymbol{A}=(a_{ij})_{m\times n}$，称矩阵 $-\boldsymbol{A}=(-a_{ij})$ 为矩阵 $\boldsymbol{A}$ 的负矩阵. 显然有

$$\boldsymbol{A}+(-\boldsymbol{A})=\boldsymbol{O}.$$

由此规定矩阵的减法为

$$\boldsymbol{A}-\boldsymbol{B}=\boldsymbol{A}+(-\boldsymbol{B})=\begin{pmatrix} a_{11}-b_{11} & a_{12}-b_{12} & \cdots & a_{1n}-b_{1n} \\ a_{21}-b_{21} & a_{22}-b_{22} & \cdots & a_{2n}-b_{2n} \\ \vdots & \vdots & & \vdots \\ a_{m1}-b_{m1} & a_{m2}-b_{m2} & \cdots & a_{mn}-b_{mn} \end{pmatrix}.$$

矩阵的加法满足下列运算法则（其中 $\boldsymbol{A},\boldsymbol{B},\boldsymbol{C},\boldsymbol{O}$ 为同型矩阵）：

(1) $\boldsymbol{A}+\boldsymbol{B}=\boldsymbol{B}+\boldsymbol{A}$；

(2) $(\boldsymbol{A}+\boldsymbol{B})+\boldsymbol{C}=\boldsymbol{A}+(\boldsymbol{B}+\boldsymbol{C})$；

(3) $\boldsymbol{A}+\boldsymbol{O}=\boldsymbol{A}$；

(4) $\boldsymbol{A}-\boldsymbol{A}=\boldsymbol{O}$.

定义 3　数 λ 与矩阵 $\boldsymbol{A}=(a_{ij})_{m\times n}$ 的乘积（称之为**数乘**）记作 $\lambda\boldsymbol{A}$ 或 $\boldsymbol{A}\lambda$，规定为

$$\lambda \boldsymbol{A}=\boldsymbol{A}\lambda=\begin{pmatrix}\lambda a_{11} & \lambda a_{12} & \cdots & \lambda a_{1n}\\ \lambda a_{21} & \lambda a_{22} & \cdots & \lambda a_{2n}\\ \vdots & \vdots & & \vdots\\ \lambda a_{m1} & \lambda a_{m2} & \cdots & \lambda a_{mn}\end{pmatrix}.$$

注意:数乘矩阵运算与数乘行列式运算的区别.

例 4 设 $\boldsymbol{A}$ 与 $\boldsymbol{B}$ 同例 3,则

$$2\boldsymbol{B}=2\begin{pmatrix}2 & 1 & 2\\ 3 & -7 & 8\end{pmatrix}=\begin{pmatrix}4 & 2 & 4\\ 6 & -14 & 16\end{pmatrix},$$

$$\boldsymbol{A}-2\boldsymbol{B}=\begin{pmatrix}1 & -4 & 3\\ -5 & 0 & 2\end{pmatrix}-\begin{pmatrix}4 & 2 & 4\\ 6 & -14 & 16\end{pmatrix}=\begin{pmatrix}-3 & -6 & -1\\ -11 & 14 & -14\end{pmatrix}.$$

数乘运算满足下列运算法则(设 $\boldsymbol{A},\boldsymbol{B},\boldsymbol{O}$ 是同型矩阵,λ,μ 是数):

(1) $\lambda(\boldsymbol{A}+\boldsymbol{B})=\lambda\boldsymbol{A}+\lambda\boldsymbol{B}$;

(2) $(\lambda+\mu)\boldsymbol{A}=\lambda\boldsymbol{A}+\mu\boldsymbol{A}$;

(3) $(\lambda\mu)\boldsymbol{A}=\lambda(\mu\boldsymbol{A})$;

(4) $0\cdot\boldsymbol{A}=\boldsymbol{O}$.

矩阵相加与数乘矩阵合起来统称为矩阵的线性运算.

2.2.2 矩阵的乘法运算

矩阵的乘法运算是矩阵的一种重要运算,这种运算的定义是从大量的实际模型中抽象出来的. 在这里我们只举出两个例子.

引例 6 设某地的两个工厂 I 和 II 都生产甲、乙、丙三种产品. 若以

$$\boldsymbol{A}=\begin{pmatrix}a_{11} & a_{12} & a_{13}\\ a_{21} & a_{22} & a_{23}\end{pmatrix}\begin{matrix}\text{I}\\ \text{II}\end{matrix}$$

甲　乙　丙

表示一年中各厂生产产品的产量,以

$$\boldsymbol{B}=\begin{pmatrix}b_{11} & b_{12}\\ b_{21} & b_{22}\\ b_{31} & b_{32}\end{pmatrix}\begin{matrix}\text{甲}\\ \text{乙}\\ \text{丙}\end{matrix}$$

价格　利润

表示各产品的单位价格和单位利润,则各厂的年收入和年利润可表示为

$$\begin{pmatrix} a_{11}b_{11}+a_{12}b_{21}+a_{13}b_{31} & a_{11}b_{12}+a_{12}b_{22}+a_{13}b_{32} \\ a_{21}b_{11}+a_{22}b_{21}+a_{23}b_{31} & a_{21}b_{12}+a_{22}b_{22}+a_{23}b_{32} \end{pmatrix} \begin{matrix} \text{I} \\ \text{II}. \end{matrix}$$

　　　　　年收入　　　　　　　年利润

引例 7　设有两个线性变换

$$\begin{cases} y_1 = a_{11}x_1 + a_{12}x_2 + a_{13}x_3, \\ y_2 = a_{21}x_1 + a_{22}x_2 + a_{23}x_3, \end{cases} \tag{2.7}$$

$$\begin{cases} x_1 = b_{11}t_1 + b_{12}t_2, \\ x_2 = b_{21}t_1 + b_{22}t_2, \\ x_3 = b_{31}t_1 + b_{32}t_2. \end{cases} \tag{2.8}$$

若要求出从 t_1, t_2 到 y_1, y_2 的线性变换，可将(2.8)代入(2.7)，便得

$$\begin{cases} y_1 = (a_{11}b_{11}+a_{12}b_{21}+a_{13}b_{31})t_1 + (a_{11}b_{12}+a_{12}b_{22}+a_{13}b_{32})t_2, \\ y_2 = (a_{21}b_{11}+a_{22}b_{21}+a_{23}b_{31})t_1 + (a_{21}b_{12}+a_{22}b_{22}+a_{23}b_{32})t_2. \end{cases} \tag{2.9}$$

线性变换(2.9)是先作线性变换(2.8)再作线性变换(2.7)的结果，称线性变换(2.9)为线性变换(2.7)与(2.8)的乘积，相应地(2.9)所对应的矩阵称为(2.7)与(2.8)所对应的矩阵的乘积，即

$$\begin{pmatrix} a_{11} & a_{12} & a_{13} \\ a_{21} & a_{22} & a_{23} \end{pmatrix} \begin{pmatrix} b_{11} & b_{12} \\ b_{21} & b_{22} \\ b_{31} & b_{32} \end{pmatrix} = \begin{pmatrix} a_{11}b_{11}+a_{12}b_{21}+a_{13}b_{31} & a_{11}b_{12}+a_{12}b_{22}+a_{13}b_{32} \\ a_{21}b_{11}+a_{22}b_{21}+a_{23}b_{31} & a_{21}b_{12}+a_{22}b_{22}+a_{23}b_{32} \end{pmatrix}.$$

一般地，我们有

定义 4　设 $\boldsymbol{A}=(a_{ij})$ 是一个 $m\times s$ 矩阵，$\boldsymbol{B}=(b_{ij})$ 是一个 $s\times n$ 矩阵，$\boldsymbol{A}$ 与 $\boldsymbol{B}$ 的**乘法**记作 $\boldsymbol{AB}$，定义为一个 $m\times n$ 的矩阵 $\boldsymbol{C}=\boldsymbol{AB}=(c_{ij})$，其中

$$c_{ij} = a_{i1}b_{1j} + a_{i2}b_{2j} + \cdots + a_{is}b_{sj} = \sum_{k=1}^{s} a_{ik}b_{kj} (i=1,2,\cdots,m;\quad j=1,2,\cdots,n). \tag{2.10}$$

注意：

(1) 只有在左矩阵 $\boldsymbol{A}$ 的列数和右矩阵 $\boldsymbol{B}$ 的行数相等时，乘法 $\boldsymbol{AB}$ 才有意义；

(2) 矩阵 $\boldsymbol{C}=\boldsymbol{AB}$ 的行数是 $\boldsymbol{A}$ 的行数，列数是 $\boldsymbol{B}$ 的列数；

(3) 矩阵 $\boldsymbol{C}=\boldsymbol{AB}$ 的 (i,j) 元 c_{ij} 等于 $\boldsymbol{A}$ 的第 i 行元素与 $\boldsymbol{B}$ 的第 j 列对应元素的乘积之和.

例 5 设

$$A=\begin{pmatrix}1 & -3\\ 2 & 4\end{pmatrix},B=\begin{pmatrix}2 & 0 & -3\\ -1 & 4 & 3\end{pmatrix},$$

计算 AB 的两个元：(1,3) 元和 (2,2) 元（观察其中涉及的数会使你更好地理解矩阵乘法的定义）.

解 (1,3) 元的计算公式是把 A 的第 1 行和 B 的第 3 列的对应元素相乘再相加，如下所示：

$$AB=\begin{matrix}\rightarrow\\ \\ \end{matrix}\begin{pmatrix}1 & -3\\ 2 & 4\end{pmatrix}\begin{pmatrix}2 & 0 & \overset{\downarrow}{-3}\\ -1 & 4 & 3\end{pmatrix}=\begin{pmatrix}\square & \square & 1\times(-3)+(-3)\times 3\\ \square & \square & \square\end{pmatrix}=\begin{pmatrix}\square & \square & -12\\ \square & \square & \square\end{pmatrix}$$

对于 (2,2) 元，用 A 的第 2 行和 B 的第 2 列：

$$AB=\begin{matrix}\\ \rightarrow\end{matrix}\begin{pmatrix}1 & -3\\ 2 & 4\end{pmatrix}\begin{pmatrix}2 & \overset{\downarrow}{0} & -3\\ -1 & 4 & 3\end{pmatrix}=\begin{pmatrix}\square & \square & -12\\ \square & 2\times 0+4\times 4 & \square\end{pmatrix}=\begin{pmatrix}\square & \square & -12\\ \square & 16 & \square\end{pmatrix}$$

例 6 设矩阵

$$A=\begin{pmatrix}1 & 0 & 3 & -1\\ 2 & 1 & 0 & 2\end{pmatrix},\quad B=\begin{pmatrix}4 & 1 & 0\\ -1 & 1 & 3\\ 2 & 0 & 1\\ 1 & 3 & 4\end{pmatrix},$$

求 AB.

解 A 是 2×4 矩阵，B 是 4×3 矩阵，A 的列数等于 B 的行数，故 A 与 B 可以相乘，且 AB 是一个 2×3 矩阵. 由公式(2.10)有

$$AB=\begin{pmatrix}1 & 0 & 3 & -1\\ 2 & 1 & 0 & 2\end{pmatrix}\begin{pmatrix}4 & 1 & 0\\ -1 & 1 & 3\\ 2 & 0 & 1\\ 1 & 3 & 4\end{pmatrix}=\begin{pmatrix}9 & -2 & -1\\ 9 & 9 & 11\end{pmatrix}.$$

例 7 设矩阵

$$A=(2\quad 0\quad -1),B=\begin{pmatrix}1\\ 1\\ 0\end{pmatrix},$$

求 AB 和 BA.

解 A 是 1×3 矩阵，B 是 3×1 矩阵，故 AB 是一个 1×1 矩阵，BA 是一个 3×3 矩阵. 由公式(2.10)有

$$AB=2,BA=\begin{pmatrix}2 & 0 & -1\\ 2 & 0 & -1\\ 0 & 0 & 0\end{pmatrix}.$$

例 8　设矩阵

$$\boldsymbol{A}=\begin{pmatrix}2&4\\1&2\end{pmatrix},\boldsymbol{B}=\begin{pmatrix}2&-2\\-1&1\end{pmatrix},$$

求 $\boldsymbol{AB}$ 和 $\boldsymbol{BA}$.

解　由公式(2.10)有

$$\boldsymbol{AB}=\begin{pmatrix}0&0\\0&0\end{pmatrix},\boldsymbol{BA}=\begin{pmatrix}2&4\\-1&-2\end{pmatrix}.$$

上述几个例子表明,当 $\boldsymbol{AB}$ 有意义时,$\boldsymbol{BA}$ 不一定有意义(如例 6);即使 $\boldsymbol{AB}$ 和 $\boldsymbol{BA}$ 都有意义(如例 7),且有相同的矩阵阶数(如例 8),$\boldsymbol{AB}$ 和 $\boldsymbol{BA}$ 也不一定相等. 因此一般而言,矩阵乘法不满足交换律.

若两个矩阵 $\boldsymbol{A}$ 和 $\boldsymbol{B}$ 满足 $\boldsymbol{AB}=\boldsymbol{BA}$,则称矩阵 $\boldsymbol{A}$ 和 $\boldsymbol{B}$ 是可交换的. 例如:

(1) 单位矩阵与任何同阶矩阵可交换,即 $\boldsymbol{AE}=\boldsymbol{EA}$;

(2) 任何两个同阶对角矩阵也都是可交换的(请读者自行证明).

从例 8 还可看出,当 $\boldsymbol{AB}=\boldsymbol{O}$ 时,不能得出 $\boldsymbol{A}=\boldsymbol{O}$ 或 $\boldsymbol{B}=\boldsymbol{O}$. 进一步,当 $\boldsymbol{AB}=\boldsymbol{AC}$,且 $\boldsymbol{A}\neq\boldsymbol{O}$ 时,不能得出 $\boldsymbol{B}=\boldsymbol{C}$. 这表明矩阵乘法也不满足消去律.

矩阵乘法虽不满足交换律和消去律,但仍满足分配律和结合律(假设运算都是可行的):

(1) $\boldsymbol{A}(\boldsymbol{B}+\boldsymbol{C})=\boldsymbol{AB}+\boldsymbol{AC}$;$(\boldsymbol{B}+\boldsymbol{C})\boldsymbol{A}=\boldsymbol{BA}+\boldsymbol{CA}$;

(2) $(\boldsymbol{AB})\boldsymbol{C}=\boldsymbol{A}(\boldsymbol{BC})$;

(3) $\lambda(\boldsymbol{AB})=(\lambda\boldsymbol{A})\boldsymbol{B}=\boldsymbol{A}(\lambda\boldsymbol{B})$,其中 λ 是一个数.

对于单位阵 $\boldsymbol{E}$,容易验证

$$\boldsymbol{E}_m\boldsymbol{A}_{m\times n}=\boldsymbol{A}_{m\times n},\boldsymbol{A}_{m\times n}\boldsymbol{E}_n=\boldsymbol{A}_{m\times n},$$

或简写成

$$\boldsymbol{EA}=\boldsymbol{AE}=\boldsymbol{A}.$$

有了矩阵的乘法,可以将线性方程组或线性变换简洁地表示成一个矩阵等式. 对于含有 n 个未知数、m 个方程的线性方程组

$$\begin{cases}a_{11}x_1+a_{12}x_2+\cdots+a_{1n}x_n=b_1,\\a_{21}x_1+a_{22}x_2+\cdots+a_{2n}x_n=b_2,\\\cdots\cdots\cdots\cdots\\a_{m1}x_1+a_{m2}x_2+\cdots+a_{mn}x_n=b_m.\end{cases}\tag{2.11}$$

记

$$\boldsymbol{A}=(a_{ij})_{m\times n},\boldsymbol{x}=\begin{pmatrix}x_1\\x_2\\\vdots\\x_n\end{pmatrix},\boldsymbol{b}=\begin{pmatrix}b_1\\b_2\\\vdots\\b_m\end{pmatrix},$$

则(2.11)式可记作

$$\boldsymbol{Ax}=\boldsymbol{b},$$

其中 $\boldsymbol{A}$ 称为系数矩阵,$\boldsymbol{x}$ 称为未知数向量,$\boldsymbol{b}$ 称为常数项向量.

线性变换

$$\begin{cases}y_1=a_{11}x_1+a_{12}x_2+\cdots+a_{1n}x_n,\\ y_2=a_{21}x_1+a_{22}x_2+\cdots+a_{2n}x_n,\\ \cdots\cdots\cdots\cdots\\ y_n=a_{n1}x_1+a_{n2}x_2+\cdots+a_{nn}x_n\end{cases}\qquad(2.12)$$

可记作

$$\boldsymbol{y}=\boldsymbol{Ax},$$

其中

$$\boldsymbol{A}=(a_{ij})_{n\times n},\boldsymbol{x}=\begin{pmatrix}x_1\\x_2\\\vdots\\x_n\end{pmatrix},\boldsymbol{y}=\begin{pmatrix}y_1\\y_2\\\vdots\\y_n\end{pmatrix},$$

$\boldsymbol{x}$ 称为原像,$\boldsymbol{y}$ 称为像.

有了矩阵的乘法,就可以定义方阵的幂. 设 $\boldsymbol{A}$ 是 n 阶方阵,定义:

$$\boldsymbol{A}^1=\boldsymbol{A},\boldsymbol{A}^2=\boldsymbol{AA},\cdots,\boldsymbol{A}^{k+1}=\boldsymbol{A}^k\boldsymbol{A},$$

其中,k 是正整数. 特别规定 $\boldsymbol{A}^0=\boldsymbol{E}$.

由于矩阵的乘法满足分配律与结合律,故方阵的幂满足:

(1) $\boldsymbol{A}^{k+l}=\boldsymbol{A}^k\boldsymbol{A}^l$;

(2) $(\boldsymbol{A}^k)^l=\boldsymbol{A}^{kl}$,其中 k,l 为正整数.

由于矩阵的乘法不满足交换律,故一般说来

$$(\boldsymbol{AB})^k\neq\boldsymbol{A}^k\boldsymbol{B}^k,$$

但是如果方阵 $\boldsymbol{A}$ 与 $\boldsymbol{B}$ 是可交换的,则 $(\boldsymbol{AB})^k=\boldsymbol{A}^k\boldsymbol{B}^k$.

2.2.3 转置

定义 5 将矩阵 $\boldsymbol{A}$ 的行换成同序数的列得到的新矩阵,称为 $\boldsymbol{A}$ 的**转置矩阵**,记作 $\boldsymbol{A}^{\mathrm{T}}$.

由定义可知,若 $\boldsymbol{A}=(a_{ij})_{m\times n}$,则 $\boldsymbol{A}^{\mathrm{T}}=(a_{ji})_{n\times m}$,即 $\boldsymbol{A}^{\mathrm{T}}$ 在位置 (j,i) 上的元素是矩阵 $\boldsymbol{A}$ 在位置 (i,j) 上的元素.

矩阵的转置满足下列运算法则(假设运算都是可行的):

(1) $(\boldsymbol{A}^{\mathrm{T}})^{\mathrm{T}}=\boldsymbol{A}$;

(2) $(\boldsymbol{A}+\boldsymbol{B})^{\mathrm{T}}=\boldsymbol{A}^{\mathrm{T}}+\boldsymbol{B}^{\mathrm{T}}$;

(3) $(\lambda \boldsymbol{A})^{\mathrm{T}}=\lambda(\boldsymbol{A}^{\mathrm{T}})$,其中 λ 是一个数;

(4) $(\boldsymbol{AB})^{\mathrm{T}}=\boldsymbol{B}^{\mathrm{T}}\boldsymbol{A}^{\mathrm{T}}$.

证 法则(1),(2),(3)显然成立,下面证明(4). 设 $\boldsymbol{A}=(a_{ij})_{m\times s}$,$\boldsymbol{B}=(b_{ij})_{s\times n}$,记 $\boldsymbol{AB}=\boldsymbol{C}=(c_{ij})_{m\times n}$,$\boldsymbol{B}^{\mathrm{T}}\boldsymbol{A}^{\mathrm{T}}=\boldsymbol{D}=(d_{ij})_{n\times m}$,按矩阵乘法的定义,有

$$c_{ji}=\sum_{k=1}^{s}a_{jk}b_{ki},$$

而 $\boldsymbol{B}^{\mathrm{T}}$ 的第 i 行为 $(b_{1i},\cdots,b_{si})$,$\boldsymbol{A}^{\mathrm{T}}$ 的第 j 列为 $(a_{j1},\cdots,a_{js})^{\mathrm{T}}$,故

$$d_{ij}=\sum_{k=1}^{s}b_{ki}a_{jk}=\sum_{k=1}^{s}a_{jk}b_{ki},$$

所以 $d_{ij}=c_{ji}(i=1,2,\cdots,n;j=1,2,\cdots,m)$,即 $\boldsymbol{D}=\boldsymbol{C}^{\mathrm{T}}$,亦即 $\boldsymbol{B}^{\mathrm{T}}\boldsymbol{A}^{\mathrm{T}}=(\boldsymbol{AB})^{\mathrm{T}}$. ■

由(4),根据数学归纳法可证 $(A_1\cdots A_k)^{\mathrm{T}}=A_k^{\mathrm{T}}A_{k-1}^{\mathrm{T}}\cdots A_1^{\mathrm{T}}$.

定义6 设 $\boldsymbol{A}$ 为 n 阶方阵,如果 $\boldsymbol{A}^{\mathrm{T}}=\boldsymbol{A}$,则称 $\boldsymbol{A}$ 为**对称矩阵**. 如果 $\boldsymbol{A}^{\mathrm{T}}=-\boldsymbol{A}$,则称 $\boldsymbol{A}$ 为**反对称矩阵**.

对称矩阵的元素以对角线为对称轴对应相等,反对称矩阵的主对角线上的元素均为0.

例如,$\boldsymbol{A}=\begin{pmatrix}2&-1&4\\-1&-3&2\\4&2&5\end{pmatrix}$,$\boldsymbol{B}=\begin{pmatrix}0&4&1\\-4&0&-5\\-1&5&0\end{pmatrix}$,则 $\boldsymbol{A}$ 为对称矩阵,$\boldsymbol{B}$ 为反对称矩阵.

由(反)对称矩阵的定义可得如下性质:

性质1 设 $\boldsymbol{A},\boldsymbol{B}$ 为同阶(反)对称矩阵,则 $\boldsymbol{A}\pm\boldsymbol{B}$ 仍是(反)对称矩阵;

性质2 设 $\boldsymbol{A},\boldsymbol{B}$ 是同阶对称矩阵,则 $\boldsymbol{AB}$(或 $\boldsymbol{BA}$)是对称矩阵的充分必要条件是 $\boldsymbol{AB}=\boldsymbol{BA}$;

性质3 设 $\boldsymbol{A}$ 为(反)对称矩阵,则 $\boldsymbol{A}^{\mathrm{T}}$,$\lambda\boldsymbol{A}$ 也是(反)对称矩阵;

性质4 对任意方阵 $\boldsymbol{A}$,则 $\boldsymbol{H}=\frac{1}{2}(\boldsymbol{A}+\boldsymbol{A}^{\mathrm{T}})$,$\boldsymbol{S}=\frac{1}{2}(\boldsymbol{A}-\boldsymbol{A}^{\mathrm{T}})$ 分别是对称矩阵和反对称矩阵,且 $\boldsymbol{A}=\boldsymbol{H}+\boldsymbol{S}$.

2.2.4 方阵的行列式

定义7 由 n 阶方阵 $\boldsymbol{A}$ 的元素所构成的行列式(各元素位置不变),称为**方阵 $\boldsymbol{A}$ 的行列式**,记作 $|\boldsymbol{A}|$ 或 $\det \boldsymbol{A}$.

方阵的行列式满足如下运算规律(设 $\boldsymbol{A},\boldsymbol{B}$ 为 n 阶方阵,λ 为数):

(1) $|\boldsymbol{A}^{\mathrm{T}}|=|\boldsymbol{A}|$(行列式性质1);

(2) $|\lambda\boldsymbol{A}|=\lambda^n|\boldsymbol{A}|$(由矩阵的数乘运算和行列式性质3可得);

(3) $|\boldsymbol{AB}|=|\boldsymbol{A}||\boldsymbol{B}|$.

证 (略).

例 9 设 $A=\begin{pmatrix}2&-4\\1&3\end{pmatrix}$，$B=\begin{pmatrix}5&2\\7&-1\end{pmatrix}$，$\lambda=3$，验证方阵的行列式的运算规律(2)和(3).

解
$$|A|=\begin{vmatrix}2&-4\\1&3\end{vmatrix}=10,\ |B|=\begin{vmatrix}5&2\\7&-1\end{vmatrix}=-19,$$

$$3A=3\begin{pmatrix}2&-4\\1&3\end{pmatrix}=\begin{pmatrix}6&-12\\3&9\end{pmatrix},AB=\begin{pmatrix}2&-4\\1&3\end{pmatrix}\begin{pmatrix}5&2\\7&-1\end{pmatrix}=\begin{pmatrix}-18&8\\26&-1\end{pmatrix},$$

于是
$$|3A|=\begin{vmatrix}6&-12\\3&9\end{vmatrix}=90=3^2\cdot 10=3^2\cdot|A|,$$

$$|AB|=\begin{vmatrix}-18&8\\26&-1\end{vmatrix}=-190=10\cdot(-19)=|A||B|.$$

注意：

(1) 一般来说，$|\lambda A|\neq\lambda|A|$；

(2) 一般来说，$|A+B|\neq|A|+|B|$；

(3) 对于 n 阶方阵 $A,B,AB\neq BA$，但总有 $|AB|=|BA|=|A||B|$.

例 10 行列式 $|A|$ 的各个元素的代数余子式 A_{ij} 所构成的矩阵

$$A^*=\begin{pmatrix}A_{11}&A_{21}&\cdots&A_{n1}\\A_{12}&A_{22}&\cdots&A_{n2}\\\vdots&\vdots&&\vdots\\A_{1n}&A_{2n}&\cdots&A_{nn}\end{pmatrix}$$

称为矩阵 A 的**伴随矩阵**，证明：

(1) $AA^*=A^*A=|A|E$；

(2) 当 $|A|\neq 0$ 时，$|A^*|=|A|^{n-1}$.

证 (1) 设 $AA^*=(b_{ij})$，则由行列式的性质 7 及推论，有

$$b_{ij}=a_{i1}A_{j1}+a_{i2}A_{j2}+\cdots+a_{in}A_{jn}=|A|\delta_{ij},\delta_{ij}=\begin{cases}1,i=j,\\0,i\neq j,\end{cases}$$

故

$$AA^*=(|A|\delta_{ij})=|A|(\delta_{ij})=|A|E.$$

类似地，有

$$A^*A=\left(\sum_{k=1}^{n}A_{ki}a_{kj}\right)=(|A|\delta_{ij})=|A|(\delta_{ij})=|A|E.$$

(2) 由(1)可知

$$|AA^*|=|A||A^*|=||A|E|=|A|^n.$$

由于$|A|\neq 0$,故$|A^*|=|A|^{n-1}$.

当$|A|=0$时,$|A^*|=|A|^{n-1}$也成立,其证明要用到逆矩阵的知识,请读者以后自行证明.

注意:伴随矩阵是一个重要的矩阵,在下节我们将用它来计算方阵的逆矩阵. 矩阵 A 的伴随矩阵的构成规则是:把 A 的第 i 行的元素的代数余子式依次排在伴随矩阵的第 i 列.

2.3 逆 矩 阵

2.3.1 引例

在平面直角坐标系 oxy 中,将两个坐标轴同时绕原点旋转 θ 角(逆时针为正、顺时针为负),就得到一个新的直角坐标系(见图 2-3). 平面上任何一点 P 在两个坐标系中的坐标分别记为(x,y)与(u,v). 则不难得到

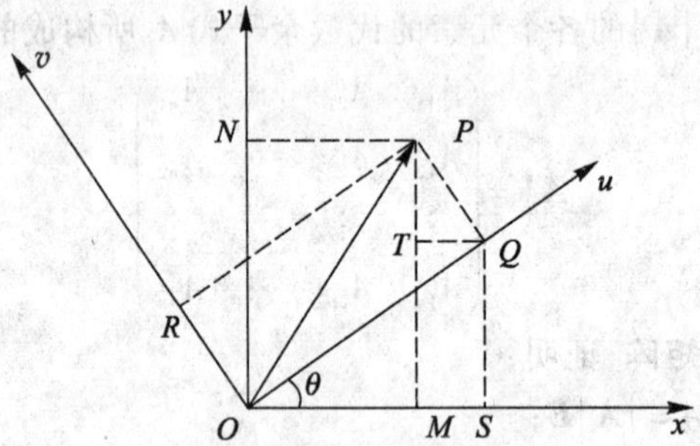

图 2-3

$$\begin{cases}x=OM=OS-TQ=u\cos\theta-v\sin\theta,\\ y=ON=SQ+TP=u\sin\theta+v\cos\theta,\end{cases}$$

利用矩阵乘法可将上述关系式表示为

$$\begin{pmatrix}x\\y\end{pmatrix}=\begin{pmatrix}\cos\theta & -\sin\theta\\ \sin\theta & \cos\theta\end{pmatrix}\begin{pmatrix}u\\v\end{pmatrix},\tag{2.13}$$

将 ouv 坐标系绕原点旋转$-\theta$,就又回到 oxy 坐标系. 因此有

$$\begin{pmatrix} u \\ v \end{pmatrix} = \begin{pmatrix} \cos(-\theta) & -\sin(-\theta) \\ \sin(-\theta) & \cos(-\theta) \end{pmatrix} \begin{pmatrix} x \\ y \end{pmatrix}, \tag{2.14}$$

将(2.13)代入(2.14)得

$$\begin{pmatrix} u \\ v \end{pmatrix} = \begin{pmatrix} \cos\theta & \sin\theta \\ -\sin\theta & \cos\theta \end{pmatrix} \begin{pmatrix} \cos\theta & -\sin\theta \\ \sin\theta & \cos\theta \end{pmatrix} \begin{pmatrix} u \\ v \end{pmatrix} = \begin{pmatrix} u \\ v \end{pmatrix}.$$

若记

$$\boldsymbol{A} = \begin{pmatrix} \cos\theta & -\sin\theta \\ \sin\theta & \cos\theta \end{pmatrix}, \boldsymbol{B} = \begin{pmatrix} \cos\theta & \sin\theta \\ -\sin\theta & \cos\theta \end{pmatrix}.$$

则不难验证矩阵 $\boldsymbol{A},\boldsymbol{B}$ 有如下性质

$$\boldsymbol{AB} = \boldsymbol{BA} = \boldsymbol{E}.$$

从线性变换的角度来看,上述坐标变换公式(2.13)和(2.14)都是线性变换.(2.13)式是从 u,v 到 x,y 的线性变换;而(2.14)式是从 x,y 到 u,v 的线性变换,称(2.14)是(2.13)的逆变换,也称(2.13)是(2.14)的逆变换.相应地称(2.14)所对应的矩阵 $\boldsymbol{B}$ 是(2.13)所对应的矩阵 $\boldsymbol{A}$ 的逆矩阵.

2.3.2 定义

定义 8 对于 n 阶矩阵 $\boldsymbol{A}$,如果存在一个 n 阶矩阵 $\boldsymbol{B}$,使得

$$\boldsymbol{AB} = \boldsymbol{BA} = \boldsymbol{E},$$

则称矩阵 $\boldsymbol{A}$ 是**可逆的**,并把矩阵 $\boldsymbol{B}$ 称为 $\boldsymbol{A}$ 的**逆矩阵**,记为 $\boldsymbol{B} = \boldsymbol{A}^{-1}$.

例 11 若 $\boldsymbol{A} = \begin{pmatrix} 2 & 3 \\ 1 & 2 \end{pmatrix}, \boldsymbol{B} = \begin{pmatrix} 2 & -3 \\ -1 & 2 \end{pmatrix}$,验证 $\boldsymbol{B}$ 是 $\boldsymbol{A}$ 的逆矩阵.

解 因为

$$\boldsymbol{AB} = \begin{pmatrix} 2 & 3 \\ 1 & 2 \end{pmatrix} \begin{pmatrix} 2 & -3 \\ -1 & 2 \end{pmatrix} = \begin{pmatrix} 1 & 0 \\ 0 & 1 \end{pmatrix} = \boldsymbol{E},$$

$$\boldsymbol{BA} = \begin{pmatrix} 2 & -3 \\ -1 & 2 \end{pmatrix} \begin{pmatrix} 2 & 3 \\ 1 & 2 \end{pmatrix} = \begin{pmatrix} 1 & 0 \\ 0 & 1 \end{pmatrix} = \boldsymbol{E},$$

所以 $\boldsymbol{B}$ 是 $\boldsymbol{A}$ 的逆矩阵.

由定义可知:

(1) $\boldsymbol{A}$ 和 $\boldsymbol{A}^{-1}$ 是同阶方阵;

(2) $\boldsymbol{A}$ 和 $\boldsymbol{A}^{-1}$ 互为逆矩阵;

(3) 如果矩阵 $\boldsymbol{A}$ 可逆,则 $\boldsymbol{A}^{-1}$ 唯一.

这是因为若 B,C 为 A 的逆矩阵,则

$$\boldsymbol{B} = \boldsymbol{BE} = \boldsymbol{B}(\boldsymbol{AC}) = (\boldsymbol{BA})\boldsymbol{C} = \boldsymbol{EC} = \boldsymbol{C}.$$

2.3.3 方阵可逆的条件

定理 1 方阵 $\boldsymbol{A}$ 可逆的充分必要条件是 $|\boldsymbol{A}| \neq 0$,且当 $\boldsymbol{A}$ 可逆时,$\boldsymbol{A}^{-1} =$

$\frac{1}{|A|}A^*$，其中 A^* 为 A 的伴随矩阵.

证 必要性. 因为 A 可逆，即有 A^{-1}，使得 $AA^{-1}=E$. 故有 $|A|\cdot|A^{-1}|=|E|=1$，所以 $|A|\neq 0$.

充分性. 由上一节例 10 知，$AA^*=A^*A=|A|E$. 因为 $|A|\neq 0$，故有

$$A\frac{1}{|A|}A^*=\frac{1}{|A|}A^*A=E,$$

由逆矩阵的定义，有

$$A^{-1}=\frac{1}{|A|}A^*. \blacksquare$$

定理 1 不仅给出了矩阵可逆的充分必要条件，而且给出了逆矩阵的计算公式. 这种求逆矩阵的方法称为伴随矩阵法.

例 12 设 $A=\begin{pmatrix} a & b \\ c & d \end{pmatrix}$，且 $ad-bc\neq 0$，用伴随矩阵法求 A^{-1}.

解 因为 $|A|=\begin{vmatrix} a & b \\ c & d \end{vmatrix}=ad-bc\neq 0$，所以 A 可逆. A 的伴随矩阵为

$$A^*=\begin{pmatrix} d & -b \\ -c & a \end{pmatrix},$$

所以

$$A^{-1}=\frac{1}{|A|}A^*=\frac{1}{ad-bc}\begin{pmatrix} d & -b \\ -c & a \end{pmatrix}.$$

例 12 的结论可以当公式用，这个公式可用下述口诀来记忆.

> 求二阶矩阵逆矩阵的“两调一除法”
>
> “两调”：主对角线上的元素调位置，副对角线上的元素调符号；
>
> “一除”：除以行列式.

当 $|A|=0$ 时，A 称为**奇异矩阵**，否则称为**非奇异矩阵**. 由上述定理可知：可逆矩阵是非奇异矩阵.

由定理 1 可得如下推论.

推论 若 $AB=E$（或 $BA=E$），则 $B=A^{-1}$.

证 $|A|\cdot|B|=|E|=1$，故 $|A|\neq 0$，从而 A 可逆，于是

$$B=EB=(A^{-1}A)B=A^{-1}(AB)=A^{-1}E=A^{-1}. \blacksquare$$

方阵的逆矩阵满足下列运算规律：

(1) 若 A 可逆，则 A^{-1} 可逆，且 $(A^{-1})^{-1}=A$；

(2) 若 $\boldsymbol{A}$ 可逆,数 $\lambda\neq0$,则 $\lambda\boldsymbol{A}$ 可逆,且$(\lambda\boldsymbol{A})^{-1}=\dfrac{1}{\lambda}\boldsymbol{A}^{-1}$;

(3) 若 $\boldsymbol{A},\boldsymbol{B}$ 为同阶矩阵且均可逆,则 $\boldsymbol{AB}$ 也可逆,且$(\boldsymbol{AB})^{-1}=\boldsymbol{B}^{-1}\boldsymbol{A}^{-1}$;

(4) 若 $\boldsymbol{A}$ 可逆,则 $\boldsymbol{A}^{\mathrm{T}}$ 也可逆,且$(\boldsymbol{A}^{\mathrm{T}})^{-1}=(\boldsymbol{A}^{-1})^{\mathrm{T}}$.

证　(1),(2)请读者自行证明,下面证明(3),(4).

(3)$(\boldsymbol{AB})(\boldsymbol{B}^{-1}\boldsymbol{A}^{-1})=\boldsymbol{A}(\boldsymbol{BB}^{-1})\boldsymbol{A}^{-1}=\boldsymbol{AEA}^{-1}=\boldsymbol{AA}^{-1}=\boldsymbol{E}$,由推论知,$(\boldsymbol{AB})^{-1}=\boldsymbol{B}^{-1}\boldsymbol{A}^{-1}$.

(4) $\boldsymbol{A}^{\mathrm{T}}(\boldsymbol{A}^{-1})^{\mathrm{T}}=(\boldsymbol{A}^{-1}\boldsymbol{A})^{\mathrm{T}}=\boldsymbol{E}^{\mathrm{T}}=\boldsymbol{E}$,故$(\boldsymbol{A}^{\mathrm{T}})^{-1}=(\boldsymbol{A}^{-1})^{\mathrm{T}}$.

当$|\boldsymbol{A}|\neq0$ 时,还可定义

$$\boldsymbol{A}^{0}=\boldsymbol{E},\boldsymbol{A}^{-k}=(\boldsymbol{A}^{-1})^{k},k\in\mathbf{Z}^{+}(\text{正整数集}).$$

这样,当$|\boldsymbol{A}|\neq0$,λ,μ 为整数时,有

$$\boldsymbol{A}^{\lambda}\boldsymbol{A}^{\mu}=\boldsymbol{A}^{\lambda+\mu},(\boldsymbol{A}^{\lambda})^{\mu}=\boldsymbol{A}^{\lambda\mu}.$$

例 13　求方阵

$$\boldsymbol{A}=\begin{pmatrix}1&2&-1\\2&1&3\\-3&0&1\end{pmatrix}$$

的逆矩阵.

解　$\boldsymbol{A}$ 的行列式$|\boldsymbol{A}|=-24\neq0$,所以 $\boldsymbol{A}$ 可逆. 再计算$|\boldsymbol{A}|$的代数余子式

$$\boldsymbol{A}_{11}=(-1)^{1+1}\begin{vmatrix}1&3\\0&1\end{vmatrix}=1,\quad \boldsymbol{A}_{12}=(-1)^{1+2}\begin{vmatrix}2&3\\-3&1\end{vmatrix}=-11,$$

$$\boldsymbol{A}_{13}=(-1)^{1+3}\begin{vmatrix}2&1\\-3&0\end{vmatrix}=3,$$

$$\boldsymbol{A}_{21}=(-1)^{2+1}\begin{vmatrix}2&-1\\0&1\end{vmatrix}=-2,\quad \boldsymbol{A}_{22}=(-1)^{2+2}\begin{vmatrix}1&-1\\-3&1\end{vmatrix}=-2,$$

$$\boldsymbol{A}_{23}=(-1)^{2+3}\begin{vmatrix}1&2\\-3&0\end{vmatrix}=-6,$$

$$\boldsymbol{A}_{31}=(-1)^{3+1}\begin{vmatrix}2&-1\\1&3\end{vmatrix}=7,\quad \boldsymbol{A}_{32}=(-1)^{3+2}\begin{vmatrix}1&-1\\2&3\end{vmatrix}=-5,$$

$$\boldsymbol{A}_{33}=(-1)^{3+3}\begin{vmatrix}1&2\\2&1\end{vmatrix}=-3,$$

所以

$$\boldsymbol{A}=\frac{1}{|\boldsymbol{A}|}\boldsymbol{A}^{*}=-\frac{1}{24}\begin{pmatrix}1&-2&7\\-11&-2&-5\\3&-6&-3\end{pmatrix}=\begin{pmatrix}-\dfrac{1}{24}&\dfrac{1}{12}&-\dfrac{7}{24}\\\dfrac{11}{24}&\dfrac{1}{12}&\dfrac{5}{24}\\-\dfrac{1}{8}&\dfrac{1}{4}&\dfrac{1}{8}\end{pmatrix}.$$

设 $f(x)=a_0+a_1x+a_2x^2+\cdots+a_mx^m$ 为 x 的 m 次多项式，$\boldsymbol{A}$ 为 n 阶矩阵，记

$$f(\boldsymbol{A})=a_0\boldsymbol{E}_n+a_1\boldsymbol{A}+a_2\boldsymbol{A}^2+\cdots+a_m\boldsymbol{A}^m,$$

则 $f(\boldsymbol{A})$ 仍为一个 n 阶矩阵，称为矩阵 $\boldsymbol{A}$ 的 m 次多项式.

因为矩阵 $\boldsymbol{A}^k(k=1,2,\cdots,m)$ 和 $\boldsymbol{E}$ 是可交换的，所以 $\boldsymbol{A}$ 的两个多项式 $f(\boldsymbol{A})$ 和 $g(\boldsymbol{A})$ 总是可以交换的，从而 $\boldsymbol{A}$ 的几个多项式可以像数 x 的多项式一样相乘或分解因式.

例 14　设 $\boldsymbol{A}=\begin{pmatrix}-1&0&0\\1&-1&0\\1&1&-1\end{pmatrix}$，试计算 $(\boldsymbol{A}+2\boldsymbol{E})^{-1}(\boldsymbol{A}^2-4\boldsymbol{E})$.

解　$(\boldsymbol{A}+2\boldsymbol{E})^{-1}(\boldsymbol{A}^2-4\boldsymbol{E})=(\boldsymbol{A}+2\boldsymbol{E})^{-1}(\boldsymbol{A}+2\boldsymbol{E})(\boldsymbol{A}-2\boldsymbol{E})=\boldsymbol{A}-2\boldsymbol{E}=\begin{pmatrix}-3&0&0\\1&-3&0\\1&1&-3\end{pmatrix}$.

例 15　设 $\boldsymbol{A}^2+2\boldsymbol{A}-5\boldsymbol{E}=\boldsymbol{O}$，证明 $\boldsymbol{A}-\boldsymbol{E}$ 可逆，并求 $(\boldsymbol{A}-\boldsymbol{E})^{-1}$.

证　把等式 $\boldsymbol{A}^2+2\boldsymbol{A}-5\boldsymbol{E}=\boldsymbol{O}$ 变形为

$$(\boldsymbol{A}-\boldsymbol{E})(\boldsymbol{A}+3\boldsymbol{E})=2\boldsymbol{E},$$

进一步有

$$(\boldsymbol{A}-\boldsymbol{E})\cdot\frac{\boldsymbol{A}+3\boldsymbol{E}}{2}=\boldsymbol{E},$$

由定理 1 的推论知 $\boldsymbol{A}-\boldsymbol{E}$ 可逆，且 $\boldsymbol{A}^{-1}=\dfrac{\boldsymbol{A}+3\boldsymbol{E}}{2}$.

下面证明在第一章中介绍的克拉默法则.

克拉默法则　对于 n 个变量、n 个方程的线性方程组

$$\begin{cases}a_{11}x_1+a_{12}x_2+\cdots+a_{1n}x_n=b_1,\\a_{21}x_1+a_{22}x_2+\cdots+a_{2n}x_n=b_2,\\\cdots\cdots\cdots\cdots\\a_{n1}x_1+a_{n2}x_2+\cdots+a_{nn}x_n=b_n,\end{cases}$$

如果它的系数行列式 $D\neq0$，则它有唯一解

$$x_j=\frac{1}{D}D_j=\frac{1}{D}(b_1A_{1j}+b_2A_{2j}+\cdots+b_nA_{nj})\ (j=1,2,\cdots,n).$$

证　将线性方程组写成矩阵形式

$$\boldsymbol{A}x=\boldsymbol{b},\tag{2.15}$$

其中 $\boldsymbol{A}=(a_{ij})_{n\times n}$，$\boldsymbol{x}=(x_1,\cdots,x_n)^{\mathrm{T}}$，$\boldsymbol{b}=(b_1,\cdots,b_n)^{\mathrm{T}}$.

因为 $D=|\boldsymbol{A}|\neq0$，故 $\boldsymbol{A}$ 可逆，将(2.15)两边左乘 $\boldsymbol{A}^{-1}$，得(2.15)的解为

$$\boldsymbol{x}=\boldsymbol{A}^{-1}\boldsymbol{b},\tag{2.16}$$

又 $A^{-1}=\frac{1}{|A|}A^*=\frac{1}{D}A^*$,故(2.16)可写为

$$\begin{pmatrix}x_1\\x_2\\\vdots\\x_n\end{pmatrix}=\frac{1}{D}\begin{pmatrix}A_{11}&A_{21}&\cdots&A_{n1}\\A_{12}&A_{22}&\cdots&A_{n2}\\\vdots&\vdots&&\vdots\\A_{1n}&A_{2n}&\cdots&A_{nn}\end{pmatrix}\begin{pmatrix}b_1\\b_2\\\vdots\\b_n\end{pmatrix}=\frac{1}{D}\begin{pmatrix}A_{11}b_1+A_{21}b_2+\cdots+A_{n1}b_n\\A_{12}b_1+A_{22}b_2+\cdots+A_{n2}b_n\\\vdots\\A_{1n}b_1+A_{2n}b_2+\cdots+A_{nn}b_n\end{pmatrix}$$

$$=\frac{1}{D}\begin{pmatrix}D_1\\D_2\\\vdots\\D_n\end{pmatrix}=\begin{pmatrix}\frac{D_1}{D}\\\frac{D_2}{D}\\\vdots\\\frac{D_n}{D}\end{pmatrix},$$

其中

$$D_j=A_{1j}b_1+A_{2j}b_2+\cdots+A_{nj}b_n\quad(j=1,2,\cdots,n),$$

从而 $x_j=\frac{1}{D}D_j(j=1,2,\cdots,n)$. 又 A 的逆矩阵 A^{-1} 唯一,从而(2.15)的解唯一. ■

2.4 分块矩阵

对于行数和列数较高的矩阵,运算时常采用分块法,使矩阵的运算化为小矩阵的运算.

2.4.1 定义

定义 9 将矩阵 A 用若干条纵线和横线分成许多小矩阵,每一个小矩阵称为 A 的**子块**,以子块为元素的形式上的矩阵称为**分块矩阵**.

例 16 设矩阵

$$A=\begin{pmatrix}0&0&1&0\\0&0&0&1\\3&-1&-2&3\\2&4&1&1\end{pmatrix},$$

矩阵 A 分块的方法很多,如

$$\left(\begin{array}{cc:cc}0&0&1&0\\0&0&0&1\\\hdashline 3&-1&-2&3\\2&4&1&1\end{array}\right),\left(\begin{array}{ccc:c}0&0&1&0\\0&0&0&1\\3&-1&-2&3\\\hdashline 2&4&1&1\end{array}\right),\left(\begin{array}{c:cc:c}0&0&1&0\\0&0&0&1\\3&-1&-2&3\\2&4&1&1\end{array}\right).$$

第一种分法可记为

$$A=\begin{pmatrix} O & E_2 \\ A_1 & A_2 \end{pmatrix},$$

其中

$$O=\begin{pmatrix} 0 & 0 \\ 0 & 0 \end{pmatrix},E_2=\begin{pmatrix} 1 & 0 \\ 0 & 1 \end{pmatrix},A_1=\begin{pmatrix} 3 & -1 \\ 2 & 4 \end{pmatrix},A_2=\begin{pmatrix} -2 & 3 \\ 1 & 1 \end{pmatrix},$$

即 O,E_2,A_1,A_2 为 A 的子块,而 A 形式上成为以这些子块为元素的分块矩阵.第二、三种方式的分块矩阵的记法可类似给出.

2.4.2　分块矩阵的运算

分块矩阵的运算规则和普通矩阵的运算规则类似:

(1) 设 A 与 B 的行数、列数相同,采用相同的分块法,有

$$A=\begin{pmatrix} A_{11} & \cdots & A_{1t} \\ \vdots & & \vdots \\ A_{s1} & \cdots & A_{st} \end{pmatrix},B=\begin{pmatrix} B_{11} & \cdots & B_{1t} \\ \vdots & & \vdots \\ B_{s1} & \cdots & B_{st} \end{pmatrix},$$

其中 A_{ij} 与 B_{ij} 的行数、列数相同,则

$$A+B=\begin{pmatrix} A_{11}+B_{11} & \cdots & A_{1t}+B_{1t} \\ \vdots & & \vdots \\ A_{s1}+B_{s1} & \cdots & A_{st}+B_{st} \end{pmatrix}.$$

(2) 设 $A=\begin{pmatrix} A_{11} & \cdots & A_{1t} \\ \vdots & & \vdots \\ A_{s1} & \cdots & A_{st} \end{pmatrix}$,$\lambda$ 为数,则

$$\lambda A=\begin{pmatrix} \lambda A_{11} & \cdots & \lambda A_{1t} \\ \vdots & & \vdots \\ \lambda A_{s1} & \cdots & \lambda A_{st} \end{pmatrix}.$$

(3) 设 A 为 $m\times l$ 矩阵,B 为 $l\times n$ 矩阵,分块成

$$A=\begin{pmatrix} A_{11} & \cdots & A_{1t} \\ \vdots & & \vdots \\ A_{r1} & \cdots & A_{rt} \end{pmatrix},B=\begin{pmatrix} B_{11} & \cdots & B_{1s} \\ \vdots & & \vdots \\ B_{t1} & \cdots & B_{ts} \end{pmatrix},$$

其中 $A_{i1},A_{i2},\cdots,A_{it}(i=1,2,\cdots,r)$ 的列数分别等于 $B_{1j},B_{2j},\cdots,B_{tj}(j=1,2,\cdots,s)$ 的行数,则

$$AB=\begin{pmatrix} C_{11} & \cdots & C_{1s} \\ \vdots & & \vdots \\ C_{r1} & \cdots & C_{rs} \end{pmatrix},$$

其中 $C_{ij}=\sum_{k=1}^{t}A_{ik}B_{kj}(i=1,2,\cdots,r;j=1,2,\cdots,s)$.

(4) 设矩阵 A 写成分块矩阵 $A=\begin{pmatrix}A_{11}&A_{12}&\cdots&A_{1t}\\A_{21}&A_{22}&\cdots&A_{2t}\\\vdots&\vdots&&\vdots\\A_{r1}&A_{r2}&\cdots&A_{rt}\end{pmatrix}$,则 A 的转置矩阵为

$$A^{T}=\begin{pmatrix}A_{11}^{T}&A_{21}^{T}&\cdots&A_{r1}^{T}\\A_{12}^{T}&A_{22}^{T}&\cdots&A_{r2}^{T}\\\vdots&\vdots&&\vdots\\A_{1t}^{T}&A_{2t}^{T}&\cdots&A_{rt}^{T}\end{pmatrix}.$$

2.4.3 常用的三种分块法

矩阵的分块方式有许多种,常用的主要有三种:对角分块、按列分块和按行分块.

1. 对角分块

设 A 为 n 阶方阵,若 A 的分块矩阵只在对角线上有非零子块,其余子块都为零矩阵,且非零子块都是方阵,即

$$A=\begin{pmatrix}A_1&&&O\\&A_2&&\\&&\ddots&\\O&&&A_s\end{pmatrix},$$

其中 $A_i(i=1,2,\cdots,s)$ 都是方阵,则称 A 为**分块对角矩阵**.

分块对角矩阵 A 有如下性质:

(1) $|A|=|A_1|\cdot|A_2|\cdots|A_s|$.

(2) 如果 $|A_i|\neq0(i=1,2,\cdots,s)$,则 $|A|\neq0$,即 A 可逆,且

$$A^{-1}=\begin{pmatrix}A_1^{-1}&&&O\\&A_2^{-1}&&\\&&\ddots&\\O&&&A_s^{-1}\end{pmatrix}.$$

(3) $A^k=\begin{pmatrix}A_1^k&&&O\\&A_2^k&&\\&&\ddots&\\O&&&A_s^k\end{pmatrix}$,其中 k 为正整数.

例 17　设矩阵

$$\boldsymbol{A}=\begin{pmatrix}2&1&0&0\\1&1&0&0\\0&0&2&5\\0&0&1&3\end{pmatrix},$$

求 $\boldsymbol{A}^{-1}$.

解　令 $\boldsymbol{A}=\begin{pmatrix}\boldsymbol{A}_1&\boldsymbol{O}\\\boldsymbol{O}&\boldsymbol{A}_2\end{pmatrix}$，其中 $\boldsymbol{A}_1=\begin{pmatrix}2&1\\1&1\end{pmatrix}$，$\boldsymbol{A}_2=\begin{pmatrix}2&5\\1&3\end{pmatrix}$，则 $|\boldsymbol{A}|=|\boldsymbol{A}_1|\cdot|\boldsymbol{A}_2|=1\neq0$，所以

$$\boldsymbol{A}^{-1}=\begin{pmatrix}\boldsymbol{A}_1^{-1}&\boldsymbol{O}\\\boldsymbol{O}&\boldsymbol{A}_2^{-1}\end{pmatrix}=\begin{pmatrix}1&-1&0&0\\-1&2&0&0\\0&0&3&-5\\0&0&-1&2\end{pmatrix}.$$

2. 按行分块和按列分块

矩阵 $\boldsymbol{A}_{m\times n}$ 的 m 行称为 $\boldsymbol{A}$ 的 m 个行向量，记

$$\boldsymbol{\alpha}_i^{\mathrm{T}}=(a_{i1},a_{i2},\cdots,a_{in})\ (i=1,2,\cdots,m),$$

则 $\boldsymbol{A}$ 可按行分块为

$$\boldsymbol{A}=\begin{pmatrix}\boldsymbol{\alpha}_1^{\mathrm{T}}\\\boldsymbol{\alpha}_2^{\mathrm{T}}\\\vdots\\\boldsymbol{\alpha}_m^{\mathrm{T}}\end{pmatrix}.$$

$\boldsymbol{A}$ 的 n 列称为 $\boldsymbol{A}$ 的 n 个列向量，记

$$\boldsymbol{\beta}_j=\begin{pmatrix}a_{1j}\\a_{2j}\\\vdots\\a_{mj}\end{pmatrix}\ (j=1,2,\cdots,n),$$

则 $\boldsymbol{A}$ 可按列分块为

$$\boldsymbol{A}=(\boldsymbol{\beta}_1,\boldsymbol{\beta}_2,\cdots,\boldsymbol{\beta}_n).$$

对于线性方程组

$$\begin{cases}a_{11}x_1+a_{12}x_2+\cdots+a_{1n}x_n=b_1,\\a_{21}x_1+a_{22}x_2+\cdots+a_{2n}x_n=b_2,\\\cdots\cdots\cdots\cdots\\a_{m1}x_1+a_{m2}x_2+\cdots+a_{mn}x_n=b_m,\end{cases}$$

记系数矩阵 $\boldsymbol{A}=(a_{ij})_{m\times n}$，未知数向量 $\boldsymbol{x}=\begin{pmatrix}x_1\\x_2\\\vdots\\x_n\end{pmatrix}$，常数项向量 $\boldsymbol{b}=\begin{pmatrix}b_1\\b_2\\\vdots\\b_m\end{pmatrix}$，则按分块矩阵的记法，增广矩阵 $\boldsymbol{B}$ 可记为 $\boldsymbol{B}=(\boldsymbol{A},\boldsymbol{b})=(\boldsymbol{\beta}_1,\boldsymbol{\beta}_2,\cdots,\boldsymbol{\beta}_n,\boldsymbol{b})$，线性方程组可记为 $\boldsymbol{Ax}=\boldsymbol{b}$.

若将系数矩阵 $\boldsymbol{A}$ 按行分成 $\boldsymbol{m}$ 块，则线性方程组 $\boldsymbol{Ax}=\boldsymbol{b}$ 可记为

$$\begin{pmatrix}\alpha_1^{\mathrm{T}}\\\alpha_2^{\mathrm{T}}\\\vdots\\\alpha_m^{\mathrm{T}}\end{pmatrix}x=\begin{pmatrix}b_1\\b_2\\\vdots\\b_m\end{pmatrix},$$

这就相当于把每个方程

$$a_{i1}x_1+a_{i2}x_2+\cdots+a_{in}x_n=b_i,$$

记作 $\alpha_i^{\mathrm{T}}x=b_i(i=1,2,\cdots,m)$.

若将系数矩阵 $\boldsymbol{A}$ 按列分为 n 块，则线性方程组 $\boldsymbol{Ax}=\boldsymbol{b}$ 可记为

$$(\beta_1,\beta_2,\cdots,\beta_n)\begin{pmatrix}x_1\\x_2\\\vdots\\x_n\end{pmatrix}=\boldsymbol{b},$$

即 $\beta_1x_1+\beta_2x_2+\cdots+\beta_nx_n=\boldsymbol{b}$.

对于矩阵 $\boldsymbol{A}=(a_{ij})_{m\times s}$ 与矩阵 $\boldsymbol{B}=(b_{ij})_{s\times n}$ 的乘积 $\boldsymbol{AB}=(c_{ij})_{m\times n}$，若将 $\boldsymbol{A}$ 按行分成 m 块，将 $\boldsymbol{B}$ 按列分成 n 块，则有

$$\boldsymbol{AB}=\begin{pmatrix}\alpha_1^{\mathrm{T}}\\\alpha_2^{\mathrm{T}}\\\vdots\\\alpha_m^{\mathrm{T}}\end{pmatrix}(\beta_1,\beta_2,\cdots,\beta_n)=\begin{pmatrix}\alpha_1^{\mathrm{T}}\beta_1 & \alpha_1^{\mathrm{T}}\beta_2 & \cdots & \alpha_1^{\mathrm{T}}\beta_n\\\alpha_2^{\mathrm{T}}\beta_1 & \alpha_2^{\mathrm{T}}\beta_2 & \cdots & \alpha_2^{\mathrm{T}}\beta_n\\\vdots & \vdots & & \vdots\\\alpha_m^{\mathrm{T}}\beta_1 & \alpha_m^{\mathrm{T}}\beta_2 & \cdots & \alpha_m^{\mathrm{T}}\beta_n\end{pmatrix}=(c_{ij})_{m\times n},$$

其中 $c_{ij}=\alpha_i^{\mathrm{T}}\beta_j=(a_{i1},a_{i2},\cdots,a_{is})\begin{pmatrix}b_{1j}\\b_{2j}\\\vdots\\b_{sj}\end{pmatrix}=\sum_{k=1}^{s}a_{ik}b_{kj}$.

2.5　应用举例

2.5.1　平面图形变换

定义 10　变换(或映射) T 称为线性的,若

(1) 对 T 的定义域中的一切向量 $\boldsymbol{u},\boldsymbol{v}$,有 $T(\boldsymbol{u}+\boldsymbol{v})=T(\boldsymbol{u})+T(\boldsymbol{v})$;

(2) 对一切向量 $\boldsymbol{u}$ 和数 k,有 $T(k\boldsymbol{u})=kT(\boldsymbol{u})$.

由定义可知,线性变换保持向量的加法运算和数与向量的乘法运算,由此可得线性变换的**基本性质**.

若 T 是线性变换,则 $T(\mathbf{0})=\mathbf{0}$,且对 T 的定义域中一切向量 $\boldsymbol{u}$ 和 $\boldsymbol{v}$ 以及数 c 和 d 有:

$$T(c\boldsymbol{u}+d\boldsymbol{v})=cT(\boldsymbol{u})+dT(\boldsymbol{v}).$$

设有关系式

$$\begin{pmatrix} y_1 \\ y_2 \\ \vdots \\ y_n \end{pmatrix}=\begin{pmatrix} a_{11} & a_{12} & \cdots & a_{1n} \\ a_{21} & a_{22} & \cdots & a_{2n} \\ \vdots & \vdots & & \vdots \\ a_{n1} & a_{n2} & \cdots & a_{nn} \end{pmatrix}\begin{pmatrix} x_1 \\ x_2 \\ \vdots \\ x_n \end{pmatrix}, \tag{2.17}$$

若记

$$\boldsymbol{A}=\begin{pmatrix} a_{11} & a_{12} & \cdots & a_{1n} \\ a_{21} & a_{22} & \cdots & a_{2n} \\ \vdots & \vdots & & \vdots \\ a_{n1} & a_{n2} & \cdots & a_{nn} \end{pmatrix},\boldsymbol{x}=\begin{pmatrix} x_1 \\ x_2 \\ \vdots \\ x_n \end{pmatrix},\boldsymbol{y}=\begin{pmatrix} y_1 \\ y_2 \\ \vdots \\ y_n \end{pmatrix}$$

则(2.17)式可简记为 $\boldsymbol{y}=\boldsymbol{A}\boldsymbol{x}$.

(2.17)式确定了一个从 $\mathbf{R}^n$ 到 $\mathbf{R}^n$ 的映射,并且是一个线性映射,称为线性空间 $\mathbf{R}^n$ 中的线性变换,也称为矩阵变换. 矩阵 $\boldsymbol{A}$ 称为该线性变换的矩阵,$\boldsymbol{A}$ 与线性变换是一一对应的. 事实上任何线性变换都与一个矩阵构成一一对应的关系,线性变换的性质都可归结为矩阵的性质.

设 $\boldsymbol{x},\boldsymbol{y}$ 为平面上的两个点(或 $\mathbf{R}^2$ 中的两个列向量),$\boldsymbol{A}$ 为 2×2 矩阵,则 $\boldsymbol{y}=\boldsymbol{A}\boldsymbol{x}$ 为平面上的一个线性变换,它把点 $\boldsymbol{x}$ 映射成点 $\boldsymbol{y}$. 若 $\boldsymbol{x}$ 为平面图形 G 上的任一点,$\boldsymbol{x}$ 的像 $\boldsymbol{y}$ 构成的图形记为 G_1,则线性变换 $\boldsymbol{y}=\boldsymbol{A}\boldsymbol{x}$ 的几何意义是把图形 G 变成图形 G_1,称之为平面图形变换. 平面图形变换有三种基本变换:对称变换、伸缩变换、剪切(错切)变换,如表 2-1 所示,其他可逆变换均可由这三种变换复合而成.

表 2-1　三种基本变换

变换	变换前后的图像	变换矩阵
关于横轴的对称变换		$\begin{pmatrix}1 & 0\\0 & -1\end{pmatrix}$
关于竖轴的对称变换	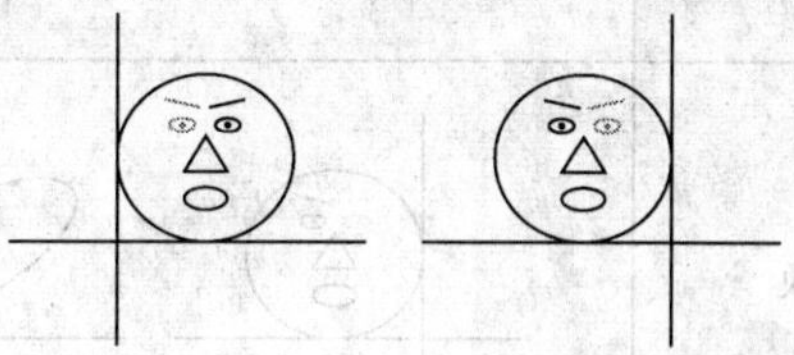	$\begin{pmatrix}-1 & 0\\0 & 1\end{pmatrix}$
关于 $y=x$ 的对称变换		$\begin{pmatrix}0 & 1\\1 & 0\end{pmatrix}$
关于 $y=-x$ 的对称变换	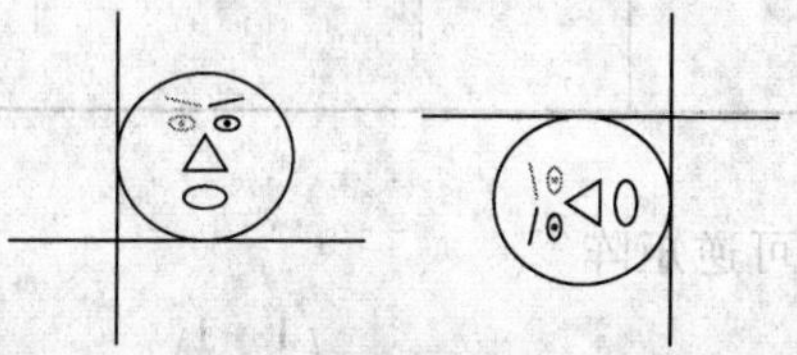	$\begin{pmatrix}0 & -1\\-1 & 0\end{pmatrix}$
关于原点的对称变换	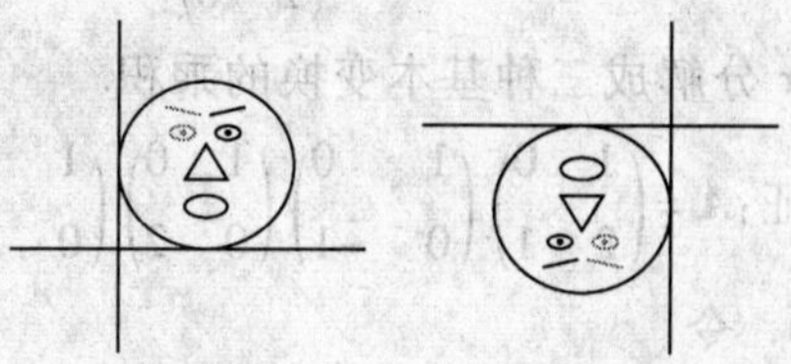	$\begin{pmatrix}-1 & 0\\0 & -1\end{pmatrix}$
水平伸缩变换	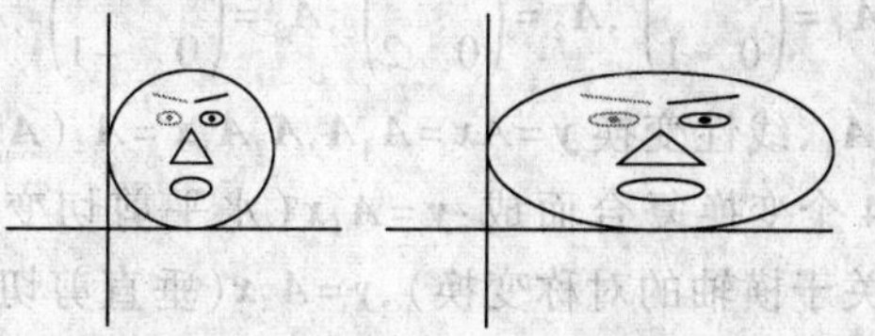	$\begin{pmatrix}2 & 0\\0 & 1\end{pmatrix}$

续表

变换	变换前后的图像	变换矩阵
垂直伸缩变换		$\begin{pmatrix}1 & 0\\0 & 2\end{pmatrix}$
水平剪切变换	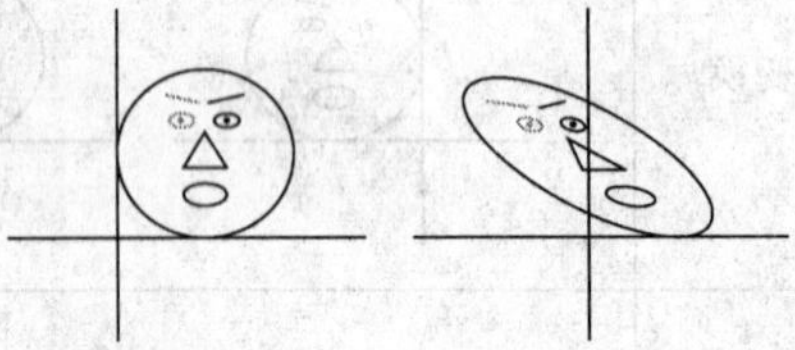	$\begin{pmatrix}1 & -1\\0 & 1\end{pmatrix}$
垂直剪切变换	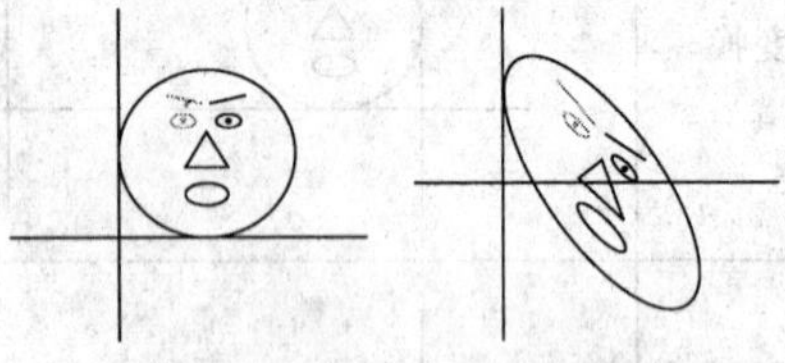	$\begin{pmatrix}1 & 0\\-1 & 1\end{pmatrix}$

例 18 设有可逆矩阵

$$\boldsymbol{A}=\begin{pmatrix}1 & 1\\2 & 0\end{pmatrix},$$

将线性变换 $\boldsymbol{y}=\boldsymbol{A}\boldsymbol{x}$ 分解成三种基本变换的乘积.

解 可以验证:$\boldsymbol{A}=\begin{pmatrix}1 & 0\\2 & 1\end{pmatrix}\begin{pmatrix}1 & 0\\0 & -1\end{pmatrix}\begin{pmatrix}1 & 0\\0 & 2\end{pmatrix}\begin{pmatrix}1 & 1\\0 & 1\end{pmatrix}$(我们将在 3.4 节解释该式是如何得到的). 令

$$\boldsymbol{A}_1=\begin{pmatrix}1 & 1\\0 & 1\end{pmatrix},\boldsymbol{A}_2=\begin{pmatrix}1 & 0\\0 & 2\end{pmatrix},\boldsymbol{A}_3=\begin{pmatrix}1 & 0\\0 & -1\end{pmatrix},\boldsymbol{A}_4=\begin{pmatrix}1 & 0\\2 & 1\end{pmatrix},$$

则 $\boldsymbol{A}=\boldsymbol{A}_4\boldsymbol{A}_3\boldsymbol{A}_2\boldsymbol{A}_1$,线性变换 $\boldsymbol{y}=\boldsymbol{A}\boldsymbol{x}=\boldsymbol{A}_4\boldsymbol{A}_3\boldsymbol{A}_2\boldsymbol{A}_1\boldsymbol{x}=\boldsymbol{A}_4(\boldsymbol{A}_3(\boldsymbol{A}_2(\boldsymbol{A}_1\boldsymbol{x})))$,即变换 $\boldsymbol{y}=\boldsymbol{A}\boldsymbol{x}$ 可由下列 4 个变换复合而成:$\boldsymbol{y}=\boldsymbol{A}_1\boldsymbol{x}$(水平剪切变换),$\boldsymbol{y}=\boldsymbol{A}_2\boldsymbol{x}$(垂直伸缩变换),$\boldsymbol{y}=\boldsymbol{A}_3\boldsymbol{x}$(关于横轴的对称变换),$\boldsymbol{y}=\boldsymbol{A}_4\boldsymbol{x}$(垂直剪切变换). 几何验证如下

请读者通过实验系统的实验四予以验证.

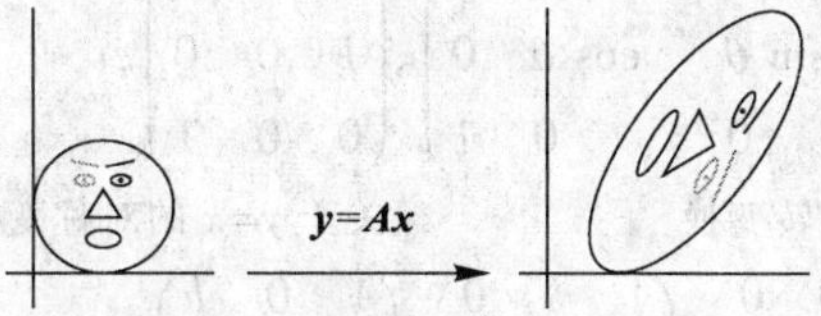

图 2-4　变换 $\boldsymbol{y}=\boldsymbol{A}\boldsymbol{x}$ 的作用

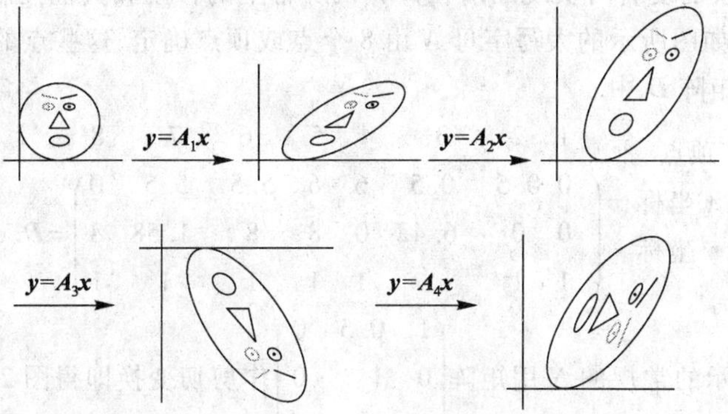

图 2-5　四个基本变换的作用

2.5.2　矩阵在计算机图形学中的应用——齐次坐标

我们知道线性变换 $\boldsymbol{y}=\boldsymbol{A}\boldsymbol{x}$ 可以对图形进行旋转、剪切、伸缩和对称等变换，但计算机屏幕上的图形经常需要移动，如计算机动画就是通过一系列的图形移动形成，可是平移不是线性变换，解决这一困难的标准办法是引入所谓齐次坐标.

$\mathbf{R}^2$中每个点(x,y) 可以对应于 $\mathbf{R}^3$中的点$(x,y,1)$，我们称$(x,y,1)$为(x,y)的齐次坐标. 例如，点$(0,0)$的齐次坐标为$(0,0,1)$. 点的齐次坐标不能相加，也不能数乘，但它们可以乘 3 ×3 矩阵以做变换.

设$\boldsymbol{A}=\begin{pmatrix} a & b & c \\ d & e & f \\ g & h & i \end{pmatrix}$，则$\begin{pmatrix} a & b & c \\ d & e & f \\ g & h & i \end{pmatrix}\begin{pmatrix} x \\ y \\ 1 \end{pmatrix}$ 可实现点(x,y)的所有运动，且 $\boldsymbol{A}$ 中每个元素都有意义. $\begin{pmatrix} a & b \\ d & e \end{pmatrix}$ 实现点(x,y)的所有线性变换，$\begin{pmatrix} c \\ f \end{pmatrix}$ 实现点(x,y)的平移，(g,h) 实现点(x,y)的投影，$(\ i\ )$ 实现对点(x,y)的坐标的缩放. 例如

$$\begin{pmatrix} \cos\theta & -\sin\theta & 0 \\ \sin\theta & \cos\theta & 0 \\ 0 & 0 & 1 \end{pmatrix}, \begin{pmatrix} 0 & 1 & 0 \\ 1 & 0 & 0 \\ 0 & 0 & 1 \end{pmatrix},$$

旋转变换　　　　　　　　关于 $y=x$ 的对称变换

$$\begin{pmatrix} s & 0 & 0 \\ 0 & t & 0 \\ 0 & 0 & 1 \end{pmatrix}, \begin{pmatrix} 1 & k & 0 \\ 0 & 1 & 0 \\ 0 & 0 & 1 \end{pmatrix}, \begin{pmatrix} 1 & 0 & h \\ 0 & 1 & k \\ 0 & 0 & 1 \end{pmatrix}.$$

伸缩变换　　剪切变换　　把点 (x,y) 移到 $(x+h,y+k)$

这些基本变换的复合可实现图形在计算机屏幕上的移动和其他控制.

例 19　如图所示的大写字母 N 由 8 个点或顶点确定,这些点的坐标可存储在一个数据矩阵 $\boldsymbol{D}$ 中.

$$\begin{matrix} \text{顶点} \\ x\text{ 坐标} \\ y\text{ 坐标} \\ \ \end{matrix} \begin{matrix} \ \\ \left(\begin{matrix} 1 & 2 & 3 & 4 & 5 & 6 & 7 & 8 \end{matrix}\right. \end{matrix}$$

$$\begin{array}{l} \text{顶点} \\ x\text{ 坐标} \\ y\text{ 坐标} \\ \\ \end{array}\begin{array}{c} \begin{matrix} 1 & \ 2 & \ \ 3 & \ \ 4 & 5 & \ 6 & \ \ 7 & \ 8 \end{matrix} \\ \begin{pmatrix} 0 & 0.5 & 0.5 & 6 & 6 & 5.5 & 5.5 & 0 \\ 0 & 0 & 6.42 & 0 & 8 & 8 & 1.58 & 8 \\ 1 & 1 & 1 & 1 & 1 & 1 & 1 & 1 \end{pmatrix} = \boldsymbol{D}. \end{array}$$

对图 2-6 所示的常规的 N 用矩阵 $\begin{pmatrix} 1 & 0.5 & 0 \\ 0 & 1 & 0 \\ 0 & 0 & 1 \end{pmatrix}$ 作剪切变换即得图 2-7 所示的斜体的 N. 请读者在实验七中对例 19 以及下面的例 20 的结论予以验证.

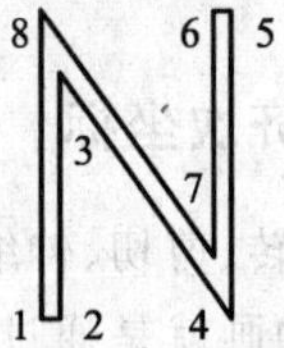

图 2-6　常规的 N

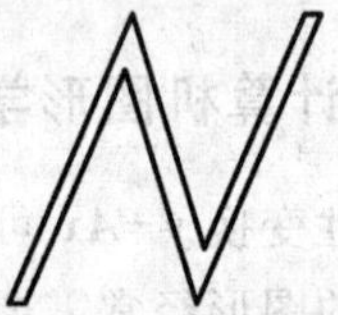
图 2-7　斜体的 N

例 20　求出 3 ×3 矩阵,对应于先乘以 0.5 的倍乘变换,然后旋转 90°,最后对图形的每个点的坐标加上 (-0.5,2) 做平移. 见图 2-8.

解　当 $\theta=\pi/2$ 时, $\sin\theta=1$, $\cos\theta=0$,我们有

$$\begin{pmatrix} x \\ y \\ 1 \end{pmatrix} \xrightarrow{\text{缩小}} \begin{pmatrix} 0.5 & 0 & 0 \\ 0 & 0.5 & 0 \\ 0 & 0 & 1 \end{pmatrix}\begin{pmatrix} x \\ y \\ 1 \end{pmatrix} \xrightarrow{\text{旋转}} \begin{pmatrix} 0 & -1 & 0 \\ 1 & 0 & 0 \\ 0 & 0 & 1 \end{pmatrix}\begin{pmatrix} 0.5 & 0 & 0 \\ 0 & 0.5 & 0 \\ 0 & 0 & 1 \end{pmatrix}\begin{pmatrix} x \\ y \\ 1 \end{pmatrix}$$

$$\xrightarrow{\text{平移}} \begin{pmatrix} 1 & 0 & -0.5 \\ 0 & 1 & 2 \\ 0 & 0 & 1 \end{pmatrix}\begin{pmatrix} 0 & -1 & 0 \\ 1 & 0 & 0 \\ 0 & 0 & 1 \end{pmatrix}\begin{pmatrix} 0.5 & 0 & 0 \\ 0 & 0.5 & 0 \\ 0 & 0 & 1 \end{pmatrix}\begin{pmatrix} x \\ y \\ 1 \end{pmatrix},$$

所以复合变换的矩阵为

$$\begin{pmatrix}1&0&-0.5\\0&1&2\\0&0&1\end{pmatrix}\begin{pmatrix}0&-1&0\\1&0&0\\0&0&1\end{pmatrix}\begin{pmatrix}0.5&0&0\\0&0.5&0\\0&0&1\end{pmatrix}$$

$$=\begin{pmatrix}0&-1&-0.5\\1&0&2\\0&0&1\end{pmatrix}\begin{pmatrix}0.5&0&0\\0&0.5&0\\0&0&1\end{pmatrix}=\begin{pmatrix}0&-0.5&-0.5\\0.5&0&2\\0&0&1\end{pmatrix}.$$

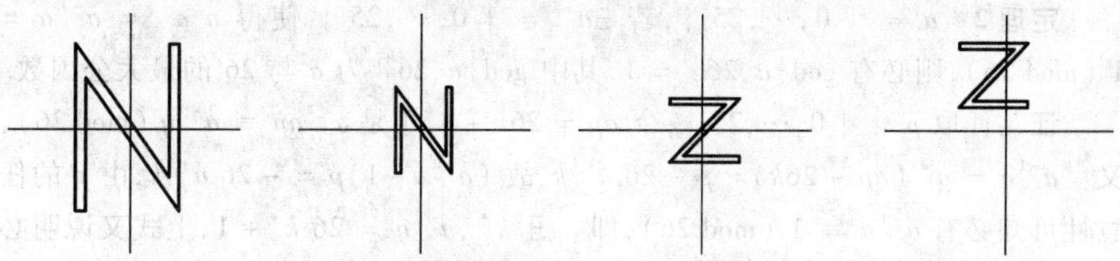

原图　　缩小后的图　　旋转后的图　　旋转后平移的图

图 2-8　字母 N 的变换

2.5.3 希尔密码

1929 年,希尔(Lester S. Hill)利用线性代数中的矩阵乘积运算,设计了一种被称为希尔密码的代数密码. 为了便于计算,希尔首先将字符变换成数,例如,对英文字母,可以作如下变换:

A	B	C	D	E	F	G	H	I	J	K	L	M
1	2	3	4	5	6	7	8	9	10	11	12	13
N	O	P	Q	R	S	T	U	V	W	X	Y	Z
14	15	16	17	18	19	20	21	22	23	24	25	0

希尔密码的基本思想很简单:将密文分成 n 个一组,用对应的数字代替,就变成了一个个 n 维向量. 如果取定一个 n 阶可逆矩阵 $\boldsymbol{A}$(此矩阵称为密钥),用 $\boldsymbol{A}$ 去乘每一向量,即可起到加密的效果,解密也不麻烦,将密文也分成 n 个一组,同样变成 n 维向量,只需用 $\boldsymbol{A}^{-1}$ 去乘这些向量,即可将它们变回原先的明文($\boldsymbol{A}\boldsymbol{A}^{-1}=\boldsymbol{E}$).

在具体实施时,需要解决两个问题:(1) 为了使数字与字符间可以互换,必须使用取自 0 ~ 25 之间的整数;(2) 在解密时要用到逆矩阵,而 $\boldsymbol{A}^{-1}=\dfrac{1}{|\boldsymbol{A}|}\boldsymbol{A}^*$,这说

明在求 $\boldsymbol{A}$ 的逆矩阵时可能会出现分数. 解决的办法是引进同余运算，并用乘法来代替除法.

让我们从最简单的情况做起，令 $n=1$，用数 a 去乘 0 ~ 25 中的数，以 26 为模取同余，并要求存在 $a^{-1}\in\{0,\cdots,25\}$，使得 $\forall p\in\{0,\cdots,25\}$，有 $a^{-1}ap\equiv p \pmod{26}$，或要求存在 a^{-1}，使得 $a^{-1}a\equiv 1 \pmod{26}$，称 a^{-1} 为 a 的逆元素. 经简单的分析即可发现，并非所有 0 ~ 25 中的数都可用作这里的 a，事实上我们可以证明下面的定理.

定理 2　$a\in\{0,\cdots,25\}$，若 $\exists a^{-1}\in\{0,\cdots,25\}$ 使得 $a\,a^{-1}=a^{-1}a=1 \pmod{26}$，则必有 $\gcd\{a,26\}=1$，其中 $\gcd\{a,26\}$ 为 a 与 26 的最大公因数.

证　任取 $p\in\{0,\cdots,25\}$，令 $ap=26k+q$，于是 $a^{-1}ap\equiv a^{-1}q \pmod{26}$，又 $a^{-1}q=a^{-1}(ap-26k)=p-26\,a^{-1}k$，故 $(a^{-1}a-1)p=-26\,a^{-1}k$，由 p 的任意性可知必有 $a^{-1}a\equiv 1 \pmod{26}$，即 $\exists\, k^*$，$a^{-1}a=26\,k^*+1$，上式又说明必有 $\gcd\{a,26\}=1$，不然它将整除 1，而这是不可能的.

此外，我们还不难证明逆元素是唯一的. 事实上，设 a_1^{-1}，a_2^{-1} 都是 a 的逆元素，即

$a_1^{-1}a=26\,k_1+1$ 和 $a_2^{-1}a=26\,k_2+1$，则 $(a_1^{-1}-a_2^{-1})a=26(k_1-k_2)$，故必有 $k_1-k_2=0$（因为 $\gcd\{a,26\}=1$），即 $a_1^{-1}=a_2^{-1}$.

由定理 2 可知，0 ~ 26 中除 13 以外的奇数均可取作这里的 a，下面列出经计算求得的逆元素.

a	1	3	5	7	9	11	15	17	19	21	23	25
a^{-1}	1	9	21	15	3	19	7	23	11	5	17	25

现在，我们已不难将方法推广到 n 为一般整数的情况了，只需在乘法运算中结合应用取余，求逆矩阵时用逆元素乘来代替除法即可. 希尔密码是以矩阵法为基础的，明文与密文的对应由 n 阶矩阵 $\boldsymbol{A}$ 确定. 矩阵 $\boldsymbol{A}$ 的阶数是事先约定的，与明文分组时每组字母的字母数量 n 相同，如果明文所含字数与 n 不匹配，则最后几个分量可任意补足. 希尔密码在解密时，用 $\boldsymbol{A}^{-1}$ 左乘密文向量，即可还原为原来的明文向量. $\boldsymbol{A}^{-1}$ 的求法可利用公式 $\boldsymbol{A}^{-1}=\dfrac{1}{|\boldsymbol{A}|}\boldsymbol{A}^*$，例如，若取 $\boldsymbol{A}=\begin{pmatrix}1&2\\0&3\end{pmatrix}$，则 $|\boldsymbol{A}|=3$，$|\boldsymbol{A}|^{-1}=9$，于是 $\boldsymbol{A}^{-1}\equiv 9\begin{pmatrix}3&-2\\0&1\end{pmatrix} \pmod{26}$，即 $\boldsymbol{A}^{-1}=\begin{pmatrix}1&8\\0&9\end{pmatrix}$.

例 21　设明文为 HPFRPIHTNECL，密钥矩阵为

$$A=\begin{pmatrix}0&5&7\\1&8&6\\0&5&2\end{pmatrix},$$

试用希尔密码体系给明文加密.

解 明文 HPFRPIHTNECL 对应的矩阵为

$$\begin{pmatrix}8&18&8&5\\16&16&20&3\\6&9&14&12\end{pmatrix}.$$

故

$$A\begin{pmatrix}8&18&8&5\\16&16&20&3\\6&9&14&12\end{pmatrix}(\mathrm{mod}\ 26)=\begin{pmatrix}18&13&16&21\\16&18&18&23\\14&20&24&13\end{pmatrix},$$

所以加密后密文为 RPNMRTPRXUWM.

例 22 设密文为 DXNANIURJUOD,密钥矩阵为

$$A=\begin{pmatrix}8&4&5\\3&2&1\\0&1&1\end{pmatrix},$$

试将密文还原为明文.

解 因为 $|A|=11$,故 $|A|^{-1}=19$,于是

$$A^{-1}\equiv 19A^*(\mathrm{mod}\ 26)=\begin{pmatrix}19&19&16\\21&22&3\\5&4&24\end{pmatrix}.$$

又密文 DXNANIURJUOD 对应的矩阵为

$$\begin{pmatrix}4&1&21&21\\24&14&18&15\\14&9&10&4\end{pmatrix},$$

故明文对应的矩阵为

$$A^{-1}\begin{pmatrix}4&1&21&21\\24&14&18&15\\14&9&10&4\end{pmatrix}(\mathrm{mod}\ 26)=\begin{pmatrix}2&13&17&20\\4&18&9&3\\10&17&1&1\end{pmatrix},$$

所以明文为 BDJMRQQIATCA.

习　题　二

1. 设

$$A=\begin{pmatrix}5 & -1\\0 & 2\end{pmatrix},\quad B=\begin{pmatrix}-2 & 1\\0 & 4\end{pmatrix},\quad C=\begin{pmatrix}a & c\\b & d\end{pmatrix},$$

(1) 计算 $A+B$；(2) 若已知 $C=A+B$，求出 a,b,c,d.

2. 设

$$A=\begin{pmatrix}2 & 4 & 1\\0 & 3 & 5\end{pmatrix},\quad B=\begin{pmatrix}-1 & 3 & 1\\2 & 0 & 5\end{pmatrix},\quad C=\begin{pmatrix}0 & 1 & 2\\-3 & -1 & 3\end{pmatrix},$$

求 $3A-2B+C$.

3. 已知

$$2\begin{pmatrix}2 & 1 & -3\\0 & -2 & 1\end{pmatrix}+3X-\begin{pmatrix}1 & -2 & 2\\3 & 0 & -1\end{pmatrix}=0,$$

求矩阵 X.

4. 设

$$A=\begin{pmatrix}3 & -1 & 2\\1 & 5 & 7\\5 & 4 & -3\end{pmatrix},B=\begin{pmatrix}7 & 5 & -4\\5 & 1 & 9\\3 & -2 & 1\end{pmatrix},$$

且 $A+2X=B$，求矩阵 X.

5. 计算下列矩阵：

(1) $\begin{pmatrix}2\\1\\3\end{pmatrix}(1\quad 3\quad 2)$；(2) $(2\quad 1\quad 3)\begin{pmatrix}1\\3\\2\end{pmatrix}$；(3) $\begin{pmatrix}1 & 0 & 0\\0 & 1 & 0\\0 & 0 & 1\end{pmatrix}\begin{pmatrix}2 & 1\\4 & 3\\7 & 9\end{pmatrix}$；

(4) $\begin{pmatrix}2 & 1 & 4 & 3\\1 & -1 & 3 & 4\end{pmatrix}\begin{pmatrix}1 & 3 & 1\\0 & -1 & 2\\1 & -3 & 1\\0 & 2 & -2\end{pmatrix}$；(5) $\begin{pmatrix}2\\-1\\3\end{pmatrix}(2\quad -1)\begin{pmatrix}1 & -1\\3 & -2\end{pmatrix}$.

6. 计算 $AB-BA$，其中

$$A=\begin{pmatrix}1 & 2 & 1\\0 & 0 & 2\\0 & 0 & 1\end{pmatrix},B=\begin{pmatrix}1 & 3 & 0\\0 & 1 & 1\\0 & 0 & 1\end{pmatrix}.$$

7. 设

$$A=\begin{pmatrix}1&1&1\\-1&1&1\\1&-1&1\end{pmatrix},\quad B=\begin{pmatrix}1&2&1\\1&3&-1\\2&1&2\end{pmatrix},$$

求：(1) $AB-3B$；(2) $(A-B)(A+B)$；(3) A^2-B^2.

8. 计算下列矩阵（其中 n 为正整数）：

(1) $\begin{pmatrix}1&1\\0&0\end{pmatrix}^n$；　(2) $\begin{pmatrix}1&0\\\lambda&1\end{pmatrix}^n$；　(3) $\begin{pmatrix}a&0&0\\0&b&0\\0&0&c\end{pmatrix}^n$.

9. 设矩阵

$$A=\begin{pmatrix}0&1&0&0\\0&0&1&0\\0&0&0&1\\0&0&0&0\end{pmatrix},\quad B=\begin{pmatrix}\lambda&1&0&0\\0&\lambda&1&0\\0&0&\lambda&1\\0&0&0&\lambda\end{pmatrix},$$

求 A^4 和 B^n.

10. 设 A,B 为 n 阶方阵，如果 $A=\dfrac{1}{2}(B+E)$，证明 $A^2=A$ 的充要条件是 $B^2=E$.

11. 设矩阵

$$A=\begin{pmatrix}4&-1\\0&2\\-3&2\end{pmatrix},B=\begin{pmatrix}2&1&-1\\3&4&0\end{pmatrix},$$

求 $(AB)^{\mathrm T}$，$B^{\mathrm T}A^{\mathrm T}$ 和 $A^{\mathrm T}B^{\mathrm T}$.

12. 设 A,B 为 n 阶方阵，且 A 为对称矩阵，证明 $B^{\mathrm T}AB$ 也是对称矩阵.

13. 设 A 为 3 阶方阵，且 $|A|=m$，求 $|-mA|$.

14. 设 $A=\begin{pmatrix}1&2&-1\\3&-1&2\\0&2&0\end{pmatrix}$，$B=\begin{pmatrix}1&-5&7\\-5&2&3\\7&3&-1\end{pmatrix}$，

(1) 求 $|(2A-B)^{\mathrm T}+B|$；

(2) 求 $|A^3-A|$.

15. 求下列矩阵的逆矩阵：

(1) $A=\begin{pmatrix}3&4\\2&5\end{pmatrix}$；　(2) $A=\begin{pmatrix}1&2&-3\\0&1&2\\0&0&1\end{pmatrix}$；

(3) $\boldsymbol{A}=\begin{pmatrix}0 & 0 & 1\\ 0 & -2 & 0\\ \frac{1}{3} & 0 & 0\end{pmatrix}$；　(4) $\boldsymbol{A}=\begin{pmatrix}1 & 2 & 3\\ 2 & 2 & 1\\ 3 & 4 & 3\end{pmatrix}$.

16. 解下列矩阵方程

(1) $\begin{pmatrix}2 & 5\\ 1 & 3\end{pmatrix}\boldsymbol{X}=\begin{pmatrix}4 & -6\\ 2 & 1\end{pmatrix}$；　(2) $\begin{pmatrix}1 & 1 & -1\\ 0 & 2 & 2\\ 1 & -1 & 0\end{pmatrix}\boldsymbol{X}=\begin{pmatrix}1 & -1 & 1\\ 1 & 1 & 0\\ 2 & 1 & 4\end{pmatrix}$；

(3) $\begin{pmatrix}0 & 1 & 0\\ 1 & 0 & 0\\ 0 & 0 & 1\end{pmatrix}\boldsymbol{X}\begin{pmatrix}1 & 0 & 0\\ 0 & 0 & 1\\ 0 & 1 & 0\end{pmatrix}=\begin{pmatrix}1 & -4 & 3\\ 2 & 0 & -1\\ 1 & -2 & 0\end{pmatrix}$.

17. 利用矩阵的运算性质求方程组的解 $\begin{cases}x_1+2x_2+3x_3=-2,\\ 2x_1+2x_2+x_3=1,\\ 3x_1+4x_2+3x_3=0.\end{cases}$

18. 设 $\boldsymbol{A}=\begin{pmatrix}1 & 0 & 1\\ 0 & 2 & 0\\ 1 & 0 & 1\end{pmatrix}$，$\boldsymbol{AB}+\boldsymbol{E}=\boldsymbol{A}^2+\boldsymbol{B}$，求矩阵 $\boldsymbol{B}$.

19. 已知矩阵 $\boldsymbol{A}$ 满足 $\boldsymbol{A}^2-\boldsymbol{A}=2\boldsymbol{E}$，证明 $\boldsymbol{A}$，$\boldsymbol{A}+2\boldsymbol{E}$ 均可逆；并求 $\boldsymbol{A}^{-1}$，$(\boldsymbol{A}+2\boldsymbol{E})^{-1}$.

20. 设 $\boldsymbol{A}^k=\boldsymbol{O}$，其中 $\boldsymbol{A}$ 为方阵，k 为大于 1 的正整数，证明 $(\boldsymbol{E}-\boldsymbol{A})^{-1}=\boldsymbol{E}+\boldsymbol{A}+\boldsymbol{A}^2+\cdots+\boldsymbol{A}^{k-1}$.

21. 若 $\boldsymbol{A}$ 为可逆矩阵，并且 $\boldsymbol{AB}=\boldsymbol{BA}$，试证：$\boldsymbol{A}^{-1}\boldsymbol{B}=\boldsymbol{BA}^{-1}$.

22. 若 3 阶矩阵 $\boldsymbol{A}$ 的伴随矩阵为 $\boldsymbol{A}^*$，且 $|\boldsymbol{A}|=1/2$，求 $|(3\boldsymbol{A})^{-1}-2\boldsymbol{A}^*|$.

23. 已知

$$\boldsymbol{A}=\begin{pmatrix}2 & 1 & 1\\ 3 & -1 & 2\\ 1 & -1 & 0\end{pmatrix},$$

设 $f(x)=x^2-2x-1$，求 $f(\boldsymbol{A})$.

24. 设 $\boldsymbol{AP}=\boldsymbol{P\Lambda}$，其中 $\boldsymbol{P}=\begin{pmatrix}-1 & -4\\ 1 & 1\end{pmatrix}$，$\boldsymbol{\Lambda}=\begin{pmatrix}-1 & 0\\ 0 & 2\end{pmatrix}$，求 $\boldsymbol{A}^{12}$.

25. 已知 $\boldsymbol{A}=\begin{pmatrix}1 & 2 & 0 & 0 & 0\\ 0 & 1 & 0 & 0 & 0\\ 0 & 0 & 2 & 1 & 0\\ 0 & 0 & 1 & 2 & -1\\ 0 & 0 & 1 & 0 & 1\end{pmatrix}$，$\boldsymbol{B}=\begin{pmatrix}1 & 0 & 0 & 0 & 0\\ 0 & 1 & 0 & 0 & 0\\ 1 & 0 & 1 & 0 & 2\\ 0 & 1 & 1 & 2 & -1\\ 3 & 2 & 1 & 1 & 1\end{pmatrix}$，求 $\boldsymbol{AB}$.

26. 已知 $\boldsymbol{A}=\begin{pmatrix} a & 2 & 0 & 0 \\ 0 & a & 0 & 0 \\ 0 & 0 & b & 0 \\ 0 & 0 & -2 & b \end{pmatrix}$，$\boldsymbol{B}=\begin{pmatrix} a & -2 & 0 & 0 \\ 0 & a & 0 & 0 \\ 0 & 0 & b & 0 \\ 0 & 0 & 2 & b \end{pmatrix}$，求 ABA.

27. 设 $\boldsymbol{D}$ 是一个 $(t+s)$ 阶矩阵，按下列形式划分成 4 个小矩阵，

$$\boldsymbol{D}=\begin{pmatrix} \boldsymbol{A} & \boldsymbol{O} \\ \boldsymbol{C} & \boldsymbol{B} \end{pmatrix},$$

其中 $\boldsymbol{A}$，$\boldsymbol{B}$ 分别是 s 阶和 t 阶的可逆矩阵，求 $\boldsymbol{D}^{-1}$.

28. 设明文为 DSWSIHWREQ，密钥矩阵为

$$\boldsymbol{A}=\begin{pmatrix} 3 & 3 \\ 0 & 3 \end{pmatrix},$$

试用希尔密码体系给明文加密.

29. 设密文为 AHRSUYREQ，密钥矩阵为

$$\boldsymbol{A}=\begin{pmatrix} 8 & 3 \\ 7 & 3 \end{pmatrix},$$

试将密文还原为明文.

30. [M]在实验五的实验区（或 Matlab）中，研究下面的问题.

某些动力系统可借助矩阵的幂来研究，如下所示. 给定下列矩阵 $\boldsymbol{A}$ 和 $\boldsymbol{B}$，观察当 k 增加时，$\boldsymbol{A}^k$ 与 $\boldsymbol{B}^k$ 有何变化，识别 $\boldsymbol{A}$ 和 $\boldsymbol{B}$ 有什么特点？研究类似矩阵的幂，提出关于这类矩阵的猜想.

$$\boldsymbol{A}=\begin{pmatrix} 0.4 & 0.2 & 0.3 \\ 0.3 & 0.6 & 0.3 \\ 0.3 & 0.2 & 0.4 \end{pmatrix},\boldsymbol{B}=\begin{pmatrix} 0 & 0.2 & 0.3 \\ 0.1 & 0.6 & 0.3 \\ 0.9 & 0.2 & 0.4 \end{pmatrix}.$$

31. [M]先求出产生所述复合二维变换的 2×2 矩阵，然后在实验四的实验区中进行实证.

（1）先关于 x 轴对称，然后绕原点旋转 30°；

（2）先绕原点旋转 30°；再关于 x 轴对称；

（3）先把 x 和 y 坐标同时乘 1.2，然后关于 $y=x$ 对称；

（4）先关于 $y=x$ 对称，然后把 x 和 y 坐标同时乘 1.2.

根据你算出的结果以及矩阵的相关结论，解释你观察到的现象，并用矩阵语言表示.

32. [M]数据矩阵 $\boldsymbol{D}=\begin{pmatrix} 17 & 20 & 30 \\ 10 & 17 & 15 \end{pmatrix}$ 的每一列表示平面上的一个点的坐标，因此 $\boldsymbol{D}$ 决定一个三角形. 求这个三角形绕点(17,10)旋转 90°的矩阵（用齐次坐标，所以所得矩阵应为 3×3），并在实验七中予以验证.

33. [M]设四边形 $P_1P_2P_3P_4$ 的四个顶点坐标为 $P_i(x_i, y_i)$, $i=1,2,3,4$,如图 a 所示.

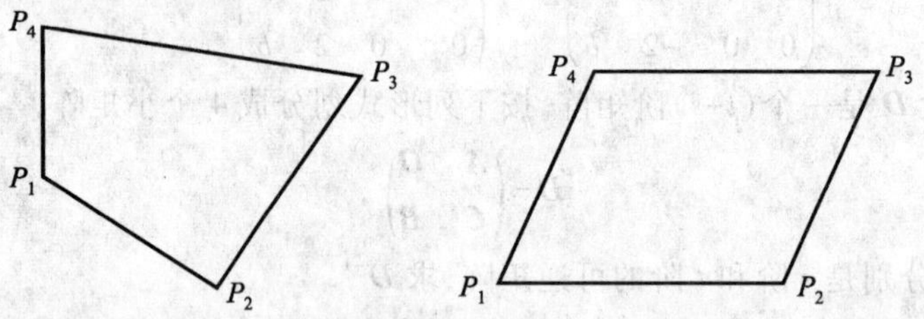

图(a)　　图(b)

若令 $\boldsymbol{A}=\begin{pmatrix} x_1 & x_2 & x_3 & x_4 \\ y_1 & y_2 & y_3 & y_4 \end{pmatrix}$,则可用矩阵 $\boldsymbol{A}$ 表示四边形 $P_1P_2P_3P_4$,由向量加法的平行四边形法则可知,若向量 $\overrightarrow{P_1P_3}=\overrightarrow{P_1P_2}+\overrightarrow{P_1P_4}$,则四边形 $P_1P_2P_3P_4$ 为平行四边形,如图 b 所示。请构造一个顶点均不在原点、边均不平行于坐标轴的平行四边形(非矩形),并求其面积.(可在实验七的实验区中对得到的结果进行验证).

第 3 章

线性方程组

世界万物都处于不断的运动和变换之中,一个系统中的各个变量经常不是独立变化的,而是相互依赖相互约束,当处于线性等式约束时,就构成了线性方程组.线性方程组是线性代数的基础内容之一.在第 0 章中我们就方程组提出了如下问题:

(1) 如何判别方程组中是否有多余的方程,如何求保留方程组?

(2) 如何判别方程组是否有解?

(3) 在有解时,如何求出全部解?

在第 1 章中我们研究了方程个数与未知量个数相等的情形,克拉默法则对上述三个问题中的部分给出回答:当方程组的系数行列式不等于零时,线性方程组有唯一解,并且解可以用行列式之比表示;对齐次线性方程组,当系数行列式等于零时,齐次线性方程组有无穷多解.克拉默法则在理论上是一个非常完美的结果,但它只对方程个数与未知量个数相等、且系数行列式不为零的线性方程组有效,应用范围有一定的局限性,鉴于此,在这一章中我们要讨论如何解一般线性方程组.

3.1 消 元 法

3.1.1 引例

在中学代数中,已经学习过消元法解简单的线性方程组,这一方法也适合解一般的线性方程组.下面我们来看一下实际例子.

引例 1 解关于 x,y,z 的方程组

$$\begin{cases} x+y+z=6, \\ x-z=-2, \\ x-2y+kz=0. \end{cases}$$

解 第二个方程减去第一个方程,第三个方程减去第一个方程,就变成

$$\begin{cases} x+y+z=6, \\ -y-2z=-8, \\ -3y+(k-1)z=-6, \end{cases}$$

第三个方程减去第二个方程的 3 倍,得

$$\begin{cases} x+y+z=6, \\ -y-2z=-8, \\ (k+5)z=18. \end{cases}$$

由此可得,当 $k\neq-5$ 时,方程组有唯一解,此时,由第三个方程解出 z,代入第二个方程解出 y,最后把 y,z 代入第一个方程解出 x,即得唯一解

$$\begin{cases} x=\dfrac{-2k+8}{k+5}, \\ y=\dfrac{8k+4}{k+5}, \\ z=\dfrac{18}{k+5}. \end{cases}$$

当 $k=-5$ 时,第三个方程变为 $0=18$,为一个矛盾方程,此时不论 x,y,z 取何值它都不成立,所以方程组无解.

由空间解析几何的知识可知,引例中的每个方程在空间里表示一个平面,方程组的解说明这些平面间的关系:当 $k\neq-5$ 时,方程组有唯一解,这时三个平面交于一点,图 3-1a 所示为当 $k=1$ 时三个平面交于点$(1,2,3)$;当 $k=-5$ 时,方程组无解,此时这三个平面的位置关系如图 3-1b 所示.

(a) $k=1$ 时的惟一解　　(b) $k=-5$ 时无解

图 3-1　方程组的几何意义

分析一下上述引例的消元法,不难看出,它们实际上是反复地对方程组进行如下的运算或变换,

(1) 用一非零数乘某一方程的两端;

(2) 一个方程的两端乘以同一个数加到另一个方程的两端;

(3) 互换两个方程在方程组中的位置.

称这些变换为**线性方程组的初等变换**.

3.1.2 消元法的一般形式

消元法的过程就是对方程组反复施行初等变换的过程. 下面证明,初等变换总是把方程组变成同解的方程组.

下面说明如何利用初等变换来解一般的线性方程组.

一般线性方程组是指形式为

$$\begin{cases}a_{11}x_1+a_{12}x_2+\cdots+a_{1n}x_n=b_1,\\a_{21}x_1+a_{22}x_2+\cdots+a_{2n}x_n=b_2,\\\cdots\cdots\cdots\cdots\\a_{m1}x_1+a_{m2}x_2+\cdots+a_{mn}x_n=b_m\end{cases}\tag{3.1}$$

的方程组,其中 $x_1,x_2,\cdots,x_n$ 代表 n 个未知量,m 是方程的个数,$a_{ij}(i=1,2,\cdots,m;j=1,2,\cdots,n)$称为线性方程组的系数,$b_j(j=1,2,\cdots,m)$称为常数项. 方程组中未知量的个数 n 与方程的个数 m 不一定相等. 系数 a_{ij}的第一个指标 i 表示它在第 i 个方程,第二个指标 j 表示它是 x_j 的系数.

方程组(3.1)的一个**解**是指由 n 个数 $k_1,k_2,\cdots,k_n$ 组成的有序数组$(k_1,k_2,\cdots,k_n)$,当 $x_1,x_2,\cdots,x_n$ 分别用 $k_1,k_2,\cdots,k_n$ 代入后,(3.1)中每个等式都变成恒等式. 方程组(3.1)的解的全体称为它的**解集合**. 解方程组实际上就是找出它全部的解,或者求出它的解集合. 如果两个方程组有相同的解集合,就称为**同解方程组**.

可以通过研究相应的增广矩阵的办法来研究方程组的解,这个方法比用行列式解线性方程组更有普遍性. 下面介绍如何用消元法解一般线性方程组.

对于方程组(3.1),首先检查 x_1 的系数. 如果 x_1 的系数 $a_{11},a_{21},\cdots,a_{m1}$全为零,那么方程组(3.1)对 x_1 没有任何限制,x_1 就可以取任何值,而方程组(3.1)可以看作 $x_2,\cdots,x_n$ 的方程组来解. 如果 x_1 的系数不全为零,那么利用初等变换3,可以设 $a_{11}\neq0$. 利用初等变换2,分别把第一个方程的$-\dfrac{a_{i1}}{a_{11}}$倍加到第 i 个方程($i=2,\cdots,m$). 于是方程组(3.1)就变成

$$\begin{cases}a_{11}x_1+a_{12}x_2+\cdots+a_{1n}x_n=b_1,\\\qquad\quad a'_{22}x_2+\cdots+a'_{2n}x_n=b'_2,\\\cdots\cdots\cdots\cdots\\\qquad\quad a'_{m2}x_2+\cdots+a'_{mn}x_n=b'_m,\end{cases}\tag{3.2}$$

其中

$$a'_{ij}=a_{ij}-\frac{a_{i1}}{a_{11}}\cdot a_{1j},i=2,\cdots,m,j=2,\cdots,n.$$

这样,解方程组(3.1)的问题就归结为解方程组

$$\begin{cases}a'_{22}x_2+\cdots+a'_{2n}x_n=b'_2,\\ \cdots\cdots\cdots\cdots\\ a'_{m2}x_2+\cdots+a'_{mn}x_n=b'_m\end{cases}\tag{3.3}$$

的问题. 显然将(3.3)的一个解代入(3.2)的第一个方程就定出 x_1 的值,这就得出(3.2)的一个解;(3.2)的解显然都是(3.3)的解. 这就是说,方程组(3.2)有解的充要条件为方程组(3.3)有解,而(3.2)与(3.1)是同解的,因之,方程组(3.1)有解的充要条件为方程组(3.3)有解.

对(3.3)再按上面的考虑进行变换,并且这样一步步作下去,最后就得到一个阶梯形方程组. 为了讨论起来方便,不妨设所得的方程组为

$$\begin{cases}c_{11}x_1+c_{12}x_2+\cdots+c_{1r}x_r+\cdots+c_{1n}x_n=d_1,\\ \qquad c_{22}x_2+\cdots+c_{2r}x_r+\cdots+c_{2n}x_n=d_2,\\ \cdots\cdots\cdots\cdots\\ \qquad\qquad c_{rr}x_r+\cdots+c_{rn}x_n=d_r,\\ \qquad\qquad 0=d_{r+1},\\ \qquad\qquad 0=0,\\ \cdots\cdots\cdots\cdots\\ \qquad\qquad 0=0,\end{cases}\tag{3.4}$$

其中 $c_{ii}\neq 0,i=1,2,\cdots,r$.

方程组(3.4)中的"0=0"这样一些恒等式可能不出现,也可能出现,出现时,(3.1)中对应的方程为多余方程,这时去掉它们也不影响(3.4)的解,且(3.1)与(3.4)是同解的.

现在考虑(3.4)的解的情况.

当(3.4)中有方程 $0=d_{r+1}$,而 $d_{r+1}\neq 0$. 这时不管 $x_1,x_2,\cdots,x_n$ 取什么值都不能使它成为等式. 故(3.4)无解,因而(3.1)无解.

当 d_{r+1} 是零或(3.4)中根本没有"0=0"的方程时,分两种情况:

(1) $r=n$. 这时阶梯形方程组为

$$\begin{cases}c_{11}x_1+c_{12}x_2+\cdots+c_{1n}x_n=d_1,\\ \qquad c_{22}x_2+\cdots+c_{2n}x_n=d_2,\\ \cdots\cdots\cdots\cdots\\ \qquad\qquad c_{nn}x_n=d_n,\end{cases}\tag{3.5}$$

其中 $c_{ii}\neq 0,i=1,2,\cdots,n$. 由最后一个方程开始,$x_n,x_{n-1},\cdots,x_1$ 的值就可以逐个

地唯一决定了. 在这个情形,方程组(3.5)也就是方程组(3.1)有唯一的解.

(2) $r<n$. 这时阶梯形方程组为

$$\begin{cases} c_{11}x_1+c_{12}x_2+\cdots+c_{1r}x_r+c_{1,r+1}x_{r+1}+\cdots+c_{1n}x_n=d_1, \\ \qquad c_{22}x_2+\cdots+c_{2r}x_r+c_{2,r+1}x_{r+1}+\cdots+c_{2n}x_n=d_2, \\ \cdots\cdots\cdots\cdots \\ \qquad\qquad c_{rr}x_r+c_{r,r+1}x_{r+1}+\cdots+c_{rn}x_n=d_r, \end{cases}$$

其中 $c_{ii}\neq 0, i=1,2,\cdots,r$. 把它改写成

$$\begin{cases} c_{11}x_1+c_{12}x_2+\cdots+c_{1r}x_r=d_1-c_{1,r+1}x_{r+1}-\cdots-c_{1n}x_n, \\ \qquad c_{22}x_2+\cdots+c_{2r}x_r=d_2-c_{2,r+1}x_{r+1}-\cdots-c_{2n}x_n, \\ \cdots\cdots\cdots\cdots \\ \qquad\qquad c_{rr}x_r=d_r-c_{r,r+1}x_{r+1}-\cdots-c_{rn}x_n. \end{cases} \tag{3.6}$$

由此可见,任给 $x_{r+1},\cdots,x_n$ 一组值,就唯一地定出 $x_1,x_2,\cdots,x_r$ 的值,也就是定出方程组(3.6)的一个解. 一般地,由(3.6)我们就可以把 $x_1,x_2,\cdots,x_r$ 通过 $x_{r+1},\cdots,x_n$ 表示出来,这样一组表达式称为方程组(3.1)的**一般解或通解**,而 $x_{r+1},\cdots,x_n$ 称为一组**自由未知量**.

以上就是用消元法解线性方程组的整个过程. 总体来说就是:先用初等变换将线性方程组化为阶梯形方程组,再将最后的一些"0=0"的恒等式(如果出现)去掉. 如果剩下的方程中最后的一个等式是零等于一非零的数,那么方程组无解,否则有解. 在有解的情况下,如果阶梯形方程组中方程的个数 r 等于未知量的个数,那么方程组有唯一的解;如果阶梯形方程组中方程的个数 r 小于未知量的个数,那么方程组就有无穷多个解. 即有

定理 1 设方程组(3.1)经过初等变换化为阶梯形方程组(3.4),若 $d_{r+1}\neq 0$,则方程组(3.1)无解;若 $d_{r+1}=0$,且 $r=n$,则方程组(3.1)仅唯一解;若 $d_{r+1}=0$,且 $r<n$,则方程组(3.1)有无穷多个解.

例 2 设有线性方程组

$$\begin{cases} (2+\lambda)x_1+2x_2-2x_3=1, \\ 2x_1+(5+\lambda)x_2-4x_3=2, \\ -2x_1-4x_2+(5+\lambda)x_3=\lambda-1, \end{cases}$$

问λ取何值时,此方程组(1) 有唯一解;(2) 无解;(3) 有无限多解? 并在有无限多解时求其通解.

解 将该方程组的第一个方程与第二、三个方程依次交换,就变成

$$\begin{cases} 2x_1+(5+\lambda)x_2-4x_3=2, \\ -2x_1-4x_2+(5+\lambda)x_3=\lambda-1, \\ (2+\lambda)x_1+2x_2-2x_3=1, \end{cases}$$

将此方程组的第二个方程加上第一个方程,第三个方程加上第二个方程,就变成

$$\begin{cases}2x_1+(5+\lambda)x_2 \qquad -4x_3=2,\\ \qquad (1+\lambda)x_2+(1+\lambda)x_3=1+\lambda,\\ \lambda x_1 \qquad -2x_2+(3+\lambda)x_3=\lambda,\end{cases}$$

将此方程组的第三个方程减去第一个方程的$\frac{1}{2}\lambda$ 倍,再加上第二个方程的$\frac{1}{2}(\lambda+4)$倍,就变成

$$\begin{cases}2x_1+(5+\lambda)x_2 \qquad -4x_3=2,\\ \qquad (1+\lambda)x_2 \qquad +(1+\lambda)x_3=1+\lambda,\\ \qquad \frac{1}{2}(\lambda+1)(\lambda+10)x_3=\frac{1}{2}(\lambda+1)(\lambda+4),\end{cases}$$

于是题中的方程组便化成了阶梯形方程组。由定理 1 可知:

(1) 当 $\lambda\neq-1$ 且 $\lambda\neq-10$ 时,阶梯形方程组中方程的个数等于未知量的个数,方程组有唯一解. 例如当 $\lambda=-4$ 时,原方程组同解于

$$\begin{cases}2x_1+x_2-4x_3=2,\\ -3x_2-3x_3=-3,\\ -9x_3=0,\end{cases}$$

此时,方程组的唯一解为$\begin{cases}x_1=\frac{1}{2},\\ x_2=1,\\ x_3=0.\end{cases}$

(2) 当 $\lambda=-10$ 时,原方程组同解于

$$\begin{cases}2x_1-5x_2-4x_3=2,\\ -9x_2-9x_3=-9,\\ 0=27,\end{cases}$$

此时,方程组无解.

(3) 当 $\lambda=-1$ 时,原方程组同解于

$$\begin{cases}x_1+2x_2-2x_3=1,\\ 0=0,\\ 0=0,\end{cases}$$

此时,阶梯形方程组中方程的个数小于未知量的个数,方程组有无穷多解. 其通解为

$$\begin{cases} x_1=-2k_1+2k_2+1, \\ x_2=k_1, \\ x_3=k_2 \end{cases} \qquad (k_1, k_2 \in \mathbf{R}).$$

3.2 矩阵的初等变换

矩阵的初等变换源于线性方程组消元过程中的同解变换.线性方程组与其增广矩阵是一一对应的,研究方程组的解可以转化为研究其增广矩阵.对方程组进行初等变换相当于对其增广矩阵的相应行作变换(称为**矩阵的初等行变换**),得到与原方程组同解的新方程组的增广矩阵.因此,用消元法解线性方程组只需对其增广矩阵作初等行变换.矩阵的初等变换在解线性方程组、求矩阵的逆矩阵、解矩阵方程以及研究矩阵的秩等方面起着重要的作用.

3.2.1 定义

定义 1 对矩阵的行(或列)进行下列三种操作或变换之一,称为对矩阵进行了一次**初等行(或列)变换**:

(1) 矩阵的第 i 行(或列)与第 j 行(或列)互换位置,记作 $r_i \leftrightarrow r_j$(或 $c_i \leftrightarrow c_j$);

(2) 以非零数 k 乘矩阵第 i 行(或列)的所有元素,记作 kr_i(或 kc_i);

(3) 把矩阵第 i 行(或列)所有的元素乘同一数 k 加到第 j 行(或列)对应的元素上去($i \neq j$),记作 r_j+kr_i(或 c_j+kc_i).

矩阵的初等行变换与初等列变换统称为**矩阵的初等变换**.

定义 2 行阶梯形矩阵是指满足下列两个条件的矩阵:

(1) 矩阵的零行(元素全为零的行)全部位于非零行的下方;

(2) 各个非零行的左起第一个非零元素的列序数由上至下严格递增.

容易验证,以行阶梯形矩阵为增广矩阵的方程组为阶梯形方程组.因此,在消元法中,用方程组的初等变换化方程组为阶梯形方程的过程,用矩阵方法就是,用矩阵的初等行变换将方程组的增广矩阵化为行阶梯形矩阵.

例 3 下列矩阵是行阶梯形矩阵,■表示每一行的第一个非零元,它可取任意非零值,在 * 位置的元可取任意值,包括零值.

$$\begin{pmatrix} \blacksquare & * & * & * \\ 0 & \blacksquare & * & * \\ 0 & 0 & 0 & 0 \\ 0 & 0 & 0 & 0 \end{pmatrix} \qquad \begin{pmatrix} 0 & \blacksquare & * & * & * & * & * & * & * & * \\ 0 & 0 & 0 & \blacksquare & * & * & * & * & * & * \\ 0 & 0 & 0 & 0 & \blacksquare & * & * & * & * & * \\ 0 & 0 & 0 & 0 & 0 & \blacksquare & * & * & * & * \\ 0 & 0 & 0 & 0 & 0 & 0 & 0 & 0 & \blacksquare & * \end{pmatrix}$$

例 4　试利用矩阵的初等行变换,把矩阵 $A=\begin{pmatrix}2&3&1&-3&-7\\1&2&0&-2&-4\\3&-2&8&3&0\\2&-3&7&4&3\end{pmatrix}$ 化成行阶梯形矩阵.

解

$$A=\begin{pmatrix}2&3&1&-3&-7\\1&2&0&-2&-4\\3&-2&8&3&0\\2&-3&7&4&3\end{pmatrix}\xrightarrow{r_1\leftrightarrow r_2}\begin{pmatrix}1&2&0&-2&-4\\2&3&1&-3&-7\\3&-2&8&3&0\\2&-3&7&4&3\end{pmatrix}$$

$$\xrightarrow[r_4-2r_1]{\substack{r_2-2r_1\\r_3-3r_1}}\begin{pmatrix}1&2&0&-2&-4\\0&-1&1&1&1\\0&-8&8&9&12\\0&-7&7&8&11\end{pmatrix}\xrightarrow[r_4-7r_2]{r_3-8r_2}\begin{pmatrix}1&2&0&-2&-4\\0&-1&1&1&1\\0&0&0&1&4\\0&0&0&1&4\end{pmatrix}$$

$$\xrightarrow{r_4-r_3}\begin{pmatrix}1&2&0&-2&-4\\0&-1&1&1&1\\0&0&0&1&4\\0&0&0&0&0\end{pmatrix}.$$

定义 3　一个行阶梯形矩阵若满足下列两个条件,则称之为矩阵的**行最简形**.

(1) 每个非零行的第一个非零元素为 1;

(2) 每个非零行的第一个非零元素所在列的其他元素都为 0.

例 5　下列矩阵是行最简形矩阵,在 $*$ 位置的元可取任意值,包括零值.

$$\begin{pmatrix}1&0&*&*\\0&1&*&*\\0&0&0&0\\0&0&0&0\end{pmatrix}\qquad\begin{pmatrix}0&1&*&0&0&0&*&*&0&*\\0&0&0&1&0&0&*&*&0&*\\0&0&0&0&1&0&*&*&0&*\\0&0&0&0&0&1&*&*&0&*\\0&0&0&0&0&0&0&0&1&*\end{pmatrix}$$

进一步有

定义 4　如果一个矩阵的左上角是一个单位矩阵,其他位置的元素都为零,则称这个矩阵为**标准形矩阵**.

在例 5 中,第一个矩阵在 $*$ 位置的元素都取零值时为标准形矩阵,但第二个矩阵在 $*$ 位置的元素都取零值时不是标准形矩阵.

用分块矩阵表示,形如

$$\begin{pmatrix} E_r & 0 \\ 0 & 0 \end{pmatrix},(E_m,0),\begin{pmatrix} E_n \\ 0 \end{pmatrix}\text{（数 } r \text{ 满足 } 1\leqslant r\leqslant \min(m,n)\text{）}$$

的矩阵都是标准形矩阵.

注意：

(1) 初等变换将一个矩阵变成了另一个矩阵，在一般情况下，变换前后的两个矩阵并不相等，因此进行初等变换只能用→来表示，而不能用等号；

(2) 矩阵的初等变换可以逆向操作，即若矩阵 $\boldsymbol{A}$ 经过 kr_i, c_j+kc_i 变换成了矩阵 $\boldsymbol{B}$，那么对 $\boldsymbol{B}$ 施以 $\frac{1}{k}r_i$ 及 c_j-kc_i，就可以将矩阵 $\boldsymbol{B}$ 还原为矩阵 $\boldsymbol{A}$.

定义 5 如果矩阵 $\boldsymbol{A}$ 经过有限次初等变换后化为矩阵 $\boldsymbol{B}$，则称 $\boldsymbol{A}$ 等价于矩阵 $\boldsymbol{B}$，简记为 $\boldsymbol{A}\sim\boldsymbol{B}$.

由定义 5 可以得到以下关于矩阵等价的一些简单性质：

(1) **反身性**：$\boldsymbol{A}\sim\boldsymbol{A}$；

(2) **对称性**：$\boldsymbol{A}\sim\boldsymbol{B}$，则 $\boldsymbol{B}\sim\boldsymbol{A}$；

(3) **传递性**：$\boldsymbol{A}\sim\boldsymbol{B}$ 且 $\boldsymbol{B}\sim\boldsymbol{C}$，则 $\boldsymbol{A}\sim\boldsymbol{C}$.

如，由例 4 有

$$\begin{pmatrix} 2 & 3 & 1 & -3 & -7 \\ 1 & 2 & 0 & -2 & -4 \\ 3 & -2 & 8 & 3 & 0 \\ 2 & -3 & 7 & 4 & 3 \end{pmatrix}\sim\begin{pmatrix} 1 & 2 & 0 & -2 & -4 \\ 2 & 3 & 1 & -3 & -7 \\ 3 & -2 & 8 & 3 & 0 \\ 2 & -3 & 7 & 4 & 3 \end{pmatrix}\sim\begin{pmatrix} 1 & 2 & 0 & -2 & -4 \\ 0 & -1 & 1 & 1 & 1 \\ 0 & -8 & 8 & 9 & 12 \\ 0 & -7 & 7 & 8 & 11 \end{pmatrix}$$

$$\sim\begin{pmatrix} 1 & 2 & 0 & -2 & -4 \\ 0 & -1 & 1 & 1 & 1 \\ 0 & 0 & 0 & 1 & 4 \\ 0 & 0 & 0 & 1 & 4 \end{pmatrix}\sim\begin{pmatrix} 1 & 2 & 0 & -2 & -4 \\ 0 & -1 & 1 & 1 & 1 \\ 0 & 0 & 0 & 1 & 4 \\ 0 & 0 & 0 & 0 & 0 \end{pmatrix}.$$

3.2.2 初等变换的性质

定理 2 任何矩阵 $\boldsymbol{A}=(a_{ij})_{m\times n}$ 都可以经过单纯的初等行变换化为行阶梯形矩阵、行最简形矩阵；任何矩阵 $\boldsymbol{A}=(a_{ij})_{m\times n}$ 都可以经过初等变换化为标准形矩阵，即任何矩阵 $\boldsymbol{A}=(a_{ij})_{m\times n}$ 与标准形 $\begin{pmatrix} \boldsymbol{E}_r & \boldsymbol{O} \\ \boldsymbol{O} & \boldsymbol{O} \end{pmatrix}$ 等价.

证 （略）. 下面用一个例子对定理 2 进行验证.

例 6　将例 4 中的矩阵 $\boldsymbol{A}=\begin{pmatrix}2 & 3 & 1 & -3 & -7\\1 & 2 & 0 & -2 & -4\\3 & -2 & 8 & 3 & 0\\2 & -3 & 7 & 4 & 3\end{pmatrix}$化为标准形.

解　在例 4 中，只用初等行变换把矩阵 $\boldsymbol{A}$ 化为行阶梯形矩阵，即

$$\boldsymbol{A}=\begin{pmatrix}2 & 3 & 1 & -3 & -7\\1 & 2 & 0 & -2 & -4\\3 & -2 & 8 & 3 & 0\\2 & -3 & 7 & 4 & 3\end{pmatrix}\longrightarrow\begin{pmatrix}1 & 2 & 0 & -2 & -4\\0 & -1 & 1 & 1 & 1\\0 & 0 & 0 & 1 & 4\\0 & 0 & 0 & 0 & 0\end{pmatrix}\text{（行阶梯形矩阵）},$$

再进行如下初等行变换可化为行最简形矩阵，即

$$\xrightarrow[-1\times r_2]{\substack{r_1+2r_2\\ r_2-r_3}}\begin{pmatrix}1 & 0 & 2 & 0 & -2\\0 & 1 & -1 & 0 & 3\\0 & 0 & 0 & 1 & 4\\0 & 0 & 0 & 0 & 0\end{pmatrix}\text{（行最简形矩阵）},$$

上述行最简形矩阵化为标准形矩阵时只能进行初等列变换，即

$$\xrightarrow{\substack{c_3-2c_1+c_2\\ c_5+2c_1-3c_2-4c_4}}\begin{pmatrix}1 & 0 & 0 & 0 & 0\\0 & 1 & 0 & 0 & 0\\0 & 0 & 0 & 1 & 0\\0 & 0 & 0 & 0 & 0\end{pmatrix}\xrightarrow{c_3\leftrightarrow c_4}\begin{pmatrix}1 & 0 & 0 & 0 & 0\\0 & 1 & 0 & 0 & 0\\0 & 0 & 1 & 0 & 0\\0 & 0 & 0 & 0 & 0\end{pmatrix}.$$

在例 6 中，把矩阵 $\boldsymbol{A}$ 化为行阶梯形和行最简形矩阵时只用到初等行变换，但化为标准形矩阵时需要进行初等列变换.

3.3　矩阵的秩

3.3.1　引例

下面我们先看一个实际例子.

引例 2　把下列线性方程组化为阶梯形方程组：

$$\begin{cases}x_1+x_2+x_3-4x_4=1,\\2x_1+3x_2+x_3-5x_4=4,\\2x_1+x_2+3x_3-11x_4=0,\\x_1+2x_3-7x_4=-1.\end{cases}$$

解法一　将该方程组的第三个方程减去第二个方程，第二个方程减去第一个方程的 2 倍，第四个方程减去第一个方程的 1 倍，就变成

$$\begin{cases} x_1+x_2+x_3-4x_4=1, \\ x_2-x_3+3x_4=2, \\ -2x_2+2x_3-6x_4=-4, \\ -x_2+x_3-3x_4=-2. \end{cases}$$

将此方程组的第三个方程加上第二个方程的 2 倍,第四个方程加上第二个方程的 1 倍,就变成

$$\begin{cases} x_1+x_2+x_3-4x_4=1, \\ x_2-x_3+3x_4=2, \\ 0=0, \\ 0=0. \end{cases}$$

即为所求的阶梯形方程组(该方程组含有 4 个未知量,两个有效方程).

解法二 将该方程组的第一个方程与第四个方程交换,就变成

$$\begin{cases} x_1+2x_3-7x_4=-1, \\ 2x_1+3x_2+x_3-5x_4=4, \\ 2x_1+x_2+3x_3-11x_4=0, \\ x_1+x_2+x_3-4x_4=1. \end{cases}$$

将此方程组的第二个方程减去第一个方程的 2 倍,第三个方程减去第一个方程的 2 倍,第四个方程减去第一个方程的 1 倍,就变成

$$\begin{cases} x_1+2x_3-7x_4=-1, \\ 3x_2-3x_3+9x_4=6, \\ x_2-x_3+3x_4=2, \\ x_2-x_3+3x_4=2. \end{cases}$$

将此方程组的第二个方程除以 3,第三个方程减去第二个方程的 1/3 倍,第四个方程减去第二个方程的 1/3 倍,就变成

$$\begin{cases} x_1+2x_3-7x_4=-1, \\ x_2-x_3+3x_4=2, \\ 0=0, \\ 0=0. \end{cases}$$

即为所求的阶梯形方程组(该方程组也是含有 4 个未知量,两个有效方程).

可见,一个方程组不管如何作初等变换,最后得到的阶梯形方程组中有效方程或保留方程的个数是确定的. 用矩阵的语言就是:任何矩阵经过初等行变换必能化为行阶梯形矩阵与行最简形矩阵,虽然矩阵化为行阶梯形矩阵或行最简形矩阵的方法不是唯一的,但行阶梯形矩阵与行最简形矩阵的非零行数是确定的,

是唯一的,是一个不变量,这就是矩阵的一个重要的数字特征——矩阵的秩.

3.3.2 秩的定义

前面我们发现矩阵可经初等行变换化为行阶梯形矩阵,且行阶梯形矩阵所含非零行的行数是唯一确定的(但唯一性尚未证明).在本节中,我们首先利用行列式来定义矩阵的秩,然后给出利用初等变换求矩阵的秩的方法.

定义 6 在矩阵 $\boldsymbol{A}=(a_{ij})_{m\times n}$ 中,任取 k 行和 k 列(其中 $1\leqslant k\leqslant \min\{m,n\}$),由这些行和列交点上的 k^2 个元素按照它们在矩阵 $\boldsymbol{A}=(a_{ij})_{m\times n}$ 中的原来相对顺序构成的一个 k 阶行列式,称为矩阵的一个 **k 阶子式**.

显然,$m\times n$ 矩阵 $\boldsymbol{A}$ 的 k 阶子式有 $C_m^k C_n^k$ 个.

定义 7 若 $m\times n$ 矩阵 $\boldsymbol{A}=(a_{ij})_{m\times n}$ 中有一个 r 阶子式不为零,而所有 $r+1$ 阶子式(如果存在)均为零,则称数 r 为矩阵 $\boldsymbol{A}$ 的**秩**,记为 $R(\boldsymbol{A})$.规定零矩阵的秩为 0.

当 $R(\boldsymbol{A}_{m\times n})=m$,称矩阵 $\boldsymbol{A}$ 为**行满秩矩阵**. 当 $R(\boldsymbol{A}_{m\times n})=n$,称矩阵 $\boldsymbol{A}$ 为**列满秩矩阵**.

当 $R(\boldsymbol{A}_{n\times n})=n$,称 n 阶矩阵 $\boldsymbol{A}$ 为**满秩矩阵**,否则称为**降秩矩阵**.显然,可逆矩阵是满秩矩阵,不可逆矩阵或奇异矩阵是降秩矩阵.

矩阵的秩具有下列性质:

(1) 若矩阵 $\boldsymbol{A}$ 中有某个 k 阶子式不为 0,则 $R(\boldsymbol{A})\geqslant k$;

(2) 若 $\boldsymbol{A}$ 中所有 k 阶子式全为 0,则 $R(\boldsymbol{A})<k$;

(3) 若 $\boldsymbol{A}$ 为 $m\times n$ 矩阵,则 $0\leqslant R(\boldsymbol{A})\leqslant \min\{m,n\}$;

(4) $R(k\boldsymbol{A})=R(\boldsymbol{A})\ (k\neq 0)$;

(5) $R(\boldsymbol{A})=R(\boldsymbol{A}^{\mathrm{T}})$;

(6) 设 $\boldsymbol{A},\boldsymbol{B}$ 为行数相同的矩阵,则

$$\max\{R(\boldsymbol{A}),R(\boldsymbol{B})\}\leqslant R(\boldsymbol{A},\boldsymbol{B})\leqslant R(\boldsymbol{A})+R(\boldsymbol{B}),$$

特别地,当 $\boldsymbol{B}=\boldsymbol{b}$ 为列向量时,有

$$R(\boldsymbol{A})\leqslant R(\boldsymbol{A},\boldsymbol{b})\leqslant R(\boldsymbol{A})+1.$$

例 7 求矩阵

$$\boldsymbol{A}=\begin{pmatrix}3&2&1&1\\1&2&-3&2\\4&4&-2&3\end{pmatrix},\boldsymbol{B}=\begin{pmatrix}1&-1&0&5&-2\\0&2&3&-2&1\\0&0&0&3&-5\\0&0&0&0&0\end{pmatrix}$$

的秩.

解 在 $\boldsymbol{A}$ 中,因为有二阶子式 $\begin{vmatrix}3&2\\1&2\end{vmatrix}=4\neq 0$,所以 $R(\boldsymbol{A})\geqslant 2$. 而所有的三阶

子式

$$\begin{vmatrix}3&2&1\\1&2&-3\\4&4&-2\end{vmatrix}=0,\begin{vmatrix}3&2&1\\1&2&2\\4&4&3\end{vmatrix}=0,\begin{vmatrix}3&1&1\\1&-3&2\\4&-2&3\end{vmatrix}=0,\begin{vmatrix}2&1&1\\2&-3&2\\4&-2&3\end{vmatrix}=0$$

都为零，故 $R(\boldsymbol{A})=2$.

$\boldsymbol{B}$ 是一个行阶梯形矩阵，其非零行有 3 行，即 $\boldsymbol{B}$ 的所有 4 阶子式全为零. 而以三个非零行的第一个非零元为对角元的 3 阶行列式

$$\begin{vmatrix}1&-1&5\\0&2&-2\\0&0&3\end{vmatrix}$$

是一个上三角形行列式，它显然不等于 0，因此 $R(\boldsymbol{A})=3$.

由定义容易证明

> 行阶梯形矩阵的秩等于它的非零行的行数.

由定义知：设 $\boldsymbol{A}$ 为 $m\times n$ 矩阵，当 $\boldsymbol{A}=\boldsymbol{O}$ 时，它的任何子式都为零. 当 $\boldsymbol{A}\neq\boldsymbol{O}$ 时，它至少有一个元素不为零，即至少有一个一阶子式不为零. 再考察二阶子式，若 $\boldsymbol{A}$ 中有一个二阶子式不为零，则往下考察三阶子式. 如此进行下去，最后必达到 $\boldsymbol{A}$ 中有 r 阶子式不为零，而再没有比 r 更高阶的不为零的子式. 这个不为零的子式的最高阶数 r 就为矩阵的秩. 显然，逐个计算 $\boldsymbol{A}$ 的各阶子式来求 $R(\boldsymbol{A})$ 较麻烦. 为了简化计算，我们来研究矩阵秩的性质.

3.3.3 秩的性质

定理 3 任何矩阵经初等变换后，其秩不变.

证 由于对矩阵作初等列变换就是对其转置矩阵作初等行变换，而 $R(\boldsymbol{A})=R(\boldsymbol{A}^{\mathrm{T}})$，因此，只需证明矩阵经过一次初等行变换后其秩不改变即可.

下面分别就三种初等行变换加以证明.

(1) $r_i\leftrightarrow r_j$. 设交换矩阵 $\boldsymbol{A}$ 中某两行得矩阵 $\boldsymbol{B}$，显然 $\boldsymbol{B}$ 中的任一子式经过行重新排列必是矩阵 $\boldsymbol{A}$ 的一个子式. 由行列式的性质，两者之间只有符号差别，而是否为零的性质不变，因此，第一种初等行变换不改变矩阵的秩.

(2) $kr_i(k\neq0)$. 设用非零常数 k 乘矩阵 $\boldsymbol{A}$ 的第 i 行得矩阵 $\boldsymbol{C}$，$\boldsymbol{C}$ 矩阵子式或者是 $\boldsymbol{A}$ 的子式，或者是 $\boldsymbol{A}$ 的相应子式的 k 倍，任一子式是否为零的性质不会改变，因此第二种初等行变换不改变矩阵的秩.

(3) r_i+kr_j. 设 $R(\boldsymbol{A})=r$，$\boldsymbol{A}$ 的第 i 行元素加上第 j 行元素的 k 倍，得矩阵 $\boldsymbol{D}$. 考虑矩阵 $\boldsymbol{D}$ 的 $r+1$ 阶子式，设 $\boldsymbol{M}$ 为 $\boldsymbol{D}$ 的 $r+1$ 阶子式，那么共有三种可能：

(i) $\boldsymbol{M}$ 不包含 $\boldsymbol{D}$ 中的第 i 行元素,这时 $\boldsymbol{M}$ 也是矩阵 $\boldsymbol{A}$ 的 $r+1$ 阶子式,故 $\boldsymbol{M}=0$;

(ii) $\boldsymbol{M}$ 包含 $\boldsymbol{D}$ 中的第 i 行元素,同时也包含 $\boldsymbol{D}$ 中的第 j 行元素,由行列式性质知 $\boldsymbol{M}=0$;

(iii) $\boldsymbol{M}$ 包含 $\boldsymbol{D}$ 中的第 i 行元素,但不包含 $\boldsymbol{D}$ 中的第 j 行元素,这时

$$\boldsymbol{M}=\begin{vmatrix} \cdots & \cdots & \cdots & \cdots \\ a_{it_1}+ka_{jt_1} & a_{it_2}+ka_{jt_2} & \cdots & a_{it_{r+1}}+ka_{jt_{r+1}} \\ \cdots & \cdots & \cdots & \cdots \end{vmatrix}$$

$$=\begin{vmatrix} \cdots & \cdots & \cdots & \cdots \\ a_{it_1} & a_{it_2} & \cdots & a_{it_{r+1}} \\ \cdots & \cdots & \cdots & \cdots \end{vmatrix}+k\begin{vmatrix} \cdots & \cdots & \cdots & \cdots \\ a_{jt_1} & a_{jt_2} & \cdots & a_{jt_{r+1}} \\ \cdots & \cdots & \cdots & \cdots \end{vmatrix},$$

$\boldsymbol{M}_1=\begin{vmatrix} \cdots & \cdots & \cdots & \cdots \\ a_{it_1} & a_{it_2} & \cdots & a_{it_{r+1}} \\ \cdots & \cdots & \cdots & \cdots \end{vmatrix}$ 是 $\boldsymbol{A}$ 的一个 $r+1$ 子式,$\boldsymbol{M}_1=0$;

$\boldsymbol{M}_2=k\begin{vmatrix} \cdots & \cdots & \cdots & \cdots \\ a_{jt_1} & a_{jt_2} & \cdots & a_{jt_{r+1}} \\ \cdots & \cdots & \cdots & \cdots \end{vmatrix}$ 经过行重新排列也是 $\boldsymbol{A}$ 的一个 $r+1$ 子式,由行列式性质知 $\boldsymbol{M}_2=0$,于是 $\boldsymbol{M}=0$.

综上所述,$\boldsymbol{D}$ 中所有的 $r+1$ 阶子式全为零,故 $R(\boldsymbol{D})\leqslant r$.

又矩阵初等变换是可逆的,将 $\boldsymbol{D}$ 的第 i 行元素加上第 j 行元素的 $(-k)$ 倍,就得到矩阵 $\boldsymbol{A}$,故 $r\leqslant R(\boldsymbol{D})$,所以 $R(\boldsymbol{D})=R(\boldsymbol{A})=r$.

因此,矩阵经过一次初等行变换后不改变矩阵的秩.■

推论 1　若 $\boldsymbol{A}\sim\boldsymbol{B}$,则 $R(\boldsymbol{A})=R(\boldsymbol{B})$.

由此,我们可得求矩阵秩的有效方法:

> 用初等行变换把矩阵化为行阶梯形矩阵,行阶梯形矩阵的非零行的行数即为矩阵的秩.

例 8　求矩阵 $\boldsymbol{A}$ 的秩,其中

$$\boldsymbol{A}=\begin{pmatrix} 2 & 1 & 1 & 3 & 1 \\ 1 & 0 & 2 & 4 & -1 \\ 3 & 2 & 0 & 2 & 3 \\ 0 & 1 & 1 & 3 & -1 \end{pmatrix}.$$

解　因为

$$A=\begin{pmatrix}2&1&1&3&1\\1&0&2&4&-1\\3&2&0&2&3\\0&1&1&3&-1\end{pmatrix}\xrightarrow{r_1\leftrightarrow r_2}\begin{pmatrix}1&0&2&4&-1\\2&1&1&3&1\\3&2&0&2&3\\0&1&1&3&-1\end{pmatrix}$$

$$\xrightarrow[r_3-3r_1]{r_2-2r_1}\begin{pmatrix}1&0&2&4&-1\\0&1&-3&-5&3\\0&2&-6&-10&6\\0&1&1&3&-1\end{pmatrix}\xrightarrow[r_4-r_2]{r_3-2r_2}\begin{pmatrix}1&0&2&4&-1\\0&1&-3&-5&3\\0&0&0&0&0\\0&0&4&8&-4\end{pmatrix}$$

$$\xrightarrow{r_3\leftrightarrow r_4}\begin{pmatrix}1&0&2&4&-1\\0&1&-3&-5&3\\0&0&4&8&-4\\0&0&0&0&0\end{pmatrix},$$

所以 $R(A)=3$.

任何矩阵经过初等变换必能化为标准形,且标准形唯一,因此有

推论 2　方阵 A 可逆的充分必要条件是 $A\sim E$.

证　n 阶方阵 A 可逆 $\Leftrightarrow R(A)=n\Leftrightarrow A$ 的标准形为单位矩阵 E,由定理 2 知,$A\sim E$. ■

3.4　初等矩阵

一个矩阵经过初等变换能变成另一个矩阵,但这两个矩阵是等价而不是相等的关系,为找出它们之间的等式关系表示式,我们引入初等矩阵.

3.4.1　定义

定义 8　单位矩阵 E 经过一次初等变换后所得矩阵称为**初等矩阵**.

我们知道矩阵的初等变换有三种类型的行变换和三种类型的列变换. 单位矩阵经过其中任何一种初等变换后得到的初等矩阵有下面三种类型.

三种初等变换对应着三种初等矩阵,它们分别为:

(1) 对调两行或者两列

把单位矩阵 E 的第 i,j 两行(或列)对调位置,得到初等矩阵

$$
\boldsymbol{E}(i,j)=\begin{pmatrix}
1 &&&&&&&&& \\
& \ddots &&&&&&&& \\
&& 1 &&&&&&& \\
&&& 0 & & \cdots & & 1 &&& \\
&&&& 1 &&&&& \\
&&& \vdots && \ddots && \vdots && \\
&&&&&& 1 &&& \\
&&& 1 & & \cdots & & 0 && \\
&&&&&&&& 1 & \\
&&&&&&&&& \ddots \\
&&&&&&&&&& 1
\end{pmatrix}\begin{matrix} \\ \\ \\ i\text{行} \\ \\ \\ \\ j\text{行} \\ \\ \\ \\ \end{matrix};
$$

$$\qquad\qquad i\text{列}\qquad\qquad j\text{列}$$

(2) 以数 $k\neq0$ 乘第 i 行(或列)

以数 $k\neq0$ 乘单位矩阵 $\boldsymbol{E}$ 的第 i 行(或列),得到初等矩阵

$$
\boldsymbol{E}(i(k))=\begin{pmatrix}
1 &&&& \\
& \ddots &&& \\
&& k && \\
&&& \ddots & \\
&&&& 1
\end{pmatrix}\begin{matrix} \\ \\ i\text{行}; \\ \\ \\ \end{matrix}
$$

$$i\text{列}$$

(3) 以数 $k\neq0$ 乘第 j 行加到第 $i(i\neq j)$ 行上去

以数 $k\neq0$ 乘单位矩阵 $\boldsymbol{E}$ 的第 i 行(或列)加到第 $j(i\neq j)$ 行(或列)的对应位置上去,得到初等矩阵

$$
\boldsymbol{E}(ij(k))=\begin{pmatrix}
1 &&&&& \\
& \ddots &&&& \\
&& 1 & \cdots & k && \\
&&& \ddots & \vdots && \\
&&&& 1 && \\
&&&&& \ddots & \\
&&&&&& 1
\end{pmatrix}\begin{matrix} \\ \\ i\text{行} \\ \\ j\text{行} \\ \\ \\ \end{matrix}
$$

3.4.2　初等矩阵的性质

由初等变换的可逆性得

定理 4　初等矩阵都是可逆矩阵,其逆矩阵仍是初等矩阵,且

(1) $\boldsymbol{E}(i,j)^{-1}=\boldsymbol{E}(i,j)$;　$\boldsymbol{E}(i(k))^{-1}=\boldsymbol{E}(i(k^{-1}))$;　$\boldsymbol{E}(ij(k))^{-1}=\boldsymbol{E}(ij(-k))$;

(2) $|E(i,j)|=-1$；$|E(i(k))|=k$；$|E(ij(k))|=1$.

证 （略）.

定理 5 对 $m\times n$ 矩阵 A，施行一次初等行变换，相当于在 A 的左边乘以相应的 m 阶初等矩阵；对 A 施行一次初等列变换，相当于在 A 的右边乘以相应的 n 阶初等矩阵.

证 （略）.

利用矩阵等价的定义及定理 5 可得定理 2 的等价表述如下

定理 6 设 A 是秩为 r 的任意 $m\times n$ 矩阵，则存在 m 阶初等矩阵 $P_1,P_2,\cdots,P_s$ 与 n 阶初等矩阵 $Q_1,Q_2,\cdots,Q_t$，使得 $P_sP_{s-1}\cdots P_2P_1AQ_1Q_2\cdots Q_{t-1}Q_t=\begin{pmatrix}E_r & 0\\ 0 & 0\end{pmatrix}$.

由定理 3 的推论 2、定理 4 及定理 6 可以得到

定理 7 n 阶方阵 A 可逆的充分必要条件是存在有限个初等矩阵 $P_1,P_2,\cdots,P_t$ 使得

$$A=P_1P_2\cdots P_t.$$

推论 1 $m\times n$ 矩阵 A 与 B 等价的充分必要条件是存在 m 阶可逆矩阵 P 及 n 阶可逆矩阵 Q，使得

$$PAQ=B.$$

证 必要性：A 经有限次初等变换化为 B，由定理 5 知，存在有限多个 m 阶初等矩阵 $P_i(i=1,2,\cdots,s)$ 和有限多个初等 n 阶矩阵 $Q_j(j=1,2,\cdots,t)$，使得

$$P_s\cdots P_2P_1AQ_1Q_2\cdots Q_t=B,$$

记 $P_s\cdots P_2P_1=P$，$Q_1Q_2\cdots Q_t=Q$，则 P 和 Q 都可逆，且 $PAQ=B$.

充分性的证明留给读者自行完成. ■

由于初等变换不改变矩阵的秩，因此，由定理 7 有

推论 2 对任意 $m\times n$ 矩阵 A，若 $P_{m\times m}$，$Q_{n\times n}$ 都是可逆矩阵，则

$$R(PA)=R(AQ)=R(PAQ)=R(A).$$

推论 3 对 n 阶方阵 A，若存在有限个初等矩阵 $P_1,P_2,\cdots,P_t$ 使得 $A=P_1,P_2,\cdots,P_t$，则

$$P_t^{-1}P_{t-1}^{-1}\cdots P_1^{-1}A=E,\quad P_t^{-1}P_{t-1}^{-1}\cdots P_1^{-1}E=A^{-1}.$$

该推论说明：可逆矩阵 A 通过作初等行变换可以化为单位矩阵，在相同的初等行变换下单位矩阵 E 就化为矩阵 A 的逆矩阵.

推论 4 对 n 阶方阵 A，$n\times k$ 矩阵 B，若存在有限个初等矩阵 $P_1,P_2,\cdots,P_t$ 使得 $A=P_1,P_2,\cdots,P_t$，则

$$P_t^{-1}P_{t-1}^{-1}\cdots P_1^{-1}B=A^{-1}B.$$

该推论说明：可逆矩阵 A 通过作初等行变换可以化为单位矩阵，在相同的

初等行变换下 $n\times k$ 矩阵 $\boldsymbol{B}$ 就化为 $\boldsymbol{A}^{-1}\boldsymbol{B}$.

3.4.3　求逆矩阵的初等行变换法

由定理 7 的推论 3 可得

求逆矩阵的初等行变换法：

(1) 构造一个 $n\times 2n$ 矩阵 $(\boldsymbol{A},\boldsymbol{E})$；

(2) $\boldsymbol{P}_s^{-1}\boldsymbol{P}_{s-1}^{-1}\cdots\boldsymbol{P}_1^{-1}(\boldsymbol{A},\boldsymbol{E})=(\boldsymbol{E},\boldsymbol{A}^{-1})$，或 $(\boldsymbol{A},\boldsymbol{E})\xrightarrow{\text{初等行变换}}(\boldsymbol{E},\boldsymbol{A}^{-1})$，

即对 $n\times 2n$ 矩阵 $(\boldsymbol{A},\boldsymbol{E})$ 作初等行变换，当 $\boldsymbol{A}$ 变成 $\boldsymbol{E}$ 时，原来的 $\boldsymbol{E}$ 就是 $\boldsymbol{A}^{-1}$ 了；当 $\boldsymbol{A}$ 不能变成 $\boldsymbol{E}$ 时，则说明 $\boldsymbol{A}$ 不可逆.

例 9　用初等行变换法求矩阵 $\boldsymbol{A}=\begin{pmatrix}0&1&2\\1&1&4\\2&-1&0\end{pmatrix}$ 的逆矩阵.

解　因为

$$(\boldsymbol{A},\boldsymbol{E})=\begin{pmatrix}0&1&2&1&0&0\\1&1&4&0&1&0\\2&-1&0&0&0&1\end{pmatrix}\xrightarrow{r_1\leftrightarrow r_2}\begin{pmatrix}1&1&4&0&1&0\\0&1&2&1&0&0\\2&-1&0&0&0&1\end{pmatrix}$$

$$\xrightarrow{r_3-2r_1}\begin{pmatrix}1&1&4&0&1&0\\0&1&2&1&0&0\\0&-3&-8&0&-2&1\end{pmatrix}$$

$$\xrightarrow[r_3+3r_2]{r_1-r_2}\begin{pmatrix}1&0&2&-1&1&0\\0&1&2&1&0&0\\0&0&-2&3&-2&1\end{pmatrix}$$

$$\xrightarrow[r_3\times\left(-\frac{1}{2}\right)]{\substack{r_1+r_3\\ r_2+r_3}}\begin{pmatrix}1&0&0&2&-1&1\\0&1&0&4&-2&1\\0&0&1&-\frac{3}{2}&1&-\frac{1}{2}\end{pmatrix},$$

所以

$$\boldsymbol{A}^{-1}=\begin{pmatrix}2&-1&1\\4&-2&1\\-\frac{3}{2}&1&-\frac{1}{2}\end{pmatrix}.$$

设矩阵 $\boldsymbol{A}$ 可逆，由定理 7 的推论 4 可得

求解矩阵方程 $AX=B$ 的初等行变换法：

(1) 构造一个 $n\times(n+k)$ 矩阵 (A,B)；

(2) $P_s^{-1}P_{s-1}^{-1}\cdots P_1^{-1}(A,B)=(E,A^{-1}B)$，或 $(A,B)\xrightarrow{\text{初等行变换}}(E,A^{-1}B)$，即对 $n\times(n+k)$ 矩阵 (A,B) 作初等行变换，当 A 变成 E 时，原来的 B 就是 $A^{-1}B$ 了，即矩阵方程 $AX=B$ 的解为 $X=A^{-1}B$.

例 10 用初等行变换解矩阵方程 $AX=X+B$，其中

$$A=\begin{pmatrix}2&2&3\\2&3&1\\3&4&4\end{pmatrix},B=\begin{pmatrix}2&5\\3&1\\4&3\end{pmatrix}.$$

解 将矩阵方程变形为 $(A-E)X=B$，

因为 $|A-E|\neq 0$，则 $A-E$ 可逆，故此方程可用初等行变换求解.

$$(A-E,B)=\begin{pmatrix}1&2&3&2&5\\2&2&1&3&1\\3&4&3&4&3\end{pmatrix}\xrightarrow[r_3-3r_1]{r_2-2r_1}\begin{pmatrix}1&2&3&2&5\\0&-2&-5&-1&-9\\0&-2&-6&-2&-12\end{pmatrix}$$

$$\xrightarrow[r_3-r_2]{r_1+r_2}\begin{pmatrix}1&0&-2&1&-4\\0&-2&-5&-1&-9\\0&0&-1&-1&-3\end{pmatrix}\xrightarrow[r_2-5r_3]{r_1-2r_3}\begin{pmatrix}1&0&0&3&2\\0&-2&0&4&6\\0&0&-1&-1&-3\end{pmatrix}$$

$$\xrightarrow[r_3\div(-1)]{r_2\div(-2)}\begin{pmatrix}1&0&0&3&2\\0&1&0&-2&-3\\0&0&1&1&3\end{pmatrix},$$

因此，原方程的解为

$$X=\begin{pmatrix}3&2\\-2&-3\\1&3\end{pmatrix}.$$

3.4.4 初等矩阵决定的线性变换

在本节的最后，我们来讨论初等矩阵决定的线性变换，为简单起见，这里只讨论二阶初等矩阵的情形.

1. 初等矩阵 $E(i,j)=\begin{pmatrix}0&1\\1&0\end{pmatrix}$，其对应的变换为关于 $y=x$ 的对称变换.

2. 初等矩阵 $E(i(k))$，这里 $i=1,2$，先讨论 $i=1$，即 $E(1(k))=\begin{pmatrix}k&0\\0&1\end{pmatrix}$ 的情形.

当 $k>0$ 时，对应的变换为水平收缩与拉伸；

当 $k<0$ 时，因为

$$\boldsymbol{E}(1(k))=\begin{pmatrix}k&0\\0&1\end{pmatrix}=\begin{pmatrix}|k|&0\\0&1\end{pmatrix}\begin{pmatrix}-1&0\\0&1\end{pmatrix},$$

而 $\begin{pmatrix}|k|&0\\0&1\end{pmatrix}$ 对应于水平收缩与拉伸变换，$\begin{pmatrix}-1&0\\0&1\end{pmatrix}$ 对应于关于 y 轴的对称变换，所以 $\boldsymbol{E}(1(k))$ 分解为水平收缩与拉伸变换和关于 y 轴的对称变换的乘积.

对于 $i=2$ 的情形，可类似地得到，这里略.

3. 初等矩阵 $\boldsymbol{E}(ij(k))$，需分两种情形：

(1) $\boldsymbol{E}(12(k))=\begin{pmatrix}1&k\\0&1\end{pmatrix}$，对应于水平剪切变换；

(2) $\boldsymbol{E}(21(k))=\begin{pmatrix}1&0\\k&1\end{pmatrix}$，对应于垂直剪切变换.

于是，有

> 三种基本变换（对称、伸缩、剪切）的矩阵都是初等矩阵；反之，初等矩阵决定的线性变换或者是基本变换、或者可分解为基本变换的乘积.

由定理 7 知，可逆矩阵可分解为有限个初等矩阵的乘积，因此

> 任何可逆线性变换都可由三种基本变换复合而成.

第 2 章例 18 要求把可逆线性变换分解成三种基本变换的乘积，当时我们直接给出了分解式，没有给出其理由和方法，下面的例子对这个问题作出了回答.

例 11　设有可逆矩阵

$$\boldsymbol{A}=\begin{pmatrix}1&1\\2&0\end{pmatrix},$$

将线性变换 $y=\boldsymbol{A}x$ 分解成三种基本变换的乘积.

解　将矩阵 $\boldsymbol{A}$ 进行初等行变换，直到化为某种基本变换的矩阵形式为止，过程如下：

$$\boldsymbol{A}=\begin{pmatrix}1&1\\2&0\end{pmatrix}\xrightarrow{r_2-2r_1}\begin{pmatrix}1&1\\0&-2\end{pmatrix}\xrightarrow{-\frac{1}{2}r_2}\begin{pmatrix}1&1\\0&1\end{pmatrix},$$

上述过程中作了两次行变换,其矩阵分别记为 $\boldsymbol{P}_1=\begin{pmatrix}1&0\\-2&1\end{pmatrix}$,$\boldsymbol{P}_2=\begin{pmatrix}1&0\\0&-\frac{1}{2}\end{pmatrix}$,于是有

$$\boldsymbol{P}_2\boldsymbol{P}_1\boldsymbol{A}=\begin{pmatrix}1&1\\0&1\end{pmatrix},$$

所以

$$\boldsymbol{A}=\boldsymbol{P}_1^{-1}\boldsymbol{P}_2^{-1}\begin{pmatrix}1&1\\0&1\end{pmatrix}=\begin{pmatrix}1&0\\2&1\end{pmatrix}\begin{pmatrix}1&0\\0&-2\end{pmatrix}\begin{pmatrix}1&1\\0&1\end{pmatrix}=\begin{pmatrix}1&0\\2&1\end{pmatrix}\begin{pmatrix}1&0\\0&-1\end{pmatrix}\begin{pmatrix}1&0\\0&2\end{pmatrix}\begin{pmatrix}1&1\\0&1\end{pmatrix}.$$

这就是第 2 章例 18 中的分解式.

3.5　线性方程组的解

在 3.1 节中我们已介绍了一般线性方程组(3.1)的消元法. 并得到方程组(3.1)有解的条件(即定理 1). 本节中我们将进一步介绍线性方程组有解的条件及其解法.

3.5.1　线性方程组有解的条件

方程组(3.1)如果有解,就称它是**相容的**;如果无解,就称它是**不相容的**. 因为方程组(3.1)与其增广矩阵 $\boldsymbol{B}=(\boldsymbol{A},\boldsymbol{b})$ 是一一对应的,运用消元法解方程组(3.1)等价于对其增广矩阵进行初等行变换,利用系数矩阵 $\boldsymbol{A}$ 和增广矩阵 $\boldsymbol{B}=(\boldsymbol{A},\boldsymbol{b})$ 的秩,可以方便地讨论线性方程组是否有解的问题. 其结论为:

定理 8(线性方程组有解判别定理)　线性方程组(3.1)有解的充要条件为 $R(\boldsymbol{A})=R(\boldsymbol{B})$.

当 $R(\boldsymbol{A})=R(\boldsymbol{B})=n$ 时,方程组(3.1)有唯一解;

当 $R(\boldsymbol{A})=R(\boldsymbol{B})<n$ 时,方程组(3.1)有无穷多个解;

当 $R(\boldsymbol{A})\neq R(\boldsymbol{B})$ 时,方程组(3.1)无解.

证　在证明充要条件前,先用初等行变换把 $\boldsymbol{A}$ 与 $\boldsymbol{B}$ 化为行最简形. 设 $R(\boldsymbol{A})=r$,则 $\boldsymbol{A}$ 中必有一个不等于零的 r 阶子式,不妨假设 $\boldsymbol{A}$ 的左上角的 r 阶子式不等于零(否则可通过未知量重新排列顺序和方程组的初等变换,使得这个不为零的 r 阶子式位于 $\boldsymbol{A}$ 的左上角),它所对应的 r 阶矩阵是可逆矩阵. 从而可仅利用初等行变换将该 r 阶矩阵变为 r 阶单位矩阵. 对增广矩阵 $\boldsymbol{B}=(\boldsymbol{A},\boldsymbol{b})$ 施行

初等行变换可得 $\boldsymbol{B}$ 的行最简形

$$\boldsymbol{B}=(\boldsymbol{A},\boldsymbol{b})\xrightarrow{\text{初等行变换}}\begin{pmatrix}1 & 0 & \cdots & 0 & b_{11} & \cdots & b_{1,n-r} & d_1\\ 0 & 1 & \cdots & 0 & b_{21} & \cdots & b_{2,n-r} & d_2\\ \vdots & \vdots & & \vdots & \vdots & & \vdots & \vdots\\ 0 & 0 & \cdots & 1 & b_{r1} & \cdots & b_{r,n-r} & d_r\\ 0 & 0 & \cdots & 0 & 0 & \cdots & 0 & d_{r+1}\\ 0 & 0 & \cdots & 0 & 0 & \cdots & 0 & 0\\ \vdots & \vdots & & \vdots & \vdots & & \vdots & \vdots\\ 0 & 0 & \cdots & 0 & 0 & \cdots & 0 & 0\end{pmatrix}=\boldsymbol{C}.$$

显然有 $R(\boldsymbol{B})=R(\boldsymbol{C})$. 矩阵 $\boldsymbol{C}$ 对应的线性方程组为

$$\begin{cases}x_1+x_2+\cdots+b_{11}x_{r+1}+\cdots+b_{1,n-r}x_n=d_1,\\ \quad x_2+\cdots+b_{21}x_{r+1}+\cdots+b_{2,n-r}x_n=d_2,\\ \cdots\cdots\cdots\cdots\\ \quad\quad x_r+b_{r1}x_{r+1}+\cdots+b_{r,n-r}x_n=d_r,\\ \quad\quad\quad 0=d_{r+1},\end{cases}\tag{3.7}$$

方程组(3.7)与(3.1)同解. 由此,我们可给出充要条件的证明.

必要性:设方程组(3.1)相容,于是方程组(3.7)也相容,则必须 $d_{r+1}=0$. 于是

$$R(\boldsymbol{B})=R(\boldsymbol{C})=r=R(\boldsymbol{A}).$$

充分性:设 $R(\boldsymbol{B})=R(\boldsymbol{A})=r$,于是 $R(\boldsymbol{C})=r$,所以 $d_{r+1}=0$(否则 $R(\boldsymbol{C})=r+1$,矛盾),因而方程组(3.7)有解,故原方程组(3.1)亦有解.

当方程组有解时,解可表示为

$$\begin{cases}x_1=d_1-b_{1,r+1}x_{r+1}-\cdots-b_{1n}x_n,\\ x_2=d_2-b_{2,r+1}x_{r+1}-\cdots-b_{2n}x_n,\\ \cdots\cdots\cdots\cdots\\ x_r=d_r-b_{r,r+1}x_{r+1}-\cdots-b_{rn}x_n.\end{cases}\tag{3.8}$$

当 $R(\boldsymbol{A})=R(\boldsymbol{B})=r=n$ 时,由(3.8)得方程组(3.1)的解

$$\begin{cases}x_1=d_1,\\ x_2=d_2,\\ \cdots\cdots\cdots\cdots\\ x_n=d_n.\end{cases}$$

即方程组(3.1)有唯一解;

当 $R(\boldsymbol{A})=R(\boldsymbol{B})=r<n$ 时,令 $x_{r+1}=k_1,\cdots,x_n=k_{n-r}$,由(3.8)得方程组(3.1)

含有 $n-r$ 个参数的解

$$\begin{pmatrix} x_1 \\ \vdots \\ x_r \\ x_{r+1} \\ \vdots \\ x_n \end{pmatrix} = \begin{pmatrix} d_1 - b_{1,r+1}k_1 - \cdots - b_{1n}k_{n-r} \\ \vdots \\ d_r - b_{r,r+1}k_1 - \cdots - b_{rn}k_{n-r} \\ k_1 \\ \vdots \\ k_{n-r} \end{pmatrix},$$

即

$$\begin{pmatrix} x_1 \\ \vdots \\ x_r \\ x_{r+1} \\ \vdots \\ x_n \end{pmatrix} = k_1 \begin{pmatrix} -b_{1,r+1} \\ \vdots \\ -b_{r,r+1} \\ 1 \\ \vdots \\ 0 \end{pmatrix} + \cdots + k_{n-r} \begin{pmatrix} -b_{1n} \\ \vdots \\ -b_{rn} \\ 0 \\ \vdots \\ 1 \end{pmatrix} + \begin{pmatrix} d_1 \\ \vdots \\ d_r \\ 0 \\ \vdots \\ 0 \end{pmatrix}. \tag{3.9}$$

由于参数 $k_1,\cdots,k_{n-r}$ 可任意取值，故方程组(3.1)有无穷多个解；

当 $R(\boldsymbol{A}) \neq R(\boldsymbol{B})$ 时，必有 $R(\boldsymbol{A}) < R(\boldsymbol{B})$，此时 $\boldsymbol{C}$ 中的 $d_{r+1}=1$，于是 $\boldsymbol{C}$ 的第 $r+1$ 行对应矛盾方程 $0=1$，故方程组(3.1)有无解. ■

当 $R(\boldsymbol{A}) = R(\boldsymbol{B}) = r < n$ 时，由于含有 $n-r$ 个参数的解(3.9)可表示线性方程组(3.8)的任一解，从而也可表示线性方程组(3.1)的任一解，因此解(3.9)为线性方程组(3.1)的通解.

由定理 8(线性方程组有解判别定理)容易得出线性方程组理论中的两个基本定理，即

定理 9 线性方程组 $\boldsymbol{Ax}=\boldsymbol{b}$ 有解的充分必要条件是 $R(\boldsymbol{A}) = R(\boldsymbol{B})$.

定理 10 n 元齐次线性方程组 $\boldsymbol{Ax}=\boldsymbol{0}$ 有非零解的充分必要条件是 $R(\boldsymbol{A}) < n$.

为了下一章讨论的需要，把定理 9 推广到矩阵方程.

定理 11 矩阵方程 $\boldsymbol{Ax}=\boldsymbol{B}$ 有解的充分必要条件是 $R(\boldsymbol{A}) = R(\boldsymbol{A},\boldsymbol{B})$.

证 (略).

下面我们利用线性方程组有解判别定理研究线性方程组的解法.

3.5.2 线性方程组的解法

由定理 8 的证明过程易得线性方程组的求解步骤，现归纳如下：

(1) 对于非齐次线性方程组 $\boldsymbol{Ax}=\boldsymbol{b}$，将它的增广矩阵 $\boldsymbol{B}=(\boldsymbol{A},\boldsymbol{b})$ 进行初等行变换化为行阶梯形矩阵，从行阶梯形矩阵可看出 $R(\boldsymbol{A})$ 和 $R(\boldsymbol{B})$. 若 $R(\boldsymbol{A}) < R(\boldsymbol{B})$，则方程组无解.

(2) 若 $R(\boldsymbol{A}) = R(\boldsymbol{B})$，则进一步将行阶梯形矩阵化为行最简形. 而对于齐次

线性方程组 $\boldsymbol{Ax}=\boldsymbol{0}$,则是将其系数矩阵 $\boldsymbol{A}$ 化为行最简形.

(3) 设 $R(\boldsymbol{A})=R(\boldsymbol{B})=r$,将行最简形中 r 个非零行的非零首元所对应的未知量取作非自由未知量,其余 $n-r$ 个未知量取作自由未知量,并令自由未知量分别等于 $k_1,\cdots,k_{n-r}$,由 $\boldsymbol{B}$(或 $\boldsymbol{A}$)的行最简形即可写出含 $n-r$ 个参数的通解.

例 12　求解线性方程组

$$\begin{cases} x_1-2x_2+3x_3+x_4+\ x_5=7, \\ x_1+\ x_2-\ x_3-x_4-2x_5=2, \\ 2x_1-\ x_2+\ x_3 \qquad -2x_5=7, \\ 2x_1+2x_2+5x_3-x_4+\ x_5=18. \end{cases}$$

解　写出其增广矩阵并进行初等行变换,化为行阶梯形

$$\boldsymbol{B}=(\boldsymbol{A},\boldsymbol{b})=\begin{pmatrix} 1 & -2 & 3 & 1 & 1 & 7 \\ 1 & 1 & -1 & -1 & -2 & 2 \\ 2 & -1 & 1 & 0 & -2 & 7 \\ 2 & 2 & 5 & -1 & 1 & 18 \end{pmatrix} \xrightarrow[r_4-2r_1]{\substack{r_2-r_1 \\ r_3-2r_1}} \begin{pmatrix} 1 & -2 & 3 & 1 & 1 & 7 \\ 0 & 3 & -4 & -2 & -3 & -5 \\ 0 & 3 & -5 & -2 & -4 & -7 \\ 0 & 6 & -1 & -3 & -1 & 4 \end{pmatrix}$$

$$\xrightarrow[r_4-2r_2]{r_3-r_2} \begin{pmatrix} 1 & -2 & 3 & 1 & 1 & 7 \\ 0 & 3 & -4 & -2 & -3 & -5 \\ 0 & 0 & -1 & 0 & -1 & -2 \\ 0 & 0 & 7 & 1 & 5 & 14 \end{pmatrix} \xrightarrow[r_3\times(-1)]{r_4+7r_3} \begin{pmatrix} 1 & -2 & 3 & 1 & 1 & 7 \\ 0 & 3 & -4 & -2 & -3 & -5 \\ 0 & 0 & 1 & 0 & 1 & 2 \\ 0 & 0 & 0 & 1 & -2 & 0 \end{pmatrix} = \overline{\boldsymbol{B}}.$$

于是有　$R(\boldsymbol{A})=R(\boldsymbol{B})=4<5$,故方程组有无穷多个解.

将 $\overline{\boldsymbol{B}}$ 进一步化为行最简形

$$\overline{\boldsymbol{B}}=\begin{pmatrix} 1 & -2 & 3 & 1 & 1 & 7 \\ 0 & 3 & -4 & -2 & -3 & -5 \\ 0 & 0 & 1 & 0 & 1 & 2 \\ 0 & 0 & 0 & 1 & -2 & 0 \end{pmatrix} \xrightarrow[r_3\times\frac{1}{3}]{r_1+\frac{2}{3}r_2} \begin{pmatrix} 1 & 0 & 1/3 & -1/3 & -1 & 11/3 \\ 0 & 1 & -4/3 & -2/3 & -1 & -5/3 \\ 0 & 0 & 1 & 0 & 1 & 2 \\ 0 & 0 & 0 & 1 & -2 & 0 \end{pmatrix}$$

$$\xrightarrow[r_2+\frac{4}{3}r_3+\frac{2}{3}r_4]{r_1-\frac{1}{3}r_3+\frac{1}{3}r_4} \begin{pmatrix} 1 & 0 & 0 & 0 & -2 & 3 \\ 0 & 1 & 0 & 0 & -1 & 1 \\ 0 & 0 & 1 & 0 & 1 & 2 \\ 0 & 0 & 0 & 1 & -2 & 0 \end{pmatrix}.$$

最后一个行最简形矩阵所对应的方程组为

$$\begin{cases} x_1=2x_5+3, \\ x_2=\ x_5+1, \\ x_3=-x_5+2, \\ x_4=2x_5. \end{cases}$$

令 $x_5=k$,得原方程组的通解为

$$\begin{pmatrix}x_1\\x_2\\x_3\\x_4\\x_5\end{pmatrix}=k\begin{pmatrix}2\\1\\-1\\2\\1\end{pmatrix}+\begin{pmatrix}3\\1\\2\\0\\0\end{pmatrix},\text{其中 } k\in\mathbf{R}.$$

例 13 确定 a,b 的值,使方程组

$$\begin{cases}x_1+x_2+x_3+x_4+x_5=1,\\3x_1+2x_2+x_3+x_4-3x_5=a,\\x_2+2x_3+2x_4+6x_5=3,\\5x_1+4x_2+3x_3+3x_4-x_5=b,\end{cases}$$

(1) 无解,(2) 有无穷多个解。并求出方程组的通解.

解 写出其增广矩阵并进行初等行变换,化为行阶梯形

$$\boldsymbol{B}=(\boldsymbol{A},\boldsymbol{b})=\begin{pmatrix}1&1&1&1&1&1\\3&2&1&1&-3&a\\0&1&2&2&6&3\\5&4&3&3&-1&b\end{pmatrix}\xrightarrow{r_2\leftrightarrow r_3}\begin{pmatrix}1&1&1&1&1&1\\0&1&2&2&6&3\\3&2&1&1&-3&a\\5&4&3&3&-1&b\end{pmatrix}$$

$$\xrightarrow[r_4-5r_1]{r_3-3r_1}\begin{pmatrix}1&1&1&1&1&1\\0&1&2&2&6&3\\0&-1&-2&-2&-6&a-3\\0&-1&-2&-2&-6&b-5\end{pmatrix}\xrightarrow[r_4+r_2]{r_3+r_2}\begin{pmatrix}1&1&1&1&1&1\\0&1&2&2&6&3\\0&0&0&0&0&a\\0&0&0&0&0&b-2\end{pmatrix}$$

$$\xrightarrow{r_1-r_2}\begin{pmatrix}1&0&-1&-1&-5&-2\\0&1&2&2&6&3\\0&0&0&0&0&a\\0&0&0&0&0&b-2\end{pmatrix}.$$

于是,(1) 当 $a\neq0$ 或 $b\neq2$ 时,有 $R(\boldsymbol{A})=2,R(\boldsymbol{B})=3$,故此时方程组无解;

(2) 当 $a=0$ 且 $b=2$ 时,有 $R(\boldsymbol{A})=R(\boldsymbol{B})=2<5$,故此时方程组无穷多个解.

此时原方程组的同解方程组为

$$\begin{cases}x_1-x_3-x_4-5x_5=-2,\\x_2+2x_3+2x_4+6x_5=3.\end{cases}$$

令 $x_3=k_1,x_4=k_2,x_5=k_3$,得原方程组的通解为

$$\begin{pmatrix}x_1\\x_2\\x_3\\x_4\\x_5\end{pmatrix}=k_1\begin{pmatrix}1\\-2\\1\\0\\0\end{pmatrix}+k_2\begin{pmatrix}1\\-2\\0\\1\\0\end{pmatrix}+k_3\begin{pmatrix}5\\-6\\0\\0\\1\end{pmatrix}+\begin{pmatrix}-2\\3\\0\\0\\0\end{pmatrix}\text{，其中 } k_1,k_2,k_3\in\mathbf{R}.$$

例 14　求齐次线性方程组

$$\begin{cases}x_1+x_2+x_3+4x_4-3x_5=0,\\2x_1+x_2+3x_3+5x_4-5x_5=0,\\x_1-x_2+3x_3-2x_4-x_5=0,\\3x_1+x_2+5x_3+6x_4-7x_5=0\end{cases}$$

的通解.

解　写出方程组的系数矩阵并进行初等行变换,化为行阶梯形,再化为行最简形,过程如下

$$\boldsymbol{A}=\begin{pmatrix}1&1&1&4&-3\\2&1&3&5&-5\\1&-1&3&-2&-1\\3&1&5&6&-7\end{pmatrix}\xrightarrow[r_4-3r_2]{\substack{r_2-2r_1\\r_3-r_2}}\begin{pmatrix}1&1&1&4&-3\\0&-1&1&-3&1\\0&-2&2&-6&2\\0&-2&2&-6&2\end{pmatrix}$$

$$\xrightarrow[r_4-2r_2]{r_3-2r_2}\begin{pmatrix}1&1&1&4&-3\\0&-1&1&-3&1\\0&0&0&0&0\\0&0&0&0&0\end{pmatrix}\xrightarrow[r_2\times(-1)]{r_1+r_2}\begin{pmatrix}1&0&2&1&-2\\0&1&-1&3&-1\\0&0&0&0&0\\0&0&0&0&0\end{pmatrix}.$$

由于 $r(\boldsymbol{A})=2<5$,故方程组有非零解. 原方程组的同解方程组为

$$\begin{cases}x_1=-2x_3-x_4+2x_5,\\x_2=x_3-3x_4+x_5.\end{cases}$$

令 $x_3=k_1,x_4=k_2,x_5=k_3$,得原方程组的通解为

$$\begin{pmatrix}x_1\\x_2\\x_3\\x_4\\x_5\end{pmatrix}=k_1\begin{pmatrix}-2\\1\\1\\0\\0\end{pmatrix}+k_2\begin{pmatrix}-1\\-3\\0\\1\\0\end{pmatrix}+k_3\begin{pmatrix}2\\1\\0\\0\\1\end{pmatrix}\text{，其中 } k_1,k_2,k_3\in\mathbf{R}.$$

3.6 应用举例

在工程技术领域中，大量的问题都可归结为线性方程组问题，线性方程组在实际中有着广泛的应用.

3.6.1 剑桥减肥食谱问题

一种在 20 世纪 80 年代很流行的食谱，称为剑桥减肥食谱，是由 Alan H. Howard 博士领导的科学家团队经过 8 年对过度肥胖病人的临床研究，在剑桥大学完成的. 这种低热量的粉状食品精确地平衡了碳水化合物、高质量的蛋白质和脂肪、配合维生素、矿物质、微量元素和电解质. 为得到所希望的数量和比例的营养，Howard 博士在食谱中加入了多种食品，每种食品供应了多种所需要的成分，然而没有按正确的比例. 例如，脱脂牛奶是蛋白质的主要来源但包含过多的钙，因此大豆粉用来作为蛋白质的来源，它包含较少量的钙. 然而大豆粉包含过多的脂肪，因而加上乳清，因它含脂肪较少，然而乳清又含有过多的碳水化合物…….

在这里我们把问题简化，看看这个问题小规模时的情形. 表 3-1 是该食谱中的 3 种食物以及 100 克每种食物所含有某些营养素的数量.

表 3-1

营 养	每 100 克食物所含营养量(g)			减肥所要求的每日营养量
	脱脂牛奶	大豆粉	乳清	
蛋白质	36	51	13	33
碳水化合物	52	34	74	45
脂肪	0	7	1.1	3

如果用这三种食物作为每天的主要食物，那么它们的用量应各取多少才能全面准确地实现这个营养要求？

以 100 克为一个单位，为了保证减肥所要求的每日营养量，设每日需食用的脱脂牛奶 x_1 个单位，大豆粉 x_2 个单位，乳清 x_3 个单位，则由所给条件得

$$\begin{cases} 36x_1+51x_2+13x_3=33, \\ 52x_1+34x_2+74x_3=45, \\ 7x_2+1.1x_3=3. \end{cases}$$

解上方程组得

$$x_1=0.277\ 2, \quad x_2=0.391\ 9, \quad x_3=0.233\ 2,$$

即为了保证减肥所要求的每日营养量，每日需食用脱脂牛奶 27.72 克，大豆粉

39.19 克,乳清 23.32 克.

3.6.2　电路网络问题

在工程技术中所遇到的电路,大多数是很复杂的,这些电路是由电器元件按照一定方式互相连接而构成的网络. 在电路中,含有元件的导线称为支路,而三条或三条以上的支路的会合点称为节点. 电路网络分析,粗略地说,就是求出电路网络中各条支路上的电流和电压. 对于这类问题的计算,通常采用基尔霍夫(Kirchhoff)定律来解决. 以图 3-2 所示的电路网络部分为例来加以说明.

设各节点的电流如图所示,则由基尔霍夫第一定律(也称为节点电流定律,简记为 KCL,即电路中任一节点处各支路电流之间的关系):在任一节点处,支路电流的代数和在任一瞬时恒为零(通常把流入节点的电流取为负的,流出节点的电流取为正的). 有

对于节点 A: $i_1+i_4-i_6=0$;

对于节点 B: $-i_2-i_4+i_5=0$;

对于节点 C: $i_3-i_5+i_6=0$;

对于节点 D: $-i_1+i_2-i_3=0$.

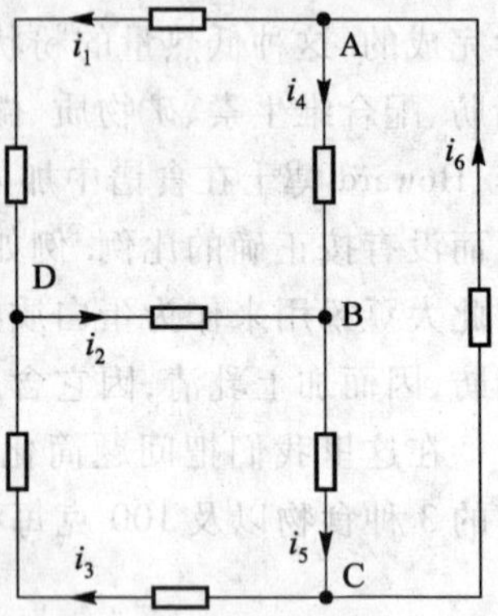

图 3-2

于是求各个支路的电流就归结为如下齐次方程组的求解

$$\begin{cases} i_1 + i_4 - i_6 = 0, \\ -i_2 - i_4 + i_5 = 0, \\ i_3 - i_5 + i_6 = 0, \\ -i_1 + i_2 - i_3 = 0. \end{cases}$$

解之,得其解为

$$\begin{pmatrix} i_1 \\ i_2 \\ i_3 \\ i_4 \\ i_5 \\ i_6 \end{pmatrix} = k_1 \begin{pmatrix} 1 \\ 1 \\ 0 \\ -1 \\ 0 \\ 0 \end{pmatrix} + k_2 \begin{pmatrix} 0 \\ 1 \\ 1 \\ 0 \\ 1 \\ 0 \end{pmatrix} + k_3 \begin{pmatrix} 1 \\ 0 \\ -1 \\ 0 \\ 0 \\ 1 \end{pmatrix} \quad (k_1, k_2, k_3 \in \mathbf{R}).$$

由于 $i_1, i_2, i_3, i_4, i_5, i_6$ 均为正数,所以通解中的 3 个任意常数应满足以下条件:

$$k_1 < 0, k_2 > k_3 > -k_1 .$$

如取 $k_1=-1,k_2=3,k_3=2$,则 $i_1=1,i_2=2,i_3=1,i_4=1,i_5=3,i_6=2.$

3.6.3 配平化学方程式问题

某些反应容器中同时发生几个反应,且不同的反应之间存在着这样的关系:前面的反应产物全部或部分是后面反应的产物.对于这样的反应,化学方程式描述了化学反应的物质消耗和生产的数量.这类方程式的配平可根据质量守恒来进行.例如,当丙烷气体燃烧时,丙烷(C_3H_8)与氧(O_2)结合生成二氧化碳(CO_2)和水(H_2O),这个反应用方程表示为

$$C_3H_8+O_2\longrightarrow CO_2+H_2O.$$

为配平这个方程式,设 x_1 单位的 C_3H_8 和 x_2 单位的 O_2 燃烧,产生 x_3 单位的 CO_2 和 x_4 单位的 H_2O,即

$$x_1C_3H_8+x_2O_2=\!=\!=x_3\,CO_2+x_4H_2O.$$

于是,根据质量守恒有

$$\begin{cases}3x_1=x_3,\\8x_1=2x_4,\\2x_2=2x_3+x_4.\end{cases}$$

于是配平这个方程式就归结为如下齐次方程组

$$\begin{cases}3x_1\quad\ -x_3\qquad=0,\\8x_1\qquad\quad -2x_4=0,\\\quad 2x_2-2x_3-x_4=0.\end{cases}$$

解这个方程组,得

$$\begin{pmatrix}x_1\\x_2\\x_3\\x_4\end{pmatrix}=k\begin{pmatrix}1\\5\\3\\4\end{pmatrix}\text{(其中 }k\in\mathbf{R}).$$

由于在一般情形下,化学家倾向于使用全体系数尽可能小的整数来配平方程式,故有

$$C_3H_8+5O_2=\!=\!=3\,CO_2+4H_2O.$$

3.6.4 网络流问题

当科学家、工程师或经济学家研究一些数量在网络中的流动时可能会推导出线性方程组.例如:城市规划和交通工程人员监控一个网格状的市区道路的交通流量模式,电气工程师计算流经电路的电流,经济学家分析通过分销商和零售商网络的从制造商到顾客的产品销售.许多网络中的方程组涉及成百上千的变

量和方程.

一个网络包含一组称为接合点或节点的点集,并由称为分支的线或弧连接部分或全部的节点.流的方向在每个分支上有标示,流量(速度)也有显示或用变量标记.

网络流的基本假设是全部流入网络的总流量等于全部流出网络的总流量,且流入一个节点的流量等于流出此节点的流量.于是,对于每个节点的流量可以用一个方程来描述.网络分析的问题就是确定当局部信息(如网络的输入)已知时,求每一分支的流量.例如,图 3-3 给出了某城市部分单行街道在一个下午早些时候的交通流量(每小时车辆数目).计算该网络的车流量.

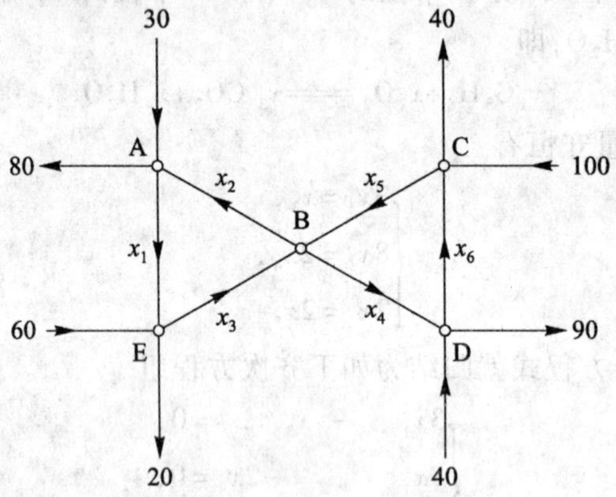

图 3-3

由网络流量假设,有

对于节点 A: $x_2+30=x_1+80$;

对于节点 B: $x_3+x_5=x_2+x_4$;

对于节点 C: $x_6+100=x_5+40$;

对于节点 D: $x_4+40=x_6+90$;

对于节点 E: $x_1+60=x_3+20$.

于是,所给问题可以归结为如下线方程组的求解

$$\begin{cases} -x_1+x_2 = 50, \\ -x_2+x_3-x_4+x_5 = 0, \\ -x_5+x_6=-60, \\ x_4-x_6=50, \\ x_1-x_3=-40, \end{cases}$$

解这个方程组，得

$$\begin{pmatrix} x_1 \\ x_2 \\ x_3 \\ x_4 \\ x_5 \\ x_6 \end{pmatrix} = k_1 \begin{pmatrix} 1 \\ 1 \\ 1 \\ 0 \\ 0 \\ 0 \end{pmatrix} + k_2 \begin{pmatrix} 0 \\ 0 \\ 0 \\ 1 \\ 1 \\ 1 \end{pmatrix} + \begin{pmatrix} -40 \\ 10 \\ 0 \\ 50 \\ 60 \\ 0 \end{pmatrix} \text{（其中 } k_1, k_2 \in \mathbf{R}\text{）}.$$

习　题　三

1. 一个二元线性方程在平面上表示一条直线，构造一个有两个未知量、两个方程的线性方程组表示：(1) 两直线交于一点；(2) 两直线平行.

2. 一个三元线性方程 $ax+by+cz=d$ 表示一个空间平面，其中 a,b,c 不全为零，构造一个有三个方程的方程组表示：图(a)三个平面交于一条直线；图(b)三个平面没有交点(图形如下所示).

图(a) 三个平面交于一条直线

图(b) 三个平面没有交点

3. 用消元法求解下列方程组

(1) $\begin{cases} x_1-4x_2+x_3+4x_4=1, \\ 2x_2+2x_3+x_4=0, \\ x_1+x_2+3x_4=-1, \\ -2x_2+3x_3+x_4=2; \end{cases}$　　(2) $\begin{cases} 2x_1-x_2-x_3+x_4=2, \\ x_1+x_2-2x_3+x_4=4, \\ 4x_1-6x_2+2x_3-2x_4=4, \\ 3x_1+6x_2-9x_3+7x_4=9. \end{cases}$

4. 求下列矩阵的行阶梯形矩阵

(1) $\begin{pmatrix} 2 & 3 & 1 & -3 & -7 \\ 1 & 2 & 0 & -2 & -4 \\ 3 & -2 & 8 & 3 & 0 \\ 2 & -3 & 7 & 4 & 3 \end{pmatrix}$；　(2) $\begin{pmatrix} 2 & 0 & -1 & 3 \\ 1 & 2 & -2 & 4 \\ 0 & 1 & 3 & -1 \end{pmatrix}$.

5. 求下列矩阵的行最简形矩阵

(1) $\begin{pmatrix} 1 & -1 & 3 & -4 & 3 \\ 3 & -3 & 5 & -4 & 1 \\ 2 & -2 & 3 & -2 & 0 \\ 3 & -3 & 4 & -2 & -1 \end{pmatrix}$；　(2) $\begin{pmatrix} 2 & 3 & 1 & -3 & -7 \\ 1 & 2 & 0 & -2 & -4 \\ 3 & -2 & 8 & 3 & 0 \\ 2 & -3 & 7 & 4 & 3 \end{pmatrix}$；

(3) $\begin{pmatrix} 2 & -3 & 8 & 2 \\ 2 & 12 & -2 & 12 \\ 1 & 3 & 1 & 4 \end{pmatrix}$.

6. 求下列矩阵的标准形

(1) $\begin{pmatrix} 1 & 1 & 3 & 1 \\ 1 & 3 & 2 & 5 \\ 2 & 2 & 6 & 7 \\ 2 & 4 & 5 & 6 \end{pmatrix}$；　(2) $\begin{pmatrix} 1 & 2 & 3 \\ 2 & 2 & 1 \\ 3 & 4 & 3 \end{pmatrix}$.

7. 用定义求下列矩阵的秩

(1) $\begin{pmatrix} 3 & 2 & 1 & 1 \\ 0 & 0 & 0 & 0 \\ 4 & 4 & -2 & 3 \end{pmatrix}$；　(2) $\begin{pmatrix} 1 & 1 & 1 & 2 \\ 2 & 2 & 2 & 4 \\ 3 & 3 & 3 & 6 \end{pmatrix}$.

8. 求下列矩阵的秩

(1) $\begin{pmatrix} 3 & 1 & 0 & 2 \\ 1 & -1 & 2 & -1 \\ 1 & 3 & -4 & 4 \end{pmatrix}$；　(2) $\begin{pmatrix} 7 & 0 & 5 & -1 & -7 \\ 2 & -1 & 3 & 1 & -3 \\ 7 & 0 & 5 & -1 & -8 \end{pmatrix}$；

(3) $\begin{pmatrix} 2 & 1 & 8 & 3 & 7 \\ 24 & -16 & 40 & 64 & 0 \\ 3 & -2 & 5 & 8 & 0 \\ 1 & 0 & 3 & 2 & 0 \end{pmatrix}$；　(4) $\begin{pmatrix} 3 & 2 & 0 & 5 & 0 \\ 3 & -2 & 3 & 6 & -1 \\ 2 & 0 & 1 & 5 & -3 \\ 1 & 6 & -4 & -1 & 4 \end{pmatrix}$；

(5) $\begin{pmatrix} 2 & 1 & 8 & 3 & 7 \\ 2 & -3 & 0 & 7 & -5 \\ 3 & -2 & 5 & 8 & 0 \\ 1 & 0 & 3 & 2 & 0 \end{pmatrix}$；　(6) $\begin{pmatrix} 3 & 2 & 1 & 1 \\ 1 & 2 & -3 & 2 \\ 4 & 4 & -2 & 3 \end{pmatrix}$；

（7）$\begin{pmatrix} 1 & -1 & 2 & 1 & 0 \\ 2 & -2 & 4 & -2 & 4 \\ 3 & 0 & 6 & -1 & 1 \\ 0 & 3 & 0 & 0 & 1 \end{pmatrix}$.

9. 设$\boldsymbol{A}=\begin{pmatrix} 1 & -2 & 3k \\ -1 & 2k & -3 \\ k & -2 & 3 \end{pmatrix}$,

问 k 为何值时,可使:(1) $R(\boldsymbol{A})=1$;(2) $R(\boldsymbol{A})=2$;(3) $R(\boldsymbol{A})=3$.

10. 用矩阵的初等变换,求下列方阵的逆矩阵

（1）$\boldsymbol{A}=\begin{pmatrix} 0 & 1 & 2 \\ 1 & 1 & 4 \\ 2 & -1 & 0 \end{pmatrix}$;　　（2）$\boldsymbol{B}=\begin{pmatrix} 3 & 2 & 1 \\ 3 & 1 & 5 \\ 3 & 2 & 3 \end{pmatrix}$;

（3）$\boldsymbol{C}=\begin{pmatrix} 3 & -2 & 0 & -1 \\ 0 & 2 & 2 & 1 \\ 1 & -2 & -3 & -2 \\ 0 & 1 & 2 & 1 \end{pmatrix}$;　　（4）$\boldsymbol{D}=\begin{pmatrix} 1 & 2 & -1 \\ 3 & 4 & -2 \\ 5 & -4 & 1 \end{pmatrix}$.

11. 求解下列矩阵方程

（1）$\boldsymbol{A}=\begin{pmatrix} 1 & 2 & 3 \\ 2 & 2 & 1 \\ 3 & 4 & 3 \end{pmatrix}$,$\boldsymbol{B}=\begin{pmatrix} 2 & 5 \\ 3 & 1 \\ 4 & 3 \end{pmatrix}$,$\boldsymbol{AX}=\boldsymbol{B}$,求 $\boldsymbol{X}$;

（2）$\boldsymbol{X}\begin{pmatrix} 2 & 1 & -1 \\ 2 & 1 & 0 \\ 1 & -1 & 1 \end{pmatrix}=\begin{pmatrix} 1 & -1 & 3 \\ 4 & 3 & 2 \end{pmatrix}$,求 $\boldsymbol{X}$;

（3）$\begin{pmatrix} 0 & 1 & 0 \\ 1 & 0 & 0 \\ 0 & 0 & 1 \end{pmatrix}\boldsymbol{X}\begin{pmatrix} 1 & 0 & 0 \\ 0 & 0 & 1 \\ 0 & 1 & 0 \end{pmatrix}=\begin{pmatrix} 1 & -4 & 3 \\ 2 & 0 & -1 \\ 1 & -2 & 0 \end{pmatrix}$,求 $\boldsymbol{X}$;

（4）设$\boldsymbol{A}=\begin{pmatrix} 0 & 3 & 3 \\ 1 & 1 & 0 \\ -1 & 2 & 3 \end{pmatrix}$,$\boldsymbol{AX}=\boldsymbol{A}+2\boldsymbol{X}$,求 $\boldsymbol{X}$.

12. 求解下列非齐次线性方程组

（1）$\begin{cases} x_1-2x_2+3x_3-x_4=1, \\ 3x_1-x_2+5x_3-3x_4=2, \\ 2x_1+x_2+4x_3-2x_4=3; \end{cases}$　　（2）$\begin{cases} x_1-x_2-x_3=2, \\ 2x_1-x_2-3x_3=1, \\ 3x_1+2x_2-5x_3=0; \end{cases}$

(3) $\begin{cases}2x+y-z+w=1,\\3x-2y+z-3w=4,\\x+4y-3z+5w=-2;\end{cases}$　　(4) $\begin{cases}2x+3y+z=4,\\x-2y+4z=-5,\\3x+8y-2z=13,\\4x-y+9z=-6;\end{cases}$

(5) $\begin{cases}x_1+x_2-3x_3-x_4=1,\\3x_1-x_2-3x_3+4x_4=4,\\x_1+5x_2-9x_3-8x_4=0;\end{cases}$

(6) $\begin{cases}2x_1+x_2-x_3+2x_5=-2,\\3x_1+2x_3+x_4=1,\\5x_1+x_2+x_3+x_4+2x_5=-1.\end{cases}$

13. 求解下列齐次线性方程组

(1) $\begin{cases}x_1+2x_2+x_3-x_4=0,\\3x_1+6x_2-x_3-3x_4=0,\\5x_1+10x_2+x_3-5x_4=0;\end{cases}$　　(2) $\begin{cases}2x_1+3x_2-x_3+5x_4=0,\\3x_1+x_2+2x_3-7x_4=0,\\4x_1+x_2-3x_3+6x_4=0,\\x_1-2x_2+4x_3-7x_4=0;\end{cases}$

(3) $\begin{cases}x_1+2x_2+2x_3+x_4=0,\\2x_1+x_2-2x_3-2x_4=0,\\x_1-x_2-4x_3-3x_4=0;\end{cases}$　　(4) $\begin{cases}x_1+x_2+x_3+x_4+x_5=0,\\3x_1+2x_2+x_3+x_4-3x_5=0,\\5x_1+4x_2+3x_3+3x_4-x_5=0;\end{cases}$

(5) $\begin{cases}x_1+x_2+x_3+4x_4-3x_5=0,\\2x_1+x_2+3x_3+5x_4-5x_5=0,\\x_1-x_2+3x_3-2x_4-x_5=0,\\3x_1+x_2+5x_3+6x_4-7x_5=0;\end{cases}$　　(6) $\begin{cases}x_1+2x_2+x_3+x_4+x_5=0,\\2x_1+4x_2+3x_3+x_4+x_5=0,\\-x_1-2x_2+x_3+3x_4-3x_5=0,\\2x_3+5x_4-2x_5=0.\end{cases}$

14. 用矩阵的秩研究

(1) 平面上两条直线相交、平行不重合、重合的条件;

(2) 空间上三个平面交于一点、交于一条直线的条件.

15. 设有线性方程组

$$\begin{cases}(1+\lambda)x_1+x_2+x_3=0,\\x_1+(1+\lambda)x_2+x_3=3,\\x_1+x_2+(1+\lambda)x_3=\lambda.\end{cases}$$

问 λ 取何值时,此方程组:(1) 有唯一解;(2) 无解;(3) 有无限多解? 并在有无限多解时求其通解.

16. 设有非齐次线性方程组

$$\begin{cases} x_1+\ \lambda x_2+\ x_3=\lambda, \\ x_1+2\lambda x_2+\ x_3=2\lambda, \\ x_1+\ 2x_2+\lambda x_3=2. \end{cases}$$

问 λ 取何值时,此方程组:(1) 有唯一解;(2) 无解;(3) 有无穷多个解? 并在有无穷多解时求其通解.

17. 问 λ 取何值时,齐次线性方程组 $\begin{cases} (\lambda+1)x_1+x_2+x_3=0 \\ x_1+(\lambda+1)x_2+x_3=0 \\ x_1+x_2+(\lambda+1)x_3=0 \end{cases}$ 有非零解?

18. 问 λ,μ 取何值时,齐次线性方程组 $\begin{cases} \lambda x_1+x_2+x_3=0 \\ x_1+\mu x_2+x_3=0 \\ x_1+2\mu x_2+x_3=0 \end{cases}$ 有非零解?

19. 设 $\boldsymbol{A}$ 是 6×4 矩阵,$\boldsymbol{B}$ 是 4×6 矩阵,$\boldsymbol{C}=\boldsymbol{AB}$,证明矩阵 $\boldsymbol{C}$ 不可逆.

20. 设有可逆线性变换 $\boldsymbol{y}=\boldsymbol{Ax}$,其中 $\boldsymbol{A}$ 为

$$(1)\begin{pmatrix}1 & 1\\ 2 & 1\end{pmatrix},(2)\begin{pmatrix}1 & -1\\ 1 & 1\end{pmatrix},$$

把线性变换 $\boldsymbol{y}=\boldsymbol{Ax}$ 分解成三种基本变换的乘积,并在实验四的实验区中验证你的结果.

21. 很多读者有这样的经验:用铝合金和铆钉制作的矩形相框,当四个角的铆钉松动时,该相框就可以变形为边长不变的平行四边形. 请建立数学模型解释这一现象.

下面的 5 道题用手工求解时计算量比较大,读者可以利用实验三提供的计算器或 Matlab 进行数值计算.

22. [M]下图表示的是一个电路网络. 试求各支路的电流.

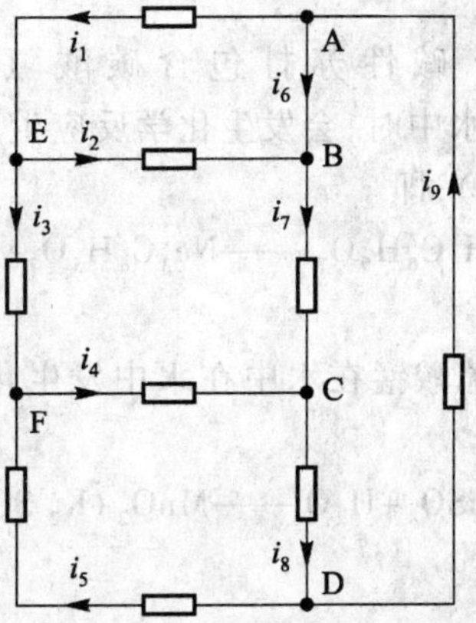

23. [M]下图是某城市一些单行道路在一个下午早些时候的交通流量，计算该网络的车流量.

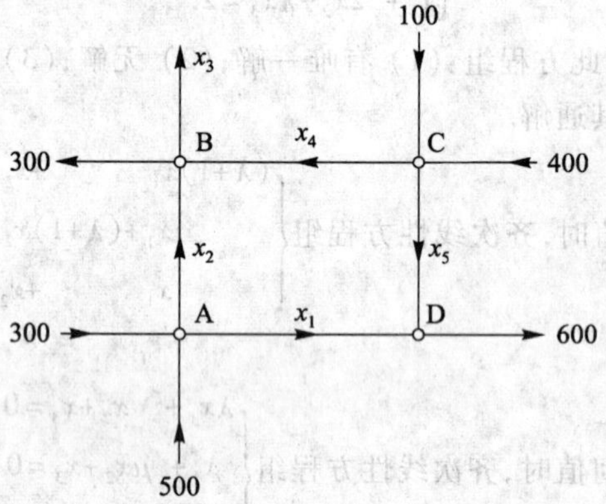

24. [M]下图是某城市一些单行道路在一个下午早些时候的交通流量，计算该网络的车流量.

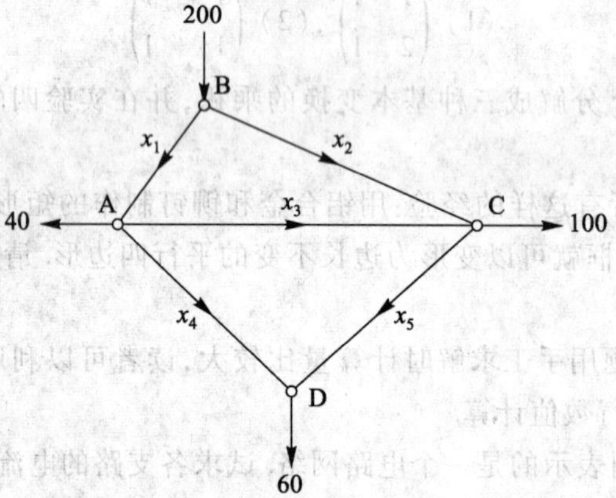

25. [M] Alka-Seltzer 碱性苏打包含碳酸氢钠（$NaHCO_3$）和柠檬酸（$H_3C_6H_5O_7$）. 当其溶解在水中时，会发生化学反应生成柠檬酸钠（$Na_3C_6H_5O_7$）、水（H_2O）和二氧化碳（CO_2），即

$$NaHCO_3+H_3C_6H_5O_7 \longrightarrow Na_3C_6H_5O_7+H_2O+CO_2,$$

试配平该化学方程式.

26. [M]高锰酸钾和硫酸锰在水中在水中发生化学反应生成二氧化锰、硫酸钾和硫酸，即

$$KMnO_4+MnSO_4+H_2O \longrightarrow MnO_2+K_2SO_4+H_2SO_4,$$

试配平该化学方程式.

第 4 章

向量组的线性相关性

在第 3 章我们已经学过线性方程组

$$\begin{cases} a_{11}x_1+a_{12}x_2+\cdots+a_{1n}x_n=b_1, \\ a_{21}x_1+a_{22}x_2+\cdots+a_{2n}x_n=b_2, \\ \cdots\cdots\cdots\cdots \\ a_{m1}x_1+a_{m2}x_2+\cdots+a_{mn}x_n=b_m \end{cases}$$

的求解方法，会判别方程组何时无解、何时有解，在有解时是唯一解还是无穷多个解. 当方程组有无穷多个解时，这些解之间有什么样的关系呢？这是需要解决的问题.

由前面所学的知识可知，方程组的解由方程组的未知量前面的系数和等号右边的常数确定.

$$\begin{cases} a_{11}x_1+a_{12}x_2+\cdots+a_{1n}x_n=b_1, \\ a_{21}x_1+a_{22}x_2+\cdots+a_{2n}x_n=b_2, \\ \cdots\cdots\cdots\cdots \\ a_{m1}x_1+a_{m2}x_2+\cdots+a_{mn}x_n=b_m, \end{cases}$$

当方程组中的方程的位置确定以后，未知量前面的系数和常数就构成了一列有序数组，这样的有序数组我们称之为**向量**. 因此，一个方程组可确定一组向量，反之，一组向量在规定未知量的顺序后可唯一确定一个方程组，这就是说方程组与向量组是一一对应的. 因而对方程组的研究可转化为对向量组的研究. 这一章我们将用向量来进一步研究方程组. 为此需要引入向量这一有力工具.

4.1 *n* 维向量及其运算

4.1.1 向量的定义

在解析几何中，我们把既有大小又有方向的量叫做**向量**. 如：$\begin{pmatrix}2\\3\end{pmatrix}$ 的几何表示是一条由原点指向点$(2,3)$的平面有向线段(图 4-1). $\boldsymbol{\alpha}=\begin{pmatrix}2\\3\\4\end{pmatrix}$表示三维空间的有向线段(图 4-2).

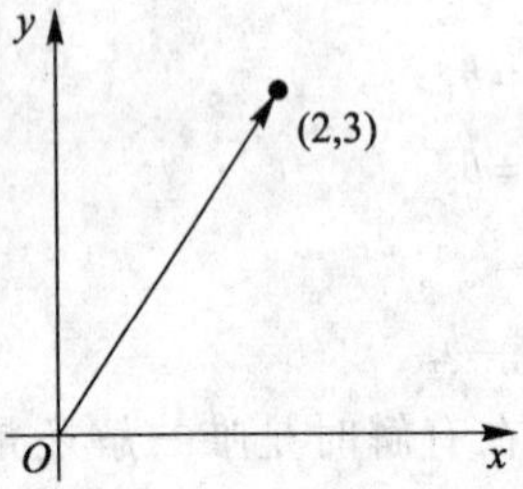

图 4-1　二维向量

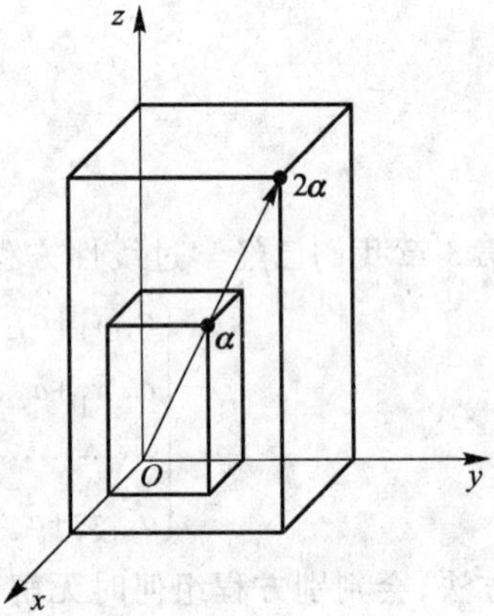

图 4-2　三维向量

当空间维数大于 3 后,向量又该如何表示呢? 几何中,空间通常看做点的集合,这样的空间叫做点空间. 平面解析几何中的点与二维向量一一对应,空间解析几何中的点与三维向量一一对应. 类似的,我们可以将 n 维空间的点与 n 维向量对应起来. 所以线性方程组的未知量的系数构成的向量就可以看成是三维向量的推广.

定义 1　由 n 个数 $a_1, a_2, \cdots, a_n$ 组成的有序数组,称作 ***n* 维向量**,这 n 个数称为该向量的 n 个分量,第 i 个数 a_i 称为第 i 个分量.

分量全为实数的向量称为**实向量**,分量为复数的向量称为**复向量**,常用 $\mathbf{R}^n$ 表示 n 维实向量的全体,用 $\mathbf{C}^n$ 表示 n 维复向量的全体. 本书中除特别指明外,一般只讨论实向量.

n 维向量可写成一行,也可写成一列. 分别称为**行向量**和**列向量**,这也就是第 2 章中的行矩阵和列矩阵,并规定行向量与列向量都按矩阵的运算规则进行运算. 因此,从运算的角度来说,n 维列向量

$$\boldsymbol{\alpha}=\begin{pmatrix}a_1\\a_2\\\vdots\\a_n\end{pmatrix}$$

与 n 维行向量

$$\boldsymbol{\alpha}^{\mathrm{T}}=(a_1,a_2,\cdots,a_n)$$

看做是两个不同的向量. 但从几何的角度来说,它们是同一个向量.

在本书中,用希腊字母 $\boldsymbol{\alpha},\boldsymbol{\beta},\cdots$ 来表示列向量,用 $\boldsymbol{\alpha}^{\mathrm{T}},\boldsymbol{\beta}^{\mathrm{T}},\cdots$ 表示行向量. 所讨论的向量在没有指明是行向量还是列向量时,都当做列向量.

定义 2　设 $\boldsymbol{\alpha}=\begin{pmatrix}a_1\\a_2\\\vdots\\a_n\end{pmatrix},\boldsymbol{\beta}=\begin{pmatrix}b_1\\b_2\\\vdots\\b_n\end{pmatrix}$ 是两个 n 维向量.

(1) **向量相等**　若　$a_i=b_i,\quad i=1,\cdots,n$, 称向量 $\boldsymbol{\alpha}$ 和向量 $\boldsymbol{\beta}$ 相等.

(2) **零向量**　所有分量都为零的向量,用 $\mathbf{0}$ 表示,其维数由上下文确定.

(3) **负向量**　称向量 $-\boldsymbol{\alpha}=\begin{pmatrix}-a_1\\-a_2\\\vdots\\-a_n\end{pmatrix}$ 为向量 $\boldsymbol{\alpha}$ 的负向量.

4.1.2　向量的运算

由矩阵的运算规则,容易得到向量加法、减法及数乘运算规则:

(1) **向量加法**　称向量 $\boldsymbol{\gamma}=\boldsymbol{\alpha}+\boldsymbol{\beta}=\begin{pmatrix}a_1+b_1\\a_2+b_2\\\vdots\\a_n+b_n\end{pmatrix}$ 为向量 $\boldsymbol{\alpha}$ 和向量 $\boldsymbol{\beta}$ 的和;

(2) **向量减法**　向量 $\boldsymbol{\alpha}$ 和向量 $\boldsymbol{\beta}$ 的减法定义为 $\boldsymbol{\alpha}$ 和 $(-\boldsymbol{\beta})$ 的加法: $\boldsymbol{\gamma}=\boldsymbol{\alpha}-\boldsymbol{\beta}=\boldsymbol{\alpha}+(-\boldsymbol{\beta})$;

(3) **数乘向量**　设 k 是一个数,称向量 $k\boldsymbol{\alpha}=\begin{pmatrix}ka_1\\ka_2\\\vdots\\ka_n\end{pmatrix}$ 为向量 $\boldsymbol{\alpha}$ 和数 k 的数乘向量.

把矩阵的加法、数乘等运算的运算规律移到向量上,同样成立:

(1) $\boldsymbol{\alpha}+\boldsymbol{\beta}=\boldsymbol{\beta}+\boldsymbol{\alpha}$;　　(2) $(\boldsymbol{\alpha}+\boldsymbol{\beta})+\boldsymbol{\gamma}=\boldsymbol{\alpha}+(\boldsymbol{\beta}+\boldsymbol{\gamma})$;

(3) $\boldsymbol{\alpha}+\mathbf{0}=\boldsymbol{\alpha}$;$\boldsymbol{\alpha}-\boldsymbol{\alpha}=\mathbf{0}$;　　(4) $(kl)\boldsymbol{\alpha}=k(l\boldsymbol{\alpha})$;

(5) $k(\boldsymbol{\alpha}+\boldsymbol{\beta})=k\boldsymbol{\alpha}+k\boldsymbol{\beta}$, $(k+l)\boldsymbol{\alpha}=k\boldsymbol{\alpha}+l\boldsymbol{\alpha}$;

(6) $1\boldsymbol{\alpha}=\boldsymbol{\alpha}$, $(-1)\boldsymbol{\alpha}=-\boldsymbol{\alpha}$, $0\boldsymbol{\alpha}=\mathbf{0}$, $k\mathbf{0}=\mathbf{0}$;

(7) 若 $k\boldsymbol{\alpha}=\mathbf{0}$,则 $k=0$ 或 $\boldsymbol{\alpha}=\mathbf{0}$.

在解析几何中我们知道,几何向量的加法可以由平行四边形法则实现.下面以平面向量为例进行说明.

设 $\boldsymbol{\alpha},\boldsymbol{\beta}$ 为平面向量,则和向量 $\boldsymbol{\alpha}+\boldsymbol{\beta}$ 为以 $\boldsymbol{\alpha}$, $\boldsymbol{\beta}$ 为邻边的平行四边形的对角线向量,如图 4-3 所示.

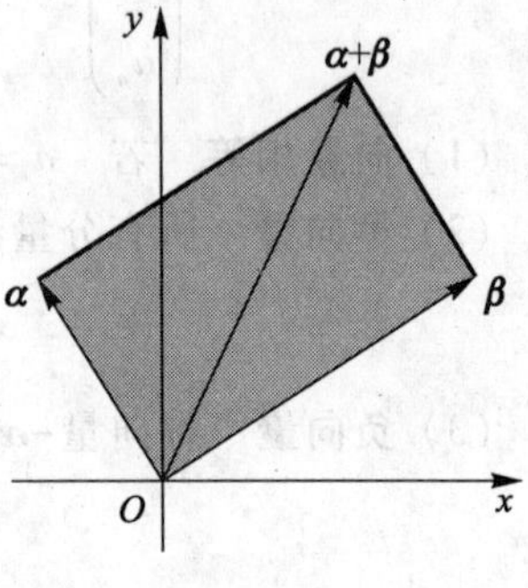

图 4-3　平行四边形法则

例 1　设 $\boldsymbol{\alpha}_1=(1,2,-1)^{\mathrm{T}}$, $\boldsymbol{\alpha}_2=(2,-3,1)^{\mathrm{T}}$, $\boldsymbol{\alpha}_3=(4,1,-1)^{\mathrm{T}}$ 计算 $2\boldsymbol{\alpha}_1+\boldsymbol{\alpha}_2$;并判别 $\boldsymbol{\alpha}_3$ 与 $\boldsymbol{\alpha}_1$, $\boldsymbol{\alpha}_2$ 的关系.

解　$2\boldsymbol{\alpha}_1+\boldsymbol{\alpha}_2=(4,1\ -1)^{\mathrm{T}}$,所以 $\boldsymbol{\alpha}_3=2\boldsymbol{\alpha}_1+\boldsymbol{\alpha}_2$,或写成 $2\boldsymbol{\alpha}_1+\boldsymbol{\alpha}_2+(-1)\boldsymbol{\alpha}_3=\mathbf{0}$.

4.2　向量组的线性相关性

若干个同维向量所组成的集合叫做**向量组**.例如一个 $m\times n$ 矩阵的全体列向量就是一个含 n 个 m 维列向量的向量组.又如线性方程组 $\boldsymbol{A}_{m\times n}\boldsymbol{x}=\mathbf{0}$ 的全体解当 $R(\boldsymbol{A})<n$ 时是一个含无限多个 n 维列向量的向量组.

矩阵的列向量组和行向量组都是只含有限个向量的向量组;反之,一个含有有限个向量的向量组总可以构成一个矩阵.例如

m 个 n 维列向量所组成的向量组 $\boldsymbol{A}:\boldsymbol{\alpha}_1,\boldsymbol{\alpha}_2,\cdots,\boldsymbol{\alpha}_m$ 构成一个 $n\times m$ 矩阵

$$\boldsymbol{A}=(\boldsymbol{\alpha}_1,\boldsymbol{\alpha}_2,\cdots,\boldsymbol{\alpha}_m);$$

m 个 n 维行向量所组成的向量组 $\boldsymbol{B}:\boldsymbol{\beta}_1^{\mathrm{T}},\boldsymbol{\beta}_2^{\mathrm{T}},\cdots,\boldsymbol{\beta}_m^{\mathrm{T}}$ 构成一个 $m\times n$ 矩阵

$$\boldsymbol{B}=\begin{pmatrix}\boldsymbol{\beta}_1^{\mathrm{T}}\\\boldsymbol{\beta}_2^{\mathrm{T}}\\\vdots\\\boldsymbol{\beta}_m^{\mathrm{T}}\end{pmatrix}.$$

注意:含有有限个向量的有序向量组与矩阵一一对应.

那么同一个向量组中向量之间有什么关系呢？不同的向量组之间关系如何呢？

我们很容易看到，向量组中向量的个数可以是有限的也可以是无限的. 下面我们讨论第一个问题，先讨论向量组中向量个数为有限的情况，然后推广到含无限多个向量的向量组.

4.2.1 向量组及其线性组合

定义 3 设有向量组 $\boldsymbol{A}:\boldsymbol{\alpha}_1,\boldsymbol{\alpha}_2,\cdots,\boldsymbol{\alpha}_m$，对于任何一组实数 $l_1, l_2, \cdots, l_m$，表达式

$$l_1\boldsymbol{\alpha}_1+l_2\boldsymbol{\alpha}_2+\cdots+l_m\boldsymbol{\alpha}_m$$

称向量组 $\boldsymbol{A}$ 的一个**线性组合**，其中 $l_1, l_2, \cdots, l_m$ 是这个线性组合的系数. 对于给定的向量 $\boldsymbol{\beta}$，如果存在一组数 $l_1, l_2, \cdots, l_m$，使得

$$\boldsymbol{\beta}=l_1\boldsymbol{\alpha}_1+l_2\boldsymbol{\alpha}_2+\cdots+l_m\boldsymbol{\alpha}_m,$$

则称**向量 $\boldsymbol{\beta}$ 能由向量组 $\boldsymbol{A}$ 线性表示.**

考虑线性方程组

$$\begin{cases}a_{11}x_1+a_{12}x_2+\cdots+a_{1n}x_n=b_1,\\a_{21}x_1+a_{22}x_2+\cdots+a_{2n}x_n=b_2,\\\cdots\cdots\cdots\cdots\\a_{m1}x_1+a_{m2}x_2+\cdots+a_{mn}x_n=b_m,\end{cases}$$

如果用向量 $\boldsymbol{\alpha}_j=\begin{pmatrix}a_{1j}\\a_{2j}\\\vdots\\a_{mj}\end{pmatrix}$ 表示未知量 x_j 的系数所成的 m 维列向量，用向量 $\boldsymbol{\beta}=\begin{pmatrix}b_1\\b_2\\\vdots\\b_m\end{pmatrix}$ 表示常数项列向量，$\boldsymbol{x}=\begin{pmatrix}x_1\\x_2\\\vdots\\x_n\end{pmatrix}$ 表示未知量列向量，那么，系数矩阵 $\boldsymbol{A}$ 及增广矩阵 $\boldsymbol{B}$ 可分别写成列向量矩阵

$$\boldsymbol{A}=(\boldsymbol{\alpha}_1,\boldsymbol{\alpha}_2,\cdots,\boldsymbol{\alpha}_m),\ \boldsymbol{B}=(\boldsymbol{\alpha}_1,\boldsymbol{\alpha}_2,\cdots,\boldsymbol{\alpha}_n,\boldsymbol{\beta}).$$

线性方程组可以用矩阵方程

$$\boldsymbol{Ax}=\boldsymbol{\beta}$$

及向量方程

$$x_1\boldsymbol{\alpha}_1+x_2\boldsymbol{\alpha}_2+\cdots+x_n\boldsymbol{\alpha}_n=\boldsymbol{\beta}$$

来表示. 于是，线性方程组有解的充分必要条件是向量 $\boldsymbol{\beta}$ 可以由向量组 $\boldsymbol{\alpha}_1,\boldsymbol{\alpha}_2,\cdots,\boldsymbol{\alpha}_n$ 线性表示. 特别的，线性方程组只有唯一解的充分必要条件是向量 $\boldsymbol{\beta}$ 可以由向量组 $\boldsymbol{\alpha}_1,\boldsymbol{\alpha}_2,\cdots,\boldsymbol{\alpha}_n$ 唯一的线性表示. 也即存在一组数 $\lambda_1,\lambda_2,\cdots,\lambda_n$，使

$$\boldsymbol{\beta}=\lambda_1\boldsymbol{\alpha}_1+\lambda_2\boldsymbol{\alpha}_2+\cdots+\lambda_n\boldsymbol{\alpha}_n$$

成立的充分必要条件是线性方程组有解. 这就告诉了我们一个求向量组线性表示的方法.

例 2 已知向量组 $\boldsymbol{\alpha}_1=\begin{pmatrix}1\\0\\2\\1\end{pmatrix}$, $\boldsymbol{\alpha}_2=\begin{pmatrix}1\\2\\0\\1\end{pmatrix}$, $\boldsymbol{\alpha}_3=\begin{pmatrix}2\\1\\3\\0\end{pmatrix}$, $\boldsymbol{\alpha}_4=\begin{pmatrix}2\\5\\-1\\4\end{pmatrix}$, 试用 $\boldsymbol{\alpha}_1,\boldsymbol{\alpha}_2,\boldsymbol{\alpha}_3$ 线性表示 $\boldsymbol{\alpha}_4$.

解 设有 x_1,x_2,x_3 使

$$x_1\boldsymbol{\alpha}_1+x_2\boldsymbol{\alpha}_2+x_3\boldsymbol{\alpha}_3=\boldsymbol{\alpha}_4,$$

即

$$x_1\begin{pmatrix}1\\0\\2\\1\end{pmatrix}+x_2\begin{pmatrix}1\\2\\0\\1\end{pmatrix}+x_3\begin{pmatrix}2\\1\\3\\0\end{pmatrix}=\begin{pmatrix}2\\5\\-1\\4\end{pmatrix},$$

于是得线性方程组

$$\begin{pmatrix}1&1&2\\0&2&1\\2&0&3\\1&1&0\end{pmatrix}\begin{pmatrix}x_1\\x_2\\x_3\end{pmatrix}=\begin{pmatrix}2\\5\\-1\\4\end{pmatrix}.$$

将方程组的增广矩阵化为行最简形,

$$\begin{pmatrix}1&1&2&2\\0&2&1&5\\2&0&3&-1\\1&1&0&4\end{pmatrix}\to\begin{pmatrix}1&0&0&1\\0&1&0&3\\0&0&1&-1\\0&0&0&0\end{pmatrix}.$$

由此可得 $\begin{cases}x_1=\ \ 1\\x_2=\ \ 3\\x_3=-1\end{cases}$, 因此, $\boldsymbol{\alpha}_4=\boldsymbol{\alpha}_1+3\boldsymbol{\alpha}_2-\boldsymbol{\alpha}_3$.

例 3 已知向量组 $\boldsymbol{\alpha}_1=\begin{pmatrix}2\\4\\2\end{pmatrix}$, $\boldsymbol{\alpha}_2=\begin{pmatrix}-1\\-2\\-1\end{pmatrix}$, $\boldsymbol{\alpha}_3=\begin{pmatrix}3\\5\\4\end{pmatrix}$, $\boldsymbol{\alpha}_4=\begin{pmatrix}1\\4\\0\end{pmatrix}$, 问可否由 $\boldsymbol{\alpha}_1,\boldsymbol{\alpha}_2,\boldsymbol{\alpha}_3$ 线性表示 $\boldsymbol{\alpha}_4$?

解 设有 x_1,x_2,x_3 使

$$x_1\boldsymbol{\alpha}_1+x_2\boldsymbol{\alpha}_2+x_3\boldsymbol{\alpha}_3=\boldsymbol{\alpha}_4,$$

可得方程组

$$\begin{pmatrix}2 & -1 & 3\\4 & -2 & 5\\2 & -1 & 4\end{pmatrix}\begin{pmatrix}x_1\\x_2\\x_3\end{pmatrix}=\begin{pmatrix}1\\4\\0\end{pmatrix}.$$

容易得出此方程组无解,因此 $\boldsymbol{\alpha}_4$ 不能由 $\boldsymbol{\alpha}_1,\boldsymbol{\alpha}_2,\boldsymbol{\alpha}_3$ 线性表示.

由线性方程组有解的充分必要条件,可得

定理 1 向量 $\boldsymbol{\beta}$ 可由向量组 $\boldsymbol{A}:\boldsymbol{\alpha}_1,\boldsymbol{\alpha}_2,\cdots,\boldsymbol{\alpha}_m$ 线性表示的充分必要条件是矩阵 $\boldsymbol{A}=(\boldsymbol{\alpha}_1,\boldsymbol{\alpha}_2,\cdots,\boldsymbol{\alpha}_m)$ 的秩等于矩阵 $\boldsymbol{B}=(\boldsymbol{\alpha}_1,\boldsymbol{\alpha}_2,\cdots,\boldsymbol{\alpha}_m,\boldsymbol{\beta})$ 的秩.

定义 4 若向量组 $\boldsymbol{A}:\boldsymbol{\alpha}_1,\boldsymbol{\alpha}_2,\cdots,\boldsymbol{\alpha}_m$ 中的每一个向量 $\boldsymbol{\alpha}_i$ 均可由向量组 $\boldsymbol{B}:\boldsymbol{\beta}_1,\boldsymbol{\beta}_2,\cdots,\boldsymbol{\beta}_t$ 线性表示,则称**向量组 $\boldsymbol{A}$ 可由向量组 $\boldsymbol{B}$ 线性表示**. 若向量组 $\boldsymbol{A}$ 与向量组 $\boldsymbol{B}$ 可相互线性表示,则称**向量组 $\boldsymbol{A}$ 与向量组 $\boldsymbol{B}$ 等价**.

等价具有以下性质:

(1) **反身性**:向量组与其本身等价;

(2) **对称性**:向量组(Ⅰ)与(Ⅱ)等价,则向量组(Ⅱ)也与(Ⅰ)等价;

(3) **传递性**:若向量组(Ⅰ)与(Ⅱ)等价,(Ⅱ)与(Ⅲ)等价,则(Ⅰ)与(Ⅲ)等价.

如果把向量组 $\boldsymbol{A}$ 和 $\boldsymbol{B}$ 所构成的矩阵依次记为 $\boldsymbol{A}=(\boldsymbol{\alpha}_1,\boldsymbol{\alpha}_2,\cdots,\boldsymbol{\alpha}_m)$,$\boldsymbol{B}=(\boldsymbol{\beta}_1,\boldsymbol{\beta}_2,\cdots,\boldsymbol{\beta}_l)$,向量组 $\boldsymbol{B}$ 能由向量组 $\boldsymbol{A}$ 线性表示,即对每个向量 $\boldsymbol{\beta}_j(j=1,2,\cdots,l)$ 存在数 $k_{1j},k_{2j},\cdots,k_{mj}$,使

$$\boldsymbol{\beta}_j=k_{1j}\boldsymbol{\alpha}_1+k_{2j}\boldsymbol{\alpha}_2+\cdots+k_{mj}\boldsymbol{\alpha}_m=(\boldsymbol{\alpha}_1,\boldsymbol{\alpha}_2,\cdots,\boldsymbol{\alpha}_m)\begin{pmatrix}k_{1j}\\k_{2j}\\\vdots\\k_{mj}\end{pmatrix},$$

从而

$$(\boldsymbol{\beta}_1,\boldsymbol{\beta}_2,\cdots,\boldsymbol{\beta}_l)=(\boldsymbol{\alpha}_1,\boldsymbol{\alpha}_2,\cdots,\boldsymbol{\alpha}_m)\begin{pmatrix}k_{11} & k_{12} & \cdots & k_{1l}\\k_{21} & k_{22} & \cdots & k_{2l}\\\vdots & \vdots & & \vdots\\k_{m1} & k_{m2} & \cdots & k_{ml}\end{pmatrix},$$

这里,矩阵 $\boldsymbol{K}_{m\times l}=(k_{ij})$ 称为这一线性表示的系数矩阵.

由此可知,若 $\boldsymbol{C}_{m\times n}=\boldsymbol{A}_{m\times l}\boldsymbol{B}_{l\times n}$,则矩阵 $\boldsymbol{C}$ 的列向量组能由矩阵 $\boldsymbol{A}$ 的列向量组线性表示,$\boldsymbol{B}$ 为这一表示的系数矩阵:

$$(\boldsymbol{\gamma}_1,\boldsymbol{\gamma}_2,\cdots,\boldsymbol{\gamma}_n)=(\boldsymbol{\alpha}_1,\boldsymbol{\alpha}_2,\cdots,\boldsymbol{\alpha}_l)\begin{pmatrix} b_{11} & b_{12} & \cdots & b_{1n} \\ b_{21} & b_{22} & \cdots & b_{2n} \\ \vdots & \vdots & & \vdots \\ b_{l1} & b_{l2} & \cdots & b_{ln} \end{pmatrix}.$$

同时,$\boldsymbol{C}$ 的行向量组能由 $\boldsymbol{B}$ 的行向量组线性表示,$\boldsymbol{A}$ 为这一表示的系数矩阵:

$$\begin{pmatrix} \boldsymbol{\eta}_1^{\mathrm{T}} \\ \boldsymbol{\eta}_2^{\mathrm{T}} \\ \vdots \\ \boldsymbol{\eta}_m^{\mathrm{T}} \end{pmatrix}=\begin{pmatrix} a_{11} & a_{12} & \cdots & a_{1l} \\ a_{21} & a_{22} & \cdots & a_{2l} \\ \vdots & \vdots & & \vdots \\ a_{m1} & a_{m2} & \cdots & a_{ml} \end{pmatrix}\begin{pmatrix} \boldsymbol{\beta}_1^{\mathrm{T}} \\ \boldsymbol{\beta}_2^{\mathrm{T}} \\ \vdots \\ \boldsymbol{\beta}_l^{\mathrm{T}} \end{pmatrix}.$$

设矩阵 $\boldsymbol{A}$ 与 $\boldsymbol{B}$ 行等价,即矩阵 $\boldsymbol{A}$ 经初等行变换变成矩阵 $\boldsymbol{B}$,则 $\boldsymbol{B}$ 的每个行向量都是 $\boldsymbol{A}$ 的行向量组的线性组合,即 $\boldsymbol{B}$ 的行向量组能由 $\boldsymbol{A}$ 的行向量组线性表示. 由于初等变换可逆,故矩阵 $\boldsymbol{B}$ 也可经初等行变换变为 $\boldsymbol{A}$,从而 $\boldsymbol{A}$ 的行向量组也能由 $\boldsymbol{B}$ 的行向量组线性表示. 于是 $\boldsymbol{A}$ 的行向量组与 $\boldsymbol{B}$ 的行向量组等价.

类似可知,若矩阵 $\boldsymbol{A}$ 与 $\boldsymbol{B}$ 列等价,则 $\boldsymbol{A}$ 的列向量组与 $\boldsymbol{B}$ 的列向量组等价.

向量组的线性组合、线性表示及等价等概念,也可移植作用于方程组:

(1) 对方程组 A 的各个方程作线性运算所得到的一个方程就称为方程组 A 的一个线性组合;

(2) 若方程组 B 的每个方程都是方程组 A 的线性组合,就称方程组 B 能由方程组 A 线性表示,这时方程组 A 的解就一定是方程组 B 的解;

(3) 若方程组 A 与 B 能相互线性表示,就称这两方程可互推,可互推的线性方程组一定同解.

向量组 $B:\boldsymbol{\beta}_1,\boldsymbol{\beta}_2,\cdots,\boldsymbol{\beta}_l$ 能由向量组 $A:\boldsymbol{\alpha}_1,\boldsymbol{\alpha}_2,\cdots,\boldsymbol{\alpha}_m$ 线性表示,其含义是存在矩阵 $\boldsymbol{K}_{m\times l}=(k_{ij})$,使得

$$(\boldsymbol{\beta}_1,\boldsymbol{\beta}_2,\cdots,\boldsymbol{\beta}_l)=(\boldsymbol{\alpha}_1,\boldsymbol{\alpha}_2,\cdots,\boldsymbol{\alpha}_m)\boldsymbol{K},$$

也就是矩阵方程

$$(\boldsymbol{\alpha}_1,\boldsymbol{\alpha}_2,\cdots,\boldsymbol{\alpha}_m)\boldsymbol{X}=(\boldsymbol{\beta}_1,\boldsymbol{\beta}_2,\cdots,\boldsymbol{\beta}_l)\text{ 或 }\boldsymbol{AX}=\boldsymbol{B}$$

有解.

于是,由上一章定理 11 可得

定理 2　向量组 $B:\boldsymbol{\beta}_1,\boldsymbol{\beta}_2,\cdots,\boldsymbol{\beta}_l$ 能由向量组 $A:\boldsymbol{\alpha}_1,\boldsymbol{\alpha}_2,\cdots,\boldsymbol{\alpha}_m$ 线性表示的充分必要条件是矩阵 $\boldsymbol{A}=(\boldsymbol{\alpha}_1,\boldsymbol{\alpha}_2,\cdots,\boldsymbol{\alpha}_m)$ 的秩等于矩阵 $(\boldsymbol{A},\boldsymbol{B})=(\boldsymbol{\alpha}_1,\boldsymbol{\alpha}_2,\cdots,\boldsymbol{\alpha}_m,\boldsymbol{\beta}_1,\boldsymbol{\beta}_2,\cdots,\boldsymbol{\beta}_l)$ 的秩,即 $R(\boldsymbol{A})=R(\boldsymbol{A},\boldsymbol{B})$.

推论　向量组 $A:\boldsymbol{\alpha}_1,\boldsymbol{\alpha}_2,\cdots,\boldsymbol{\alpha}_m$ 与向量组 $B:\boldsymbol{\beta}_1,\boldsymbol{\beta}_2,\cdots,\boldsymbol{\beta}_l$ 等价的充分必要条件是

$$R(\boldsymbol{A})=R(\boldsymbol{B})=R(\boldsymbol{A},\boldsymbol{B}),$$

其中 $\boldsymbol{A}$ 和 $\boldsymbol{B}$ 是向量组 A 和 B 所构成的矩阵.

定理 3 设向量组 $B:\boldsymbol{\beta}_1,\boldsymbol{\beta}_2,\cdots,\boldsymbol{\beta}_l$ 能由向量组 $A:\boldsymbol{\alpha}_1,\boldsymbol{\alpha}_2,\cdots,\boldsymbol{\alpha}_m$ 线性表示,则

$$R(\boldsymbol{B})\leqslant R(\boldsymbol{A}).$$

例 4 证明向量组 $\boldsymbol{\alpha}_1=\begin{pmatrix}1\\2\end{pmatrix}$, $\boldsymbol{\alpha}_2=\begin{pmatrix}1\\1\end{pmatrix}$ 与 2 维单位坐标向量组 $\boldsymbol{\varepsilon}_1=\begin{pmatrix}1\\0\end{pmatrix}$, $\boldsymbol{\varepsilon}_2=\begin{pmatrix}0\\1\end{pmatrix}$ 等价.

证 因为

$$\boldsymbol{\alpha}_1=\begin{pmatrix}1\\2\end{pmatrix}=\boldsymbol{\varepsilon}_1+2\boldsymbol{\varepsilon}_2,\ \boldsymbol{\alpha}_2=\begin{pmatrix}1\\1\end{pmatrix}=\boldsymbol{\varepsilon}_1+\boldsymbol{\varepsilon}_2,$$

所以向量组 $\boldsymbol{\alpha}_1$, $\boldsymbol{\alpha}_2$ 能由向量组 $\boldsymbol{\varepsilon}_1$, $\boldsymbol{\varepsilon}_2$ 线性表示.

又

$$\boldsymbol{\varepsilon}_1=\begin{pmatrix}1\\0\end{pmatrix}=(-1)\begin{pmatrix}1\\2\end{pmatrix}+2\begin{pmatrix}1\\1\end{pmatrix}=-\boldsymbol{\alpha}_1+2\boldsymbol{\alpha}_2,$$

$$\boldsymbol{\varepsilon}_2=\begin{pmatrix}0\\1\end{pmatrix}=\begin{pmatrix}1\\2\end{pmatrix}+(-1)\begin{pmatrix}1\\1\end{pmatrix}=\boldsymbol{\alpha}_1-\boldsymbol{\alpha}_2,$$

即向量组 $\boldsymbol{\varepsilon}_1$, $\boldsymbol{\varepsilon}_2$ 能由向量组 $\boldsymbol{\alpha}_1$, $\boldsymbol{\alpha}_2$ 线性表示,故 $\boldsymbol{\alpha}_1$, $\boldsymbol{\alpha}_2$ 与向量组 $\boldsymbol{\varepsilon}_1$, $\boldsymbol{\varepsilon}_2$ 等价.

例 5 设 $\boldsymbol{\alpha}_1=\begin{pmatrix}1\\-1\\1\\-1\end{pmatrix}$, $\boldsymbol{\alpha}_2=\begin{pmatrix}3\\1\\1\\3\end{pmatrix}$, $\boldsymbol{\beta}_1=\begin{pmatrix}2\\0\\1\\1\end{pmatrix}$, $\boldsymbol{\beta}_2=\begin{pmatrix}1\\1\\0\\2\end{pmatrix}$, $\boldsymbol{\beta}_3=\begin{pmatrix}3\\-1\\2\\0\end{pmatrix}$,

证明向量组 $\boldsymbol{\alpha}_1$, $\boldsymbol{\alpha}_2$ 与向量组 $\boldsymbol{\beta}_1$, $\boldsymbol{\beta}_2$, $\boldsymbol{\beta}_3$ 等价.

证 记 $\boldsymbol{A}=(\boldsymbol{\alpha}_1,\boldsymbol{\alpha}_2)$, $\boldsymbol{B}=(\boldsymbol{\beta}_1,\boldsymbol{\beta}_2,\boldsymbol{\beta}_3)$. 根据定理 2 的推论,只要证 $R(\boldsymbol{A})=R(\boldsymbol{B})=R(\boldsymbol{A},\boldsymbol{B})$. 为此把矩阵 $(\boldsymbol{A},\boldsymbol{B})$ 化成行阶梯形:

$$(\boldsymbol{A},\boldsymbol{B})=\begin{pmatrix}1&3&2&1&3\\-1&1&0&1&-1\\1&1&1&0&2\\-1&3&1&2&0\end{pmatrix}\rightarrow\begin{pmatrix}1&3&2&1&3\\0&2&1&1&1\\0&0&0&0&0\\0&0&0&0&0\end{pmatrix},$$

可见,$R(\boldsymbol{A})=R(\boldsymbol{B})=R(\boldsymbol{A},\boldsymbol{B})=2$.

4.2.2 向量组的线性相关性

定义 5 对于向量组 $A:\boldsymbol{\alpha}_1,\boldsymbol{\alpha}_2,\cdots,\boldsymbol{\alpha}_m$,若存在一组不全为零的数 $k_1,k_2,\cdots,k_m$,使得

$$k_1\boldsymbol{\alpha}_1+k_2\boldsymbol{\alpha}_2+\cdots+k_m\boldsymbol{\alpha}_m=\mathbf{0},$$

则称**向量组 A 线性相关**;否则称**向量组 A 线性无关**.

如例 1 中的向量组 $\boldsymbol{\alpha}_1, \boldsymbol{\alpha}_2, \boldsymbol{\alpha}_3$，由于有 $2\boldsymbol{\alpha}_1+\boldsymbol{\alpha}_2+(-1)\boldsymbol{\alpha}_3=\mathbf{0}$,所以线性相关.

> 注意:线性相关性与向量在向量组的排序无关,$\boldsymbol{\alpha}_1,\boldsymbol{\alpha}_2,\boldsymbol{\alpha}_3$ 与 $\boldsymbol{\alpha}_2,\boldsymbol{\alpha}_3,\boldsymbol{\alpha}_1$ 具有相同的线性相关性.

仅含一个向量 $\boldsymbol{\alpha}$ 的向量组线性无关当且仅当 $\boldsymbol{\alpha}$ 不是零向量.

下面用一个例子说明两个向量线性相关性的情况.

例 6　确定下列向量组是否线性无关

(1) $\boldsymbol{\alpha}_1=\begin{pmatrix}3\\1\end{pmatrix}, \boldsymbol{\alpha}_2=\begin{pmatrix}6\\2\end{pmatrix}$;　　(2) $\boldsymbol{\alpha}_1=\begin{pmatrix}3\\2\end{pmatrix}, \boldsymbol{\alpha}_2=\begin{pmatrix}6\\2\end{pmatrix}$.

解　(1) 注意到 $\boldsymbol{\alpha}_2$是 $\boldsymbol{\alpha}_1$的倍数,即 $\boldsymbol{\alpha}_2=2\boldsymbol{\alpha}_1$. 因此$-2\boldsymbol{\alpha}_1+\boldsymbol{\alpha}_2=\mathbf{0}$,表明向量组 $\boldsymbol{\alpha}_1,\boldsymbol{\alpha}_2$线性相关.

(2) $\boldsymbol{\alpha}_1$和 $\boldsymbol{\alpha}_2$不成倍数关系,故它们线性无关. 事实上,设 k_1和 k_2满足

$$k_1\boldsymbol{\alpha}_1+k_2\boldsymbol{\alpha}_2=\mathbf{0}.$$

若 $k_1\neq 0$,则我们可用 $\boldsymbol{\alpha}_2$表示 $\boldsymbol{\alpha}_1$,即 $\boldsymbol{\alpha}_1=(k_2/k_1)\boldsymbol{\alpha}_2$,这是不可能的,因 $\boldsymbol{\alpha}_1$不是 $\boldsymbol{\alpha}_2$的倍数. 故 k_1必是零. 类似地 k_2必是零,于是 $\boldsymbol{\alpha}_1,\boldsymbol{\alpha}_2$线性无关.

例 6 中的讨论说明:你总可以用观察法来决定两个向量是否线性无关.

> 两个向量构成的向量组线性相关的充分必要条件是其中一个是另一个的倍数(即它们的对应分量成比例);线性无关的充分必要条件是其中任一个向量都不是另一个向量的倍数.

从几何意义上看,两个向量线性相关,当且仅当它们落在通过原点的同一条直线上. 图 4-4 表示例 6 中两组向量的情况.

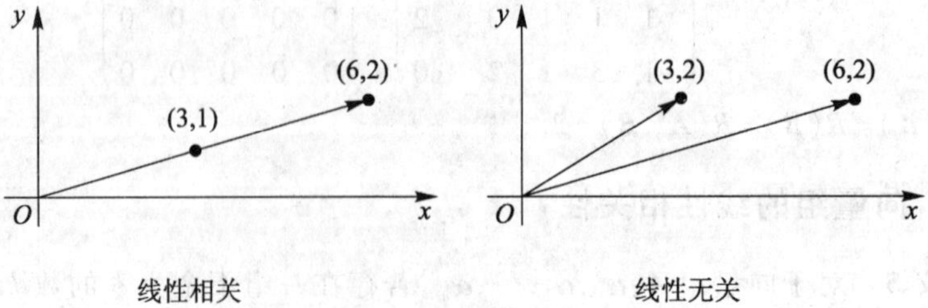

图 4-4　二维向量线性相关性的几何意义

设 $\boldsymbol{\alpha}_1,\boldsymbol{\alpha}_2$ 是二维向量，令 $\boldsymbol{A}=(\boldsymbol{\alpha}_1,\boldsymbol{\alpha}_2)$，若 $\boldsymbol{\alpha}_1,\boldsymbol{\alpha}_2$ 线性无关，则容易证明 $\det \boldsymbol{A}\neq 0$. 由第 1 章定理 5 知，$|\det \boldsymbol{A}|$ 为以 $\boldsymbol{\alpha}_1,\boldsymbol{\alpha}_2$ 为邻边的平行四边形的面积；若 $\boldsymbol{\alpha}_1,\boldsymbol{\alpha}_2$ 线性相关，则 $\det \boldsymbol{A}=0$. 此时，$\boldsymbol{\alpha}_1,\boldsymbol{\alpha}_2$ 共线，故以 $\boldsymbol{\alpha}_1,\boldsymbol{\alpha}_2$ 为邻边的平行四边形的面积等于零.

下面我们再来看一个关于三维向量的线性相关性的例子.

例 7　判断下列向量组的线性相关性.

(1) $\boldsymbol{\alpha}_1=\begin{pmatrix}3\\1\\0\end{pmatrix}$, $\boldsymbol{\alpha}_2=\begin{pmatrix}1\\6\\0\end{pmatrix}$, $\boldsymbol{\alpha}_3=\begin{pmatrix}4\\7\\0\end{pmatrix}$；(2) $\boldsymbol{\alpha}_1=\begin{pmatrix}3\\1\\0\end{pmatrix}$, $\boldsymbol{\alpha}_2=\begin{pmatrix}1\\6\\0\end{pmatrix}$, $\boldsymbol{\alpha}_3=\begin{pmatrix}4\\7\\5\end{pmatrix}$.

解　(1) 容易验证 $\boldsymbol{\alpha}_3=\boldsymbol{\alpha}_1+\boldsymbol{\alpha}_2$，即 $\boldsymbol{\alpha}_1+\boldsymbol{\alpha}_2-\boldsymbol{\alpha}_3=\boldsymbol{0}$，所以 $\boldsymbol{\alpha}_1,\boldsymbol{\alpha}_2,\boldsymbol{\alpha}_3$ 线性相关.

(2) 令

$$k_1\boldsymbol{\alpha}_1+k_2\boldsymbol{\alpha}_2+k_3\boldsymbol{\alpha}_3=\boldsymbol{0},$$

即

$$\begin{pmatrix}3&1&4\\1&6&7\\0&0&5\end{pmatrix}\begin{pmatrix}k_1\\k_2\\k_3\end{pmatrix}=\boldsymbol{0},$$

这是一个关于 k_1, k_2, k_3 的三元齐次线性方程组. 由于其系数矩阵的行列式

$$|\boldsymbol{A}|=\begin{vmatrix}3&1&4\\1&6&7\\0&0&5\end{vmatrix}=85\neq 0,$$

由克拉默法则知，该方程组只有零解，即 $k_1=k_2=k_3=0$，所以向量组 $\boldsymbol{\alpha}_1, \boldsymbol{\alpha}_2, \boldsymbol{\alpha}_3$ 线性无关.

例 7 中两组向量的几何意义如图 4-5 所示.

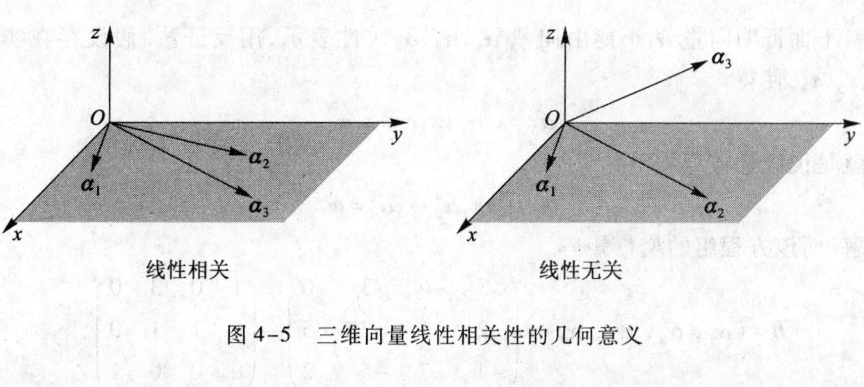

图 4-5　三维向量线性相关性的几何意义

图 4-5 说明，3 个线性相关的三维向量共面，而 3 个线性无关的三维向量不共面. 这一结论可推广到空间中的任意 3 个向量构成的向量组的情形

> 空间中的任意 3 个三维向量若线性相关，则它们共面；若线性无关，则它们不共面.

设 $\boldsymbol{\alpha}_1,\boldsymbol{\alpha}_2,\boldsymbol{\alpha}_3$ 是三维向量，令 $\boldsymbol{A}=(\boldsymbol{\alpha}_1,\boldsymbol{\alpha}_2,\boldsymbol{\alpha}_3)$，若 $\boldsymbol{\alpha}_1,\boldsymbol{\alpha}_2,\boldsymbol{\alpha}_3$ 线性无关，则容易证明 $\det \boldsymbol{A}\neq 0$. 由第 1 章定理 6 知，$|\det \boldsymbol{A}|$ 为以 $\boldsymbol{\alpha}_1,\boldsymbol{\alpha}_2,\boldsymbol{\alpha}_3$ 为邻边的平行六面体的体积；若 $\boldsymbol{\alpha}_1,\boldsymbol{\alpha}_2,\boldsymbol{\alpha}_3$ 线性相关，则 $\det \boldsymbol{A}=0$. 此时，$\boldsymbol{\alpha}_1,\boldsymbol{\alpha}_2,\boldsymbol{\alpha}_3$ 共面，故以 $\boldsymbol{\alpha}_1,\boldsymbol{\alpha}_2,\boldsymbol{\alpha}_3$ 为邻边的平行六面体的体积等于零.

定理 4　向量组 $A:\boldsymbol{\alpha}_1,\boldsymbol{\alpha}_2,\cdots,\boldsymbol{\alpha}_m(m\geqslant 2)$ 线性相关的充分必要条件是向量组 A 中至少有一个向量可由其余 $m-1$ 个向量线性表示.

证（略）.

> 注意：定理 4 并没有说在线性相关的向量组中每一个向量都是其余向量的线性组合，线性相关的向量组中可能存在某个向量，它不是其余向量的线性组合.

例 8　设 $\boldsymbol{\alpha}_1=\begin{pmatrix}3\\2\\-4\end{pmatrix}$，$\boldsymbol{\alpha}_2=\begin{pmatrix}-6\\1\\7\end{pmatrix}$，$\boldsymbol{\alpha}_3=\begin{pmatrix}0\\-5\\2\end{pmatrix}$，$\boldsymbol{\alpha}_4=\begin{pmatrix}3\\7\\-5\end{pmatrix}$，证明向量组 $\boldsymbol{\alpha}_1,\boldsymbol{\alpha}_2,\boldsymbol{\alpha}_3,\boldsymbol{\alpha}_4$ 线性相关，而且向量 $\boldsymbol{\alpha}_3$ 不能由向量 $\boldsymbol{\alpha}_1,\boldsymbol{\alpha}_2,\boldsymbol{\alpha}_4$ 线性表示.

解　容易验证

$$\boldsymbol{\alpha}_4=3\boldsymbol{\alpha}_1+\boldsymbol{\alpha}_2+0\boldsymbol{\alpha}_3,$$

即向量 $\boldsymbol{\alpha}_4$ 能由向量 $\boldsymbol{\alpha}_1,\boldsymbol{\alpha}_2,\boldsymbol{\alpha}_3$ 线性表示，由定理 4 知，向量组 $\boldsymbol{\alpha}_1,\boldsymbol{\alpha}_2,\boldsymbol{\alpha}_3,\boldsymbol{\alpha}_4$ 线性相关.

下面证明向量 $\boldsymbol{\alpha}_3$ 不能由向量 $\boldsymbol{\alpha}_1,\boldsymbol{\alpha}_2,\boldsymbol{\alpha}_4$ 线性表示，用反证法. 假设存在实数 x_1,x_2,x_3，使得

$$\boldsymbol{\alpha}_3=x_1\boldsymbol{\alpha}_1+x_2\boldsymbol{\alpha}_2+x_3\boldsymbol{\alpha}_4,$$

这就是说线性方程组

$$x_1\boldsymbol{\alpha}_1+x_2\boldsymbol{\alpha}_2+x_3\boldsymbol{\alpha}_4=\boldsymbol{\alpha}_3$$

有解. 而该方程组的增广矩阵

$$\boldsymbol{B}=(\boldsymbol{\alpha}_1,\ \boldsymbol{\alpha}_2,\ \boldsymbol{\alpha}_4,\ \boldsymbol{\alpha}_3)=\begin{pmatrix}3&-6&3&0\\2&1&7&-5\\-4&7&-5&2\end{pmatrix}\to\begin{pmatrix}1&0&3&0\\0&1&1&0\\0&0&0&1\end{pmatrix},$$

可得，方程组的系数矩阵的秩 $R(\boldsymbol{A})=2$，增广矩阵的秩 $R(\boldsymbol{B})=3$，因为 $R(\boldsymbol{A})\neq R(\boldsymbol{B})$，所以方程组无解，矛盾. 这就证明了向量 $\boldsymbol{\alpha}_3$ 不能由向量 $\boldsymbol{\alpha}_1,\boldsymbol{\alpha}_2,\boldsymbol{\alpha}_4$ 线性

表示.

向量组$\boldsymbol{A}:\boldsymbol{\alpha}_1,\boldsymbol{\alpha}_2,\cdots,\boldsymbol{\alpha}_m$构成矩阵$\boldsymbol{A}=(\boldsymbol{\alpha}_1,\boldsymbol{\alpha}_2,\cdots,\boldsymbol{\alpha}_m)$,向量组$\boldsymbol{A}$线性相关,就是齐次线性方程组

$$x_1\boldsymbol{\alpha}_1+x_2\boldsymbol{\alpha}_2+\cdots+x_m\boldsymbol{\alpha}_m=\boldsymbol{0}, \text{即 } \boldsymbol{Ax}=\boldsymbol{0}$$

有非零解. 由上一章定理10可得

定理5 向量组$\boldsymbol{\alpha}_1,\boldsymbol{\alpha}_2,\cdots,\boldsymbol{\alpha}_m$线性相关的充分必要条件是它所构成的矩阵$\boldsymbol{A}=(\boldsymbol{\alpha}_1,\boldsymbol{\alpha}_2,\cdots,\boldsymbol{\alpha}_m)$的秩小于向量个数$m$;向量组线性无关的充分必要条件是$R(\boldsymbol{A})=m$.

例9 试讨论n维单位坐标向量组$\boldsymbol{e}_1=\begin{pmatrix}1\\0\\\vdots\\0\end{pmatrix},\boldsymbol{e}_2=\begin{pmatrix}0\\1\\\vdots\\0\end{pmatrix},\cdots,\boldsymbol{e}_n=\begin{pmatrix}0\\0\\\vdots\\1\end{pmatrix}$的线性相关性.

解 n维单位坐标向量组构成的矩阵

$$\boldsymbol{E}=(\boldsymbol{e}_1,\boldsymbol{e}_2,\cdots,\boldsymbol{e}_n)$$

是n阶单位矩阵. 由$|\boldsymbol{E}|=1\neq 0$,知$R(\boldsymbol{E})=n$,即$R(\boldsymbol{E})$等于向量中向量个数,故由定理5知此向量组是线性无关的.

例10 设

$$\boldsymbol{\alpha}_1=\begin{pmatrix}1\\1\\1\end{pmatrix},\boldsymbol{\alpha}_2=\begin{pmatrix}-2\\0\\1\end{pmatrix},\boldsymbol{\alpha}_3=\begin{pmatrix}0\\1\\2\end{pmatrix},\boldsymbol{\alpha}_4=\begin{pmatrix}-1\\2\\2\end{pmatrix},$$

试讨论向量组$\boldsymbol{\alpha}_1,\boldsymbol{\alpha}_2,\boldsymbol{\alpha}_3,\boldsymbol{\alpha}_4$及向量组$\boldsymbol{\alpha}_1,\boldsymbol{\alpha}_2,\boldsymbol{\alpha}_3$的线性相关性.

解 对矩阵$(\boldsymbol{\alpha}_1,\boldsymbol{\alpha}_2,\boldsymbol{\alpha}_3,\boldsymbol{\alpha}_4)$施行初等行变换变成行阶梯形矩阵,即可同时看出矩阵$(\boldsymbol{\alpha}_1,\boldsymbol{\alpha}_2,\boldsymbol{\alpha}_3,\boldsymbol{\alpha}_4)$及$(\boldsymbol{\alpha}_1,\boldsymbol{\alpha}_2,\boldsymbol{\alpha}_3)$的秩,利用定理5即可得出结论.

$$(\boldsymbol{\alpha}_1,\boldsymbol{\alpha}_2,\boldsymbol{\alpha}_3,\boldsymbol{\alpha}_4)=\begin{pmatrix}1&-2&0&-1\\1&0&1&2\\1&1&2&2\end{pmatrix}\to\begin{pmatrix}1&-2&0&-1\\0&2&1&3\\0&0&1&-3\end{pmatrix},$$

可见$R(\boldsymbol{\alpha}_1,\boldsymbol{\alpha}_2,\boldsymbol{\alpha}_3,\boldsymbol{\alpha}_4)=3$小于向量个数4,故向量组$\boldsymbol{\alpha}_1,\boldsymbol{\alpha}_2,\boldsymbol{\alpha}_3,\boldsymbol{\alpha}_4$线性相关;同时可得$R(\boldsymbol{\alpha}_1,\boldsymbol{\alpha}_2,\boldsymbol{\alpha}_3)=3$,等于向量个数,故向量组$\boldsymbol{\alpha}_1,\boldsymbol{\alpha}_2,\boldsymbol{\alpha}_3$线性无关.

向量组的线性相关与线性无关的概念也可移用于线性方程组. 当方程组中有某个方程是其余方程的线性组合时,这个方程就是多余的,这时称方程组(各个方程)是线性相关的;当方程组中没有多余方程,就称该方程组(各个方程)线性无关. 同时,由定理5可得到判别线性方程组是否有多余方程的条件,这就是

> 线性方程组 $A_{m\times n}x=b$ 有多余方程的充分必要条件是它的增广矩阵 B 的秩小于方程的个数，即 $R(B)<m$.

至此，第0章中提出的如何判别线性方程组中是否有多余的方程这一问题得到有效解决.

线性相关性是向量组的一个重要性质，下面介绍与之有关的一些简单的结论.

定理6 设向量组 $A:\alpha_1,\alpha_2,\cdots,\alpha_m$ 线性无关，而向量组 $B:\alpha_1,\alpha_2,\cdots,\alpha_m,\beta$ 线性相关，则向量 β 必能由向量组 A 线性表示，且表示式唯一.

证 记 $A=(\alpha_1,\alpha_2,\cdots,\alpha_m)$，$B=(\alpha_1,\alpha_2,\cdots,\alpha_m,\beta)$，有 $R(A)\leqslant R(B)$. 因 A 组线性无关，有 $R(A)=m$；因 B 组线性相关，有 $R(B)<m+1$. 所以 $m\leqslant R(B)<m+1$，即有 $R(B)=m$.

由 $R(A)=R(B)=m$，根据上一章定理8知，方程组

$$(\alpha_1,\alpha_2,\cdots,\alpha_m)x=\beta$$

有唯一解，即向量 β 能由向量组 A 线性表示，且表示式唯一. ■

定理7 m 个 n 维向量组成的向量组，当向量组中向量的个数 m 大于向量的维数 n 时一定线性相关. 特别地，$n+1$ 个 n 维向量一定线性相关.

证 设 m 个 n 维向量 $\alpha_1,\alpha_2,\cdots,\alpha_m$ 构成矩阵 $A_{n\times m}=(\alpha_1,\alpha_2,\cdots,\alpha_m)$，则有 $R(A)\leqslant n$. 当 $n<m$ 时，有 $R(A)\leqslant n<m$，故 m 个向量 $\alpha_1,\alpha_2,\cdots,\alpha_m$ 线性相关. ■

定理8 若向量组 $A:\alpha_1,\alpha_2,\cdots,\alpha_m$ 线性相关，则向量组 $B:\alpha_1,\cdots,\alpha_m,\alpha_{m+1}$ 也线性相关. 反言之，若向量组 B 线性无关，则向量组 A 也线性无关.

证 记 $A=(\alpha_1,\alpha_2,\cdots,\alpha_m)$，$B=(\alpha_1,\cdots,\alpha_m,\alpha_{m+1})$，有 $R(B)\leqslant R(A)+1$. 因向量组 A 线性相关，故根据定理5，有 $R(A)<m$，从而 $R(B)\leqslant R(A)+1<m+1$，因此根据定理5知向量组 B 线性相关. ■

定理8是对向量组增加一个向量而言的，增加多个向量结论也仍然成立. 即设向量组 A 是向量组 B 的一部分（这时称 A 组是 B 组的**部分组**），于是定理8可一般地叙述为

> 一个向量组中若有线性相关的部分组，则该向量组线性相关. 特别地，含零向量的向量组必线性相关. 一个向量组若线性无关，则它的任何部分组都线性无关.

例11 用观察法确定下列向量组是否线性相关.

(1) $\begin{pmatrix}1\\7\\6\end{pmatrix},\begin{pmatrix}2\\0\\9\end{pmatrix},\begin{pmatrix}3\\1\\5\end{pmatrix},\begin{pmatrix}4\\1\\4\end{pmatrix}$；(2) $\begin{pmatrix}1\\2\\-3\end{pmatrix},\begin{pmatrix}0\\0\\0\end{pmatrix},\begin{pmatrix}-4\\7\\1\end{pmatrix}$；(3) $\begin{pmatrix}-2\\2\\0\\9\end{pmatrix},\begin{pmatrix}8\\-2\\5\\1\end{pmatrix}$.

解　(1) 这个向量组中有 4 个 3 维向量,因为向量的个数大于向量的维数,由定理 7 知,它线性相关.

(2) 因为这个向量组中含有一个零向量,故由定理 8 知,它线性相关.

(3) 这是由两个向量组成的向量组,因为这两个向量的对应分量不成比例,所以它线性无关.

4.3　向量组的秩

4.3.1　定义

前面讨论向量组的线性组合和线性相关性时,矩阵的秩有着重要的作用,为使讨论进一步深入,我们把秩的概念引入向量组.

定义 6　设有向量组 $\boldsymbol{A}$,如果在 $\boldsymbol{A}$ 中能选出 r 个向量 $\boldsymbol{\alpha}_1,\boldsymbol{\alpha}_2,\cdots,\boldsymbol{\alpha}_r$,满足

(1) 向量组 $\boldsymbol{A}_0:\boldsymbol{\alpha}_1,\boldsymbol{\alpha}_2,\cdots,\boldsymbol{\alpha}_r$ 线性无关;

(2) 向量组 $\boldsymbol{A}$ 中任意 $r+1$ 个向量(如果 $\boldsymbol{A}$ 中有 $r+1$ 个向量的话)都线性相关,则称向量组 $\boldsymbol{A}_0$ 是向量组 $\boldsymbol{A}$ 的一个**极大线性无关向量组**(简称**极大无关组**);极大无关组中向量的个数称为**向量组的秩**,记为 R_A.

特别地,若向量组 $\boldsymbol{A}$ 本身线性无关,则 $\boldsymbol{A}$ 便是其一个极大无关组;而只含零向量的向量组没有极大无关组,规定它的秩为 0.

例 12　全体 n 维向量构成的向量组记作 $\mathbf{R}^n$,求 $\mathbf{R}^n$ 的一个极大无关组及 $\mathbf{R}^n$ 的秩.

解　在例 9 中,我们证明了 n 维单位坐标向量组

$$\boldsymbol{E}:\boldsymbol{e}_1,\ \boldsymbol{e}_2,\ \cdots,\ \boldsymbol{e}_n$$

是线性无关的,又根据定理 7 知,$\mathbf{R}^n$ 中的任意 $n+1$ 个向量都是线性相关的,因此向量组 $\boldsymbol{E}$ 是 $\mathbf{R}^n$ 的一个极大无关组,且 $\mathbf{R}^n$ 的秩等于 n.

另外,n 维向量组

$$\boldsymbol{\eta}_1=\begin{pmatrix}1\\0\\0\\\vdots\\0\end{pmatrix},\quad \boldsymbol{\eta}_2=\begin{pmatrix}1\\1\\0\\\vdots\\0\end{pmatrix},\quad \cdots,\quad \boldsymbol{\eta}_n=\begin{pmatrix}1\\1\\1\\\vdots\\1\end{pmatrix}$$

也是线性无关的，从而它也是 $\mathbf{R}^n$ 中的一个极大无关组.

例 12 说明，一个向量组的极大无关组可能不是唯一的，那么这些极大无关组有何关系呢？它们所含有的向量个数是否都相同呢？下面我们对这些问题进行研究.

4.3.2　向量组的秩与矩阵的秩的关系

关于向量组及其极大无关组有以下定理.

定理 9　向量组与其任何一个极大无关组等价，从而一个向量组的任意两个极大无关组等价.

证　设向量组 $\boldsymbol{A}_0:\boldsymbol{\alpha}_1,\boldsymbol{\alpha}_2,\cdots,\boldsymbol{\alpha}_r$ 是向量组 $\boldsymbol{A}$ 的任一个极大无关组，则 $\boldsymbol{A}_0$ 是 $\boldsymbol{A}$ 的一个部分组，故 $\boldsymbol{A}_0$ 总能由 $\boldsymbol{A}$ 线性表示. 而由定义 6 的条件(2)知：对于 $\boldsymbol{A}$ 中任一向量 $\boldsymbol{\alpha}$，$r+1$ 个向量 $\boldsymbol{\alpha}_1,\cdots,\boldsymbol{\alpha}_r,\boldsymbol{\alpha}$ 线性相关，而 $\boldsymbol{\alpha}_1,\boldsymbol{\alpha}_2,\cdots,\boldsymbol{\alpha}_r$ 线性无关. 根据定理 6 知：$\boldsymbol{\alpha}$ 能由 $\boldsymbol{\alpha}_1,\boldsymbol{\alpha}_2,\cdots,\boldsymbol{\alpha}_r$ 线性表示，即 $\boldsymbol{A}$ 能由 $\boldsymbol{A}_0$ 线性表示. 所以 $\boldsymbol{A}$ 与 $\boldsymbol{A}_0$ 等价.

设 $\boldsymbol{A}_{01}$ 与 $\boldsymbol{A}_{02}$ 是 $\boldsymbol{A}$ 的任意两个极大无关组，则由前面的证明知，$\boldsymbol{A}_{01}$ 与 $\boldsymbol{A}$ 等价，$\boldsymbol{A}$ 与 $\boldsymbol{A}_{02}$ 等价，由等价的传递性知：$\boldsymbol{A}_{01}$ 与 $\boldsymbol{A}_{02}$ 等价. ■

向量组的极大无关组是该向量组的一个线性无关的部分组，那么向量组的一个线性无关的部分组满足什么条件时才是一个极大无关组呢？下面的定理给出了这个条件.

定理 10（极大无关组的等价定义）　设向量组 $\boldsymbol{A}_0:\boldsymbol{\alpha}_1,\boldsymbol{\alpha}_2,\cdots,\boldsymbol{\alpha}_r$ 是向量组 $\boldsymbol{A}$ 的一个部分组，且满足

(1) 向量组 $\boldsymbol{A}_0$ 线性无关；

(2) 向量组 $\boldsymbol{A}$ 的任一向量都能由向量组 $\boldsymbol{A}_0$ 线性表示，

那么向量组 $\boldsymbol{A}_0$ 便是向量组 $\boldsymbol{A}$ 的一个极大无关组.

证　只要证向量组 $\boldsymbol{A}$ 中任意 $r+1$ 个向量线性相关即可. 设 $\boldsymbol{\beta}_1,\boldsymbol{\beta}_2,\cdots,\boldsymbol{\beta}_{r+1}$ 是 $\boldsymbol{A}$ 中任意 $r+1$ 个向量，由条件(2)知，这 $r+1$ 个向量能由向量组 $\boldsymbol{A}_0$ 线性表示，从而根据定理 3，有

$$R(\boldsymbol{\beta}_1,\boldsymbol{\beta}_2,\cdots,\boldsymbol{\beta}_{r+1})\leqslant R(\boldsymbol{\alpha}_1,\boldsymbol{\alpha}_2,\cdots,\boldsymbol{\alpha}_r)=r,$$

再根据定理 5 知，$r+1$ 个向量 $\boldsymbol{\beta}_1,\boldsymbol{\beta}_2,\cdots,\boldsymbol{\beta}_{r+1}$ 线性相关. 因此向组 $\boldsymbol{A}_0$ 满足定义 6 所规定的极大无关组的条件，即 $\boldsymbol{A}_0$ 是向量组 $\boldsymbol{A}$ 的一个极大无关组. ■

对于只含有有限个向量的向量组 $\boldsymbol{A}:\boldsymbol{\alpha}_1,\boldsymbol{\alpha}_2,\cdots,\boldsymbol{\alpha}_m$，它可以构成矩阵 $\boldsymbol{A}=(\boldsymbol{\alpha}_1,\boldsymbol{\alpha}_2,\cdots,\boldsymbol{\alpha}_m)$. 把定义 6 与上一章矩阵的最高阶非零子式及矩阵的秩的定义作比较，容易得到

定理 11　矩阵的秩等于它的列向量组的秩，也等于它的行向量组的秩.

证　设 $\boldsymbol{A}=(\boldsymbol{\alpha}_1,\boldsymbol{\alpha}_2,\cdots,\boldsymbol{\alpha}_m)$，$R(\boldsymbol{A})=r$，并设 r 阶子式 $\boldsymbol{D}_r\neq 0$. 根据定理 5，由

$D_r \neq 0$ 知 D_r 所在的 r 列线性无关；又由 A 中所有 $r+1$ 阶子式均为零，知 A 中任意 $r+1$ 个列向量都线性相关. 因此 D_r 所在的 r 列是 A 的列向量组的一个极大无关组，所以列向量组的秩等于 r.

类似可证矩阵 A 的行向量组的秩也等于 $R(A)$. ■

由上一章定理 3 的推论 1 及定理 11 容易得到

定理 12 等价的向量组有相同的秩.

证 设 $A=(\alpha_1,\alpha_2,\cdots,\alpha_m)$，$B=(\beta_1,\beta_2,\cdots,\beta_s)$. 若 A 的列向量组 $\alpha_1,\alpha_2,\cdots,\alpha_m$ 与 B 的列向量组 $\beta_1,\beta_2,\cdots,\beta_s$ 等价，则矩阵 A 与 B 等价，由上一章定理 3 的推论 1 知，$R(A)=R(B)$. 再由定理 11 得 $R(\alpha_1,\alpha_2,\cdots,\alpha_m)=R(\beta_1,\beta_2,\cdots,\beta_m)$. ■

推论 向量组的所有极大无关组所含向量的个数相等.

至此，求方程组的保留方程组的问题得到解决. 设方程组 $Ax=b$ 的增广矩阵 $B=(A,\ b)$ 的行向量组为 $\beta_1^{\mathrm{T}},\beta_2^{\mathrm{T}},\cdots,\beta_m^{\mathrm{T}}$，则向量组 $\beta_1^{\mathrm{T}},\beta_2^{\mathrm{T}},\cdots,\beta_m^{\mathrm{T}}$ 的秩为方程组 $Ax=b$ 中有效方程的个数，一个极大无关组中的向量对应的方程构成一个保留方程组.

4.3.3 向量组的极大无关组的求法

定理 10、定理 11 为我们提供了一个求向量组的秩、极大无关组并用极大无关组表示其余向量的有效方法，这个方法的步骤如下：

(1) 将向量组中的每个向量作为矩阵的一列构造一个矩阵；

(2) 对所作的矩阵施行初等行变换，直至化为行最简形矩阵；

(3) 在所得的行最简形矩阵中，每个非零行的第一个非零元所在的列对应的向量构成一个极大无关组，不在极大无关组中的列上的元素即为用极大无关组表示该列所在的向量的表示系数.

下面的例子都要用这种方法.

例 13 设 $\alpha_1=\begin{pmatrix}2\\1\\3\\2\end{pmatrix}$，$\alpha_2=\begin{pmatrix}3\\2\\-2\\-3\end{pmatrix}$，$\alpha_3=\begin{pmatrix}1\\0\\8\\7\end{pmatrix}$，$\alpha_4=\begin{pmatrix}-3\\-2\\3\\4\end{pmatrix}$，$\alpha_5=\begin{pmatrix}-7\\-4\\0\\3\end{pmatrix}$，试求向量组 $\alpha_1,\alpha_2,\alpha_3,\alpha_4,\alpha_5$ 的秩及其一个极大无关组，并将其余向量用这个极大无关组线性表示.

解 构造矩阵

$$A=(\alpha_1,\alpha_2,\alpha_3,\alpha_4,\alpha_5)=\begin{pmatrix}2&3&1&-3&-7\\1&2&0&-2&-4\\3&-2&8&3&0\\2&-3&7&4&3\end{pmatrix},$$

对矩阵 $\boldsymbol{A}$ 作初等行变换并化为行最简形矩阵,

$$\boldsymbol{A}=\begin{pmatrix}2&3&1&-3&-7\\1&2&0&-2&-4\\3&-2&8&3&0\\2&-3&7&4&3\end{pmatrix}\to\begin{pmatrix}1&0&2&0&-2\\0&1&-1&0&3\\0&0&0&1&4\\0&0&0&0&0\end{pmatrix}.$$

由此可得 $R(\boldsymbol{A})=3$,于是 $\boldsymbol{A}$ 的列向量组的秩等于3. 在行最简形矩阵中,第1,2,3行,第1,2,4列构成一个不为零的3阶子式,所以 $\boldsymbol{A}$ 的位于该子式的第1,2,4列对应的向量线性无关,即 $\boldsymbol{\alpha}_1,\boldsymbol{\alpha}_2,\boldsymbol{\alpha}_4$ 线性无关,它即为一个极大无关组,$\boldsymbol{\alpha}_3,\boldsymbol{\alpha}_5$ 用这个极大无关组表示的表示式为

$$\boldsymbol{\alpha}_3=2\boldsymbol{\alpha}_1-\boldsymbol{\alpha}_2,$$
$$\boldsymbol{\alpha}_5=-2\boldsymbol{\alpha}_1+3\boldsymbol{\alpha}_2+4\boldsymbol{\alpha}_4.$$

下面来说明行最简形矩阵中第5列上的前三个元素为用极大无关组 $\boldsymbol{\alpha}_1$,$\boldsymbol{\alpha}_2,\boldsymbol{\alpha}_4$ 表示向量 $\boldsymbol{\alpha}_5$ 时的表示系数. 令

$$\boldsymbol{\alpha}_5=x_1\boldsymbol{\alpha}_1+x_2\boldsymbol{\alpha}_2+x_3\boldsymbol{\alpha}_4,$$

这是一个关于 x_1, x_2, x_3 的线性方程组,由于用极大无关组表示向量时的表示式唯一,所以该方程组有唯一解. 现在用矩阵的初等行变换法来求解. 把该方程组的增广矩阵化为行最简形矩阵,得

$$\boldsymbol{B}=\begin{pmatrix}2&3&-3&-7\\1&2&-3&-4\\3&-2&3&0\\2&-3&4&3\end{pmatrix}\to\begin{pmatrix}1&0&0&-2\\0&1&0&3\\0&0&1&4\\0&0&0&0\end{pmatrix},$$

于是 $x_1=-2$, $x_2=3$, $x_3=4$.

例 14 设 $\boldsymbol{\alpha}_1=\begin{pmatrix}1\\-1\\1\\-1\end{pmatrix}$, $\boldsymbol{\alpha}_2=\begin{pmatrix}3\\1\\1\\3\end{pmatrix}$, $\boldsymbol{\beta}_1=\begin{pmatrix}2\\0\\1\\1\end{pmatrix}$, $\boldsymbol{\beta}_2=\begin{pmatrix}1\\1\\0\\2\end{pmatrix}$, $\boldsymbol{\beta}_3=\begin{pmatrix}3\\-1\\2\\0\end{pmatrix}$,

证明向量组 $\boldsymbol{\alpha}_1$, $\boldsymbol{\alpha}_2$ 与向量组 $\boldsymbol{\beta}_1$, $\boldsymbol{\beta}_2$, $\boldsymbol{\beta}_3$ 等价.

证 这是第2节的例5,在这里我们用向量组的极大无关组及其性质来给出另外一种证法.

如果向量组 $\boldsymbol{\alpha}_1$, $\boldsymbol{\alpha}_2$ 与向量组 $\boldsymbol{\beta}_1$, $\boldsymbol{\beta}_2$, $\boldsymbol{\beta}_3$ 等价,则它们的极大无关组也等价,由于同一个向量组的任意两个极大无关组等价,因此只需证明向量组 $\boldsymbol{\alpha}_1$, $\boldsymbol{\alpha}_2$ 与向量组 $\boldsymbol{\beta}_1$, $\boldsymbol{\beta}_2$, $\boldsymbol{\beta}_3$ 的极大无关组是同一个向量组的两个极大无关组即可. 为此,把这两个向量组合并成一个向量组,并构造矩阵

$$A=(\boldsymbol{\alpha}_1,\boldsymbol{\alpha}_2,\boldsymbol{\beta}_1,\boldsymbol{\beta}_2,\boldsymbol{\beta}_3)=\begin{pmatrix}1&3&2&1&3\\-1&1&0&1&-1\\1&1&1&0&2\\-1&3&1&2&0\end{pmatrix},$$

把矩阵 A 化成行阶梯形矩阵

$$A=\begin{pmatrix}1&3&2&1&3\\-1&1&0&1&-1\\1&1&1&0&2\\-1&3&1&2&0\end{pmatrix}\to\begin{pmatrix}1&3&2&1&3\\0&2&1&1&1\\0&0&0&0&0\\0&0&0&0&0\end{pmatrix}.$$

由此可得 $R(A)=2$，于是 A 的列向量组的秩等于 2，即向量组 $\boldsymbol{\alpha}_1,\boldsymbol{\alpha}_2,\boldsymbol{\beta}_1,\boldsymbol{\beta}_2,\boldsymbol{\beta}_3$ 的秩等于 2. 因为 $\boldsymbol{\alpha}_1,\boldsymbol{\alpha}_2$ 及 $\boldsymbol{\beta}_1,\boldsymbol{\beta}_2$ 都线性无关，所以 $\boldsymbol{\alpha}_1,\boldsymbol{\alpha}_2$ 及 $\boldsymbol{\beta}_1,\boldsymbol{\beta}_2$ 都是向量组 $\boldsymbol{\alpha}_1,\boldsymbol{\alpha}_2,\boldsymbol{\beta}_1,\boldsymbol{\beta}_2,\boldsymbol{\beta}_3$ 的极大无关组，所以等价. 得证.

例 15 设齐次线性方程组

$$\begin{cases}x_1+x_2-x_3+x_4=0,\\x_1-x_2+3x_3-x_4=0,\\3x_1+x_2+x_3+x_4=0\end{cases}$$

的全体解向量构成的向量组为 S，求 S 的秩.

解 先解方程，为此把系数矩阵 A 化成行最简形：

$$A=\begin{pmatrix}1&1&-1&1\\1&-1&3&-1\\3&1&1&1\end{pmatrix}\to\begin{pmatrix}1&0&1&0\\0&1&-2&1\\0&0&0&0\end{pmatrix},$$

得

$$\begin{cases}x_1=-x_3,\\x_2=2x_3-x_4,\end{cases}$$

令自由未知量 $x_3=c_1, x_4=c_2$，得通解

$$\begin{pmatrix}x_1\\x_2\\x_3\\x_4\end{pmatrix}=c_1\begin{pmatrix}-1\\2\\1\\0\end{pmatrix}+c_2\begin{pmatrix}0\\-1\\0\\1\end{pmatrix},$$

把上式记作 $\boldsymbol{x}=c_1\boldsymbol{\xi}_1+c_2\boldsymbol{\xi}_2$，知

$$S=\{\boldsymbol{x}=c_1\boldsymbol{\xi}_1+c_2\boldsymbol{\xi}_2\mid c_1,c_2\in\mathbf{R}\},$$

即 S 能由向量组 $\boldsymbol{\xi}_1,\boldsymbol{\xi}_2$ 线性表示. 又因 $\boldsymbol{\xi}_1,\boldsymbol{\xi}_2$ 线性无关，所以根据极大无关组的等价定义知，$\boldsymbol{\xi}_1,\boldsymbol{\xi}_2$ 是 S 的极大无关组，从而 $R_S=2$.

例 16 设有线性方程组

$$\begin{cases} x_1+3x_2-2x_3=4, \\ 3x_1+2x_2-5x_3=11, \\ 2x_1+x_2+x_3=3, \\ -2x_1+x_2+3x_3=-7, \\ x_1+5x_2+2x_3=0, \end{cases}$$

判别该方程组中是否有多余的方程，有几个多余的方程，并求其保留方程组.

解　令

$$\boldsymbol{\beta}_1^{\mathrm{T}}=(1,3,-2,4),$$
$$\boldsymbol{\beta}_2^{\mathrm{T}}=(3,2,-5,11),$$
$$\boldsymbol{\beta}_3^{\mathrm{T}}=(2,1,1,3),$$
$$\boldsymbol{\beta}_4^{\mathrm{T}}=(-2,1,3,-7),$$
$$\boldsymbol{\beta}_5^{\mathrm{T}}=(1,5,2,0),$$

则方程组与向量组 $\boldsymbol{\beta}_1,\boldsymbol{\beta}_2,\boldsymbol{\beta}_3,\boldsymbol{\beta}_4,\boldsymbol{\beta}_5$ 一一对应. 方程组的这些问题可以由向量组 $\boldsymbol{\beta}_1,\boldsymbol{\beta}_2,\boldsymbol{\beta}_3,\boldsymbol{\beta}_4,\boldsymbol{\beta}_5$ 来解决：当向量组线性相关时，方程组有多余的方程；向量组中向量的个数减去向量组的秩即为多余的方程的个数；向量组的极大无关组所确定的方程组为保留方程组. 为了得到具体答案，我们先构造矩阵

$$\boldsymbol{C}=(\boldsymbol{\beta}_1,\boldsymbol{\beta}_2,\boldsymbol{\beta}_3,\boldsymbol{\beta}_4,\boldsymbol{\beta}_5)=\begin{pmatrix} 1 & 3 & 2 & -2 & 1 \\ 3 & 2 & 1 & 1 & 5 \\ -2 & -5 & 1 & 3 & 2 \\ 4 & 11 & 3 & -7 & 0 \end{pmatrix},$$

把矩阵 $\boldsymbol{C}$ 化成行最简形矩阵：

$$\boldsymbol{C}=\begin{pmatrix} 1 & 3 & 2 & -2 & 1 \\ 3 & 2 & 1 & 1 & 5 \\ -2 & -5 & 1 & 3 & 2 \\ 4 & 11 & 3 & -7 & 0 \end{pmatrix}\to\begin{pmatrix} 1 & 0 & 0 & 1 & 2 \\ 0 & 1 & 0 & -1 & -1 \\ 0 & 0 & 1 & 0 & 1 \\ 0 & 0 & 0 & 0 & 0 \end{pmatrix},$$

由此可得 $R(\boldsymbol{C})=3$，于是 $\boldsymbol{C}$ 的列向量组（即 $\boldsymbol{\beta}_1,\boldsymbol{\beta}_2,\boldsymbol{\beta}_3,\boldsymbol{\beta}_4,\boldsymbol{\beta}_5$）的秩等于 3，所以线性相关，故方程组中有多余的方程，且有 $5-3=2$ 个多余的方程；$\boldsymbol{\beta}_1,\boldsymbol{\beta}_2,\boldsymbol{\beta}_3$ 是一个极大线性无关组，且有

$$\boldsymbol{\beta}_4=\boldsymbol{\beta}_1-\boldsymbol{\beta}_2,\ \boldsymbol{\beta}_5=2\boldsymbol{\beta}_1-\boldsymbol{\beta}_2+\boldsymbol{\beta}_3,$$

这说明方程组中第一个方程减去第二个方程即为第四个方程，第一个方程的 2 倍减去第二个方程再加上第三个方程即为第五个方程，因此，第四、五个方程是多余的，故保留方程组为

$$\begin{cases} x_1+3x_2-2x_3=4, \\ 3x_1+2x_2-5x_3=11, \\ 2x_1+x_2+x_3=3. \end{cases}$$

4.4 线性方程组解的结构

第3章第5节介绍了线性方程组有解的判别定理. 这一节,我们将用向量组线性相关性的理论来讨论线性方程组在有无穷多个解的情况下,解之间的关系和解的结构. 先讨论齐次线性方程组.

4.4.1 齐次线性方程组解的结构

设有 n 元齐次方程组

$$\begin{cases} a_{11}x_1+a_{12}x_2+\cdots+a_{1n}x_n=0, \\ a_{21}x_1+a_{22}x_2+\cdots+a_{2n}x_n=0, \\ \cdots\cdots\cdots\cdots \\ a_{m1}x_1+a_{m2}x_2+\cdots+a_{mn}x_n=0, \end{cases} \tag{4.1}$$

记

$$\boldsymbol{A}=\begin{pmatrix} a_{11} & a_{12} & \cdots & a_{1n} \\ a_{21} & a_{22} & \cdots & a_{2n} \\ \vdots & \vdots & & \vdots \\ a_{m1} & a_{m2} & \cdots & a_{mn} \end{pmatrix}, \boldsymbol{x}=\begin{pmatrix} x_1 \\ x_2 \\ \vdots \\ x_n \end{pmatrix},$$

则齐次线性方程组(4.1)可写成向量方程

$$\boldsymbol{A}\boldsymbol{x}=\boldsymbol{0}, \tag{4.2}$$

若 $x_1=\xi_1, x_2=\xi_2, \cdots, x_n=\xi_n$ 为方程组的解,则向量

$$\boldsymbol{x}=\begin{pmatrix} \xi_1 \\ \xi_2 \\ \vdots \\ \xi_n \end{pmatrix}$$

称为齐次线性方程组的**解向量**,也就是向量方程(4.2)的解.

下面根据向量方程来讨论解向量的性质.

性质1 若 ξ_1, ξ_2 为(4.2)的两个解,则 $\xi_1+\xi_2$ 也是(4.2)的解.

证 由于 ξ_1, ξ_2 为(4.2)的两个解,则有

$$\boldsymbol{A}\xi_1=0, \boldsymbol{A}\xi_2=0,$$

从而有

$$\boldsymbol{A}(\xi_1+\xi_2)=\boldsymbol{A}\xi_1+\boldsymbol{A}\xi_2=0+0=0,$$

即 $\xi_1+\xi_2$ 也是(4.2)的解. ■

类似的,可以证明

性质2 如果 ξ 是(4.2)的解,则对任意常数 k,$k\xi$ 也是该方程组的解.

由性质1和性质2可推出:如果 $\xi_1, \xi_2, \cdots, \xi_t$ 均为齐次线性方程组(4.2)的解,则它们的线性组合

$$x=k_1\xi_1+k_2\xi_2+\cdots+k_t\xi_t \quad (k_1, k_2, \cdots, k_t \text{ 为任意常数})$$

也是该方程组的解.

把方程(4.2)的全体解向量所组成的集合记为 S,称为解集. 如果能求出解集 S 的极大无关组 $S_0:\xi_1,\xi_2,\cdots,\xi_t$,那么方程(4.2)的任一解向量都可以由这个极大无关组 S_0 线性表示,同时,也就掌握了该方程组解的结构. 为此引入

定义7 设 $\boldsymbol{A}$ 为 $m\times n$ 矩阵,齐次线性方程组 $\boldsymbol{Ax}=\boldsymbol{0}$ 的解集的极大无关组称为 $\boldsymbol{Ax}=\boldsymbol{0}$ 的**基础解系**.

显然,只有当齐次线性方程组(4.2)存在非零解时,才会存在基础解系. 要求齐次线性方程组的通解,只需求出它的基础解系.

关于基础解系,有以下定理

定理13 设 $\boldsymbol{A}$ 为 $m\times n$ 矩阵,$R(\boldsymbol{A})=r<n$,则 n 元齐次线性方程组 $\boldsymbol{Ax}=\boldsymbol{0}$ 存在基础解系,并且它的任一个基础解系均由 $n-r$ 个解组成.

下面给出的证明是一种构造性证明,即在证明中同时给出了一种求基础解系的方法.

证 设 $\boldsymbol{A}=(a_{ij})_{m\times n}$ 的秩为 r. 为讨论方便,不妨设 $\boldsymbol{A}$ 的左上角的 r 阶子式不为零. 对 $\boldsymbol{A}$ 进行初等行变换,化为行最简形,不妨设行最简形式为:

$$\boldsymbol{A}\xrightarrow{\text{行变换}}\begin{pmatrix} 1 & 0 & \cdots & 0 & b_{11} & \cdots & b_{1,n-r} \\ 0 & 1 & \cdots & 0 & b_{21} & \cdots & b_{2,n-r} \\ \vdots & \vdots & & \vdots & \vdots & & \vdots \\ 0 & 0 & \cdots & 1 & b_{r1} & \cdots & b_{r,n-r} \\ 0 & 0 & \cdots & 0 & 0 & \cdots & 0 \\ \vdots & \vdots & & \vdots & \vdots & & \vdots \\ 0 & 0 & \cdots & 0 & 0 & \cdots & 0 \end{pmatrix}=\boldsymbol{B},$$

与 $\boldsymbol{B}$ 对应,即有方程组

$$\begin{cases} x_1=-b_{11}x_{r+1}-\cdots-b_{1,n-r}x_n, \\ x_2=-b_{21}x_{r+1}-\cdots-b_{2,n-r}x_n, \\ \cdots\cdots\cdots\cdots \\ x_r=-b_{r1}x_{r+1}-\cdots-b_{r,n-r}x_n, \end{cases} \tag{4.3}$$

把 $x_{r+1},x_{r+2},\cdots,x_n$ 作为自由未知量,并令它们依次等于 $c_1,\cdots,c_{n-r}$,可得方程组(4.1)的通解

$$\begin{cases} x_1=-b_{11}c_1-\cdots-b_{1,n-r}c_{n-r}, \\ x_2=-b_{21}c_1-\cdots-b_{2,n-r}c_{n-r}, \\ \cdots\cdots\cdots\cdots \\ x_r=-b_{r1}c_1-\cdots-b_{r,n-r}c_{n-r}, \\ x_{r+1}=c_1, \\ \cdots\cdots\cdots\cdots \\ x_n=c_{n-r}, \end{cases} \text{即} \begin{pmatrix} x_1 \\ x_2 \\ \vdots \\ x_r \\ x_{r+1} \\ \vdots \\ x_n \end{pmatrix} = c_1\begin{pmatrix} -b_{11} \\ -b_{21} \\ \vdots \\ -b_{r1} \\ 1 \\ \vdots \\ 0 \end{pmatrix} + \cdots + c_{n-r}\begin{pmatrix} -b_{1,n-r} \\ -b_{2,n-r} \\ \vdots \\ -b_{r,n-r} \\ 0 \\ \vdots \\ 1 \end{pmatrix}.$$

把上式记为

$$\boldsymbol{x}=c_1\boldsymbol{\xi}_1+c_2\boldsymbol{\xi}_2+\cdots+c_{n-r}\boldsymbol{\xi}_{n-r},$$

可知解集中任一向量 $\boldsymbol{x}$ 能由 $\boldsymbol{\xi}_1,\cdots,\boldsymbol{\xi}_{n-r}$ 线性表示，又矩阵 $(\boldsymbol{\xi}_1,\cdots,\boldsymbol{\xi}_{n-r})$ 中有 $n-r$ 阶子式 $|\boldsymbol{E}_{n-r}|=1\neq0$，故 $R(\boldsymbol{\xi}_1,\cdots,\boldsymbol{\xi}_{n-r})=n-r$，所以 $\boldsymbol{\xi}_1,\cdots,\boldsymbol{\xi}_{n-r}$ 线性无关. 根据极大无关组的等价定义，即知 $\boldsymbol{\xi}_1,\cdots,\boldsymbol{\xi}_{n-r}$ 为解集 S 的一个极大无关组，即 $\boldsymbol{\xi}_1,\cdots,\boldsymbol{\xi}_{n-r}$ 是方程组(4.1)的基础解系. ■

由(4.3)式我们还可以得到齐次线性方程组 $\boldsymbol{Ax}=\boldsymbol{0}$ 解的一个重要特性

> 齐次线性方程组 $\boldsymbol{Ax}=\boldsymbol{0}$ 的任意两个解向量中，若对应于自由未知量的分量取相同的值，则这两个解相等.

在上面的讨论中，我们先求出齐次线性方程组的通解，再由通解求得基础解系. 其实我们也可先求基础解系，再写出通解，这只需在得到方程组(4.3)以后，令自由未知量 $x_{r+1},x_{r+2},\cdots,x_n$ 取下列 $n-r$ 组数

$$\begin{pmatrix} x_{r+1} \\ x_{r+2} \\ \vdots \\ x_n \end{pmatrix} = \begin{pmatrix} 1 \\ 0 \\ \vdots \\ 0 \end{pmatrix}, \begin{pmatrix} 0 \\ 1 \\ \vdots \\ 0 \end{pmatrix}, \cdots, \begin{pmatrix} 0 \\ 0 \\ \vdots \\ 1 \end{pmatrix},$$

由(4.3)可得

$$\begin{pmatrix} x_1 \\ \vdots \\ x_r \end{pmatrix} = \begin{pmatrix} -b_{11} \\ \vdots \\ -b_{r1} \end{pmatrix}, \begin{pmatrix} -b_{12} \\ \vdots \\ -b_{r2} \end{pmatrix}, \cdots, \begin{pmatrix} -b_{1,n-r} \\ \vdots \\ -b_{r,n-r} \end{pmatrix},$$

合起来便得基础解系

$$\boldsymbol{\xi}_1=\begin{pmatrix} -b_{11} \\ -b_{21} \\ \vdots \\ -b_{r1} \\ 1 \\ 0 \\ \vdots \\ 0 \end{pmatrix}, \boldsymbol{\xi}_2=\begin{pmatrix} -b_{12} \\ -b_{22} \\ \vdots \\ -b_{r2} \\ 0 \\ 1 \\ \vdots \\ 0 \end{pmatrix}, \cdots, \boldsymbol{\xi}_{n-r}=\begin{pmatrix} -b_{1,n-r} \\ -b_{2,n-r} \\ \vdots \\ -b_{r,n-r} \\ 0 \\ 0 \\ \vdots \\ 1 \end{pmatrix}.$$

至此,齐次线性方程组 $A_{m\times n}x=0$ 的研究结束,相关结论是:

(1) 若 $R(A)=r=n$,则方程组只有零解,没有非零解,没有基础解系;

(2) 若 $R(A)=r<n$,则方程组有无穷多个解,基础解系由 $n-r$ 个向量构成,若设 $\xi_1,\xi_2,\cdots,\xi_{n-r}$ 为一个基础解系,则通解为

$$x=c_1\xi_1+c_2\xi_2+\cdots+c_{n-r}\xi_{n-r}\quad(c_1,c_2,\cdots,c_{n-r}\text{为任意常数}).$$

例 17 设有齐次线性方程组

$$\begin{cases}x_1-x_2-x_3+x_4=0,\\x_1-x_2+x_3-3x_4=0,\\x_1-x_2-2x_3+3x_4=0\end{cases}$$

和向量组

$$\boldsymbol{\xi}_1=\begin{pmatrix}1\\1\\0\\0\end{pmatrix},\boldsymbol{\xi}_2=\begin{pmatrix}1\\0\\2\\1\end{pmatrix},\boldsymbol{\xi}_3=\begin{pmatrix}2\\2\\0\\0\end{pmatrix},\boldsymbol{\xi}_4=\begin{pmatrix}2\\1\\2\\1\end{pmatrix},$$

则容易验证 $\boldsymbol{\xi}_1,\boldsymbol{\xi}_2,\boldsymbol{\xi}_3,\boldsymbol{\xi}_4$ 都是方程组的解.

(1) 验证 $\boldsymbol{\xi}_1,\boldsymbol{\xi}_2,\boldsymbol{\xi}_3,\boldsymbol{\xi}_4$ 线性相关;

(2) $\boldsymbol{x}=c_1\boldsymbol{\xi}_1+c_3\boldsymbol{\xi}_3$ 是不是方程组的通解,为什么?

(3) $\boldsymbol{x}=c_1\boldsymbol{\xi}_1+c_2\boldsymbol{\xi}_2+c_4\boldsymbol{\xi}_4$ 是不是方程组的通解,为什么?

解 先求方程组的系数矩阵 A 的秩,为此把 A 化为行阶梯形矩阵

$$A=\begin{pmatrix}1&-1&-1&1\\1&-1&1&-3\\1&-1&-2&3\end{pmatrix}\to\begin{pmatrix}1&-1&-1&1\\0&0&1&-2\\0&0&0&0\end{pmatrix},$$

由此可得 $R(A)=2$,所以方程组的基础解系由 2 个向量构成,解集 S 的秩 $R_S=2$.

(1) 因为向量 $\boldsymbol{\xi}_1,\boldsymbol{\xi}_2,\boldsymbol{\xi}_3,\boldsymbol{\xi}_4$ 都是方程组的解,所以向量组 $\boldsymbol{\xi}_1,\boldsymbol{\xi}_2,\boldsymbol{\xi}_3,\boldsymbol{\xi}_4$ 是解集 S 的一个部分组,于是应有 $R(\boldsymbol{\xi}_1,\boldsymbol{\xi}_2,\boldsymbol{\xi}_3,\boldsymbol{\xi}_4)\leqslant R_S=2$,故线性相关.事实上 $\boldsymbol{\xi}_1,\boldsymbol{\xi}_2$ 的对应分量不成比例,所以线性无关,且 $\boldsymbol{\xi}_3=2\boldsymbol{\xi}_1$,$\boldsymbol{\xi}_4=\boldsymbol{\xi}_1+\boldsymbol{\xi}_2$,所以 $R(\boldsymbol{\xi}_1,\boldsymbol{\xi}_2,\boldsymbol{\xi}_3,\boldsymbol{\xi}_4)=2$,则 $\boldsymbol{\xi}_1,\boldsymbol{\xi}_2,\boldsymbol{\xi}_3,\boldsymbol{\xi}_4$ 线性相关.

(2) $\boldsymbol{x}=c_1\boldsymbol{\xi}_1+c_3\boldsymbol{\xi}_3$ 不是通解,因为由(1)知,$\boldsymbol{\xi}_3=2\boldsymbol{\xi}_1$,于是

$$\boldsymbol{x}=c_1\boldsymbol{\xi}_1+c_3\boldsymbol{\xi}_3$$

可变成

$$\boldsymbol{x}=c_1\boldsymbol{\xi}_1+2c_3\boldsymbol{\xi}_1=(c_1+2c_3)\boldsymbol{\xi}_1=c\boldsymbol{\xi}_1,$$

$\boldsymbol{x}$ 只有一个任意常数，而通解中应有 $n-R(A)=4-2=2$ 个任意常数. 事实上 $\boldsymbol{x}=c\boldsymbol{\xi}_1$ 也不能表示方程组的所有解，例如，它不能表示 $\boldsymbol{\xi}_4$，因为无论常数 c 取何值，式子 $c\boldsymbol{\xi}_1=\boldsymbol{\xi}_4$ 总不成立.

(3) $\boldsymbol{x}=c_1\boldsymbol{\xi}_1+c_2\boldsymbol{\xi}_2+c_4\boldsymbol{\xi}_4$ 是通解，因为由(1)知，$\boldsymbol{\xi}_4=\boldsymbol{\xi}_1+\boldsymbol{\xi}_2$，于是

$$\boldsymbol{x}=c_1\boldsymbol{\xi}_1+c_2\boldsymbol{\xi}_2+c_4\boldsymbol{\xi}_4$$

可变成

$$\boldsymbol{x}=c_1\boldsymbol{\xi}_1+c_2\boldsymbol{\xi}_2+c_4\boldsymbol{\xi}_4=c_1\boldsymbol{\xi}_1+c_2\boldsymbol{\xi}_2+c_4\boldsymbol{\xi}_1+c_4\boldsymbol{\xi}_2=(c_1+c_4)\boldsymbol{\xi}_1+(c_2+c_4)\boldsymbol{\xi}_2=c_1'\boldsymbol{\xi}_1+c_2'\boldsymbol{\xi}_2,$$

而 $\boldsymbol{\xi}_1$，$\boldsymbol{\xi}_2$ 线性无关，是方程组的一个基础解系，所以是通解.

例 18　求齐次线性方程组

$$\begin{cases}3x_1-7x_2-x_3-2x_4+2x_5=0,\\2x_1-2x_2-5x_3-3x_4+2x_5=0,\\x_1-3x_2+2x_3-x_4+x_5=0\end{cases}$$

的通解.

解　对系数矩阵作初等行变换，变为行最简形矩阵

$$\boldsymbol{A}=\begin{pmatrix}3&-7&-1&-2&2\\2&-2&-5&-3&2\\1&-3&2&-1&1\end{pmatrix}\rightarrow\begin{pmatrix}1&0&0&-\dfrac{23}{5}&\dfrac{29}{10}\\0&1&0&-\dfrac{8}{5}&\dfrac{9}{10}\\0&0&1&-\dfrac{3}{5}&\dfrac{2}{5}\end{pmatrix},$$

即得

$$\begin{cases}x_1=\dfrac{23}{5}x_4-\dfrac{29}{10}x_5,\\x_2=\dfrac{8}{5}x_4-\dfrac{9}{10}x_5,\\x_3=\dfrac{3}{5}x_4-\dfrac{2}{5}x_5,\end{cases}$$

令自由未知量 x_4，x_5 依次等于 c_1，c_2 则可得方程组的通解

$$\begin{pmatrix}x_1\\x_2\\x_3\\x_4\\x_5\end{pmatrix}=\begin{pmatrix}\dfrac{23}{5}c_1-\dfrac{29}{10}c_2\\\dfrac{8}{5}c_1-\dfrac{9}{10}c_2\\\dfrac{3}{5}c_1-\dfrac{2}{5}c_2\\c_1\\c_2\end{pmatrix}=c_1\begin{pmatrix}\dfrac{23}{5}\\\dfrac{8}{5}\\\dfrac{3}{5}\\1\\0\end{pmatrix}+c_2\begin{pmatrix}-\dfrac{29}{10}\\-\dfrac{9}{10}\\-\dfrac{2}{5}\\0\\1\end{pmatrix}\quad(c_1,c_2\text{为任意常数}).$$

例 19　已知矩阵等式 $\boldsymbol{A}_{m\times n}\boldsymbol{B}_{n\times k}=\boldsymbol{0}$,求证:$R(\boldsymbol{A})+R(\boldsymbol{B})\leqslant n$.

证　记 $\boldsymbol{B}=(\boldsymbol{\beta}_1,\boldsymbol{\beta}_2,\cdots,\boldsymbol{\beta}_k)$,则 $\boldsymbol{AB}=\boldsymbol{0}$ 可以改写成

$$\boldsymbol{AB}=\boldsymbol{A}(\boldsymbol{\beta}_1,\boldsymbol{\beta}_2,\cdots,\boldsymbol{\beta}_k)=(\boldsymbol{A\beta}_1,\boldsymbol{A\beta}_2,\cdots,\boldsymbol{A\beta}_k)=\boldsymbol{0},$$

由 $\boldsymbol{A\beta}_i=0(i=1,2,\cdots,k)$,可知 $\boldsymbol{B}$ 的任何一列都是方程组 $\boldsymbol{Ax}=\boldsymbol{0}$ 的解.设方程组 $\boldsymbol{Ax}=\boldsymbol{0}$ 的基础解系为 $\boldsymbol{\xi}_1,\cdots,\boldsymbol{\xi}_{n-R(\boldsymbol{A})}$,那么向量组 $\boldsymbol{\beta}_1,\boldsymbol{\beta}_2,\cdots,\boldsymbol{\beta}_k$ 必能由 $\boldsymbol{\xi}_1,\cdots,\boldsymbol{\xi}_{n-R(\boldsymbol{A})}$ 线性表示,因此

$$R(\boldsymbol{B})=R(\boldsymbol{\beta}_1,\boldsymbol{\beta}_2,\cdots,\boldsymbol{\beta}_k)\leqslant R(\boldsymbol{\xi}_1,\boldsymbol{\xi}_2,\cdots,\boldsymbol{\xi}_{n-R(\boldsymbol{A})})=n-R(\boldsymbol{A}),$$

即

$$R(\boldsymbol{A})+R(\boldsymbol{B})\leqslant n.$$

4.4.2　非齐次线性方程组解的结构

下面讨论非齐次线性方程组解的结构.

设有 n 元非齐次线性方程组

$$\begin{cases}a_{11}x_1+a_{12}x_2+\cdots+a_{1n}x_n=b_1,\\ a_{21}x_1+a_{22}x_2+\cdots+a_{2n}x_n=b_2,\\ \cdots\cdots\cdots\cdots\\ a_{m1}x_1+a_{m2}x_2+\cdots+a_{mn}x_n=b_m,\end{cases}\tag{4.4}$$

它也可写成向量方程形式

$$\boldsymbol{Ax}=\boldsymbol{b},\tag{4.5}$$

其中

$$\boldsymbol{A}=\begin{pmatrix}a_{11}&a_{12}&\cdots&a_{1n}\\ a_{21}&a_{22}&\cdots&a_{2n}\\ \vdots&\vdots&&\vdots\\ a_{m1}&a_{m2}&\cdots&a_{mn}\end{pmatrix},\boldsymbol{x}=\begin{pmatrix}x_1\\ x_2\\ \vdots\\ x_n\end{pmatrix},\boldsymbol{b}=\begin{pmatrix}b_1\\ b_2\\ \vdots\\ b_m\end{pmatrix}.$$

向量方程(4.5)的解就是方程(4.4)的解向量,它们具有

性质 3　若 $\boldsymbol{\eta}_1,\boldsymbol{\eta}_2$ 为 $\boldsymbol{Ax}=\boldsymbol{b}$ 的解,则 $\boldsymbol{\eta}_1-\boldsymbol{\eta}_2$ 是 $\boldsymbol{Ax}=\boldsymbol{0}$ 的解.

证　因为

$$\boldsymbol{A}(\boldsymbol{\eta}_1-\boldsymbol{\eta}_2)=\boldsymbol{A\eta}_1-\boldsymbol{A\eta}_2=\boldsymbol{b}-\boldsymbol{b}=\boldsymbol{0},$$

所以 $\boldsymbol{\eta}_1-\boldsymbol{\eta}_2$ 是 $\boldsymbol{Ax}=\boldsymbol{0}$ 的解. ■

性质 3 的几何解释如图 4-6 所示.设非齐次线性方程组由一个三元方程 $ax+by+cz=d$ 组成,该方程的所有解在三维空间中构成一个过点$(0,0,d/c)$的平面,记为 Π_1.它对应的齐次线性方程组为 $ax+by+cz=0$,这个齐次线性方程组的全部解构成一个过原点的平面,记为 Π_2,则有 $\Pi_1 /\!/ \Pi_2$.若 $\boldsymbol{\eta}_1,\boldsymbol{\eta}_2$ 为 $ax+by+cz=d$ 的解,即向量 $\boldsymbol{\eta}_1,\boldsymbol{\eta}_2$ 的终点 P_1,P_2 在平面 Π_1 上.若令 $\boldsymbol{\xi}=\boldsymbol{\eta}_1-\boldsymbol{\eta}_2$,则向量 $\boldsymbol{\xi}\in\Pi_1$.

因为 $\Pi_1 /\!/ \Pi_2$，故若把向量 $\boldsymbol{\xi}$ 的起点平移到原点，即把该向量平移到平面 Π_2 上，也就是说向量 $\boldsymbol{\xi}$ 是方程 $ax+by+cz=0$ 的解或说向量 $\boldsymbol{\xi}$ 的终点 P 在平面 $ax+by+cz=0$ 上.

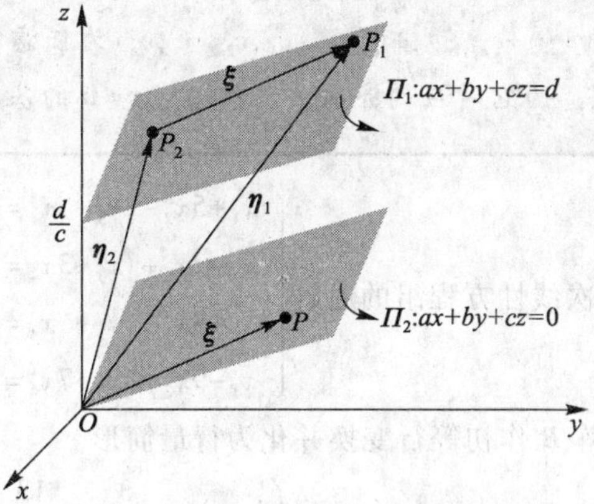

图 4-6　$\boldsymbol{Ax}=\boldsymbol{b}$ 与 $\boldsymbol{Ax}=\boldsymbol{0}$ 的解的关系

性质 4　若 $\boldsymbol{\eta}$ 为 $\boldsymbol{Ax}=\boldsymbol{b}$ 的解，$\boldsymbol{\xi}$ 为 $\boldsymbol{Ax}=\boldsymbol{0}$ 的解，则 $\boldsymbol{\eta}+\boldsymbol{\xi}$ 是 $\boldsymbol{Ax}=\boldsymbol{b}$ 的解.

证　因为

$$\boldsymbol{A}(\boldsymbol{\eta}+\boldsymbol{\xi})=\boldsymbol{A\eta}+\boldsymbol{A\xi}=\boldsymbol{b}+\boldsymbol{0}=\boldsymbol{b},$$

所以 $\boldsymbol{\eta}+\boldsymbol{\xi}$ 是 $\boldsymbol{Ax}=\boldsymbol{b}$ 的解. ■

由性质 4 可知，若求得非齐次线性方程组(4.5)的一个解 $\boldsymbol{\eta}^*$，则(4.5)的任一解总可以表示为

$$\boldsymbol{x}=\boldsymbol{\xi}+\boldsymbol{\eta}^*,$$

其中 $\boldsymbol{x}=\boldsymbol{\xi}$ 为 $\boldsymbol{Ax}=\boldsymbol{0}$ 的解，又若方程 $\boldsymbol{Ax}=\boldsymbol{0}$ 的通解为 $\boldsymbol{x}=c_1\boldsymbol{\xi}_1+c_2\boldsymbol{\xi}_2+\cdots+c_{n-r}\boldsymbol{\xi}_{n-r}$，则方程(4.5)的任一解总可表示为

$$\boldsymbol{x}=c_1\boldsymbol{\xi}_1+c_2\boldsymbol{\xi}_2+\cdots+c_{n-r}\boldsymbol{\xi}_{n-r}+\boldsymbol{\eta}^*.$$

同时由性质 4 可知，对任何实数 $c_1,c_2,\cdots,c_{n-r}$ 上式总是方程组(4.5)的解. 所以我们得到

定理 14　若非齐次线性方程组 $\boldsymbol{A}_{m\times n}\boldsymbol{x}=\boldsymbol{b}$ 满足 $R(\boldsymbol{A})=R(\boldsymbol{B})=r<n$，并设 $\boldsymbol{\eta}^*$ 为其一个解（一般称 $\boldsymbol{\eta}^*$ 为一个特解），$\boldsymbol{x}=c_1\boldsymbol{\xi}_1+c_2\boldsymbol{\xi}_2+\cdots+c_{n-r}\boldsymbol{\xi}_{n-r}$ 为其对应的齐次线性方程组 $\boldsymbol{Ax}=\boldsymbol{0}$ 的通解，则其通解可以表示为

$$\boldsymbol{x}=c_1\boldsymbol{\xi}_1+c_2\boldsymbol{\xi}_2+\cdots+c_{n-r}\boldsymbol{\xi}_{n-r}+\boldsymbol{\eta}^*\quad(c_1,c_2,\cdots,c_{n-r}\text{为任意常数}).$$

至此，非齐次线性方程组 $\boldsymbol{A}_{m\times n}\boldsymbol{x}=\boldsymbol{b}$ 的研究结束，相关结论是：

(1) 若 $R(\boldsymbol{A})\neq R(\boldsymbol{A},\boldsymbol{b})$，则方程组无解；

(2) 若 $R(\boldsymbol{A})=R(\boldsymbol{A},\boldsymbol{b})=r=n$，则方程组有唯一解；

(3) 若 $R(\boldsymbol{A})=R(\boldsymbol{A},\boldsymbol{b})=r<n$，则方程组有无穷多个解，其通解

$$\boldsymbol{x}=c_1\boldsymbol{\xi}_1+c_2\boldsymbol{\xi}_2+\cdots+c_{n-r}\boldsymbol{\xi}_{n-r}+\boldsymbol{\eta}^* \quad (c_1,c_2,\cdots,c_{n-r}\text{为任意常数}),$$

其中 $\boldsymbol{\xi}_1,\boldsymbol{\xi}_2,\cdots,\boldsymbol{\xi}_{n-r}$ 为它对应的齐次方程组 $\boldsymbol{A}_{m\times n}\boldsymbol{x}=\boldsymbol{0}$ 的基础解系.

例 20 求非齐次线性方程组的通解
$$\begin{cases} x_1+5x_2-x_3-x_4=-1, \\ x_1-2x_2+x_3+3x_4=3, \\ 3x_1+8x_2-x_3+x_4=1, \\ x_1-9x_2+3x_3+7x_4=7. \end{cases}$$

解 对增广矩阵 $\boldsymbol{B}$ 作初等行变换并化为行最简形

$$\boldsymbol{B}=\begin{pmatrix} 1 & 5 & -1 & -1 & -1 \\ 1 & -2 & 1 & 3 & 3 \\ 3 & 8 & -1 & 1 & 1 \\ 1 & -9 & 3 & 7 & 7 \end{pmatrix}\to\begin{pmatrix} 1 & 0 & \frac{3}{7} & \frac{13}{7} & \frac{13}{7} \\ 0 & 1 & -\frac{2}{7} & -\frac{4}{7} & -\frac{4}{7} \\ 0 & 0 & 0 & 0 & 0 \\ 0 & 0 & 0 & 0 & 0 \end{pmatrix},$$

可见 $R(\boldsymbol{A})=R(\boldsymbol{B})=2$，故方程组有解，并可得方程组的同解方程组

$$\begin{cases} x_1=\dfrac{13}{7}-\dfrac{3}{7}x_3-\dfrac{13}{7}x_4, \\ x_2=-\dfrac{4}{7}+\dfrac{2}{7}x_3+\dfrac{4}{7}x_4. \end{cases}$$

令 $x_3=x_4=0$，则 $x_1=\dfrac{13}{7}, x_2=-\dfrac{4}{7}$，即得方程组的一个特解

$$\boldsymbol{\eta}^*=\begin{pmatrix} \frac{13}{7} \\ -\frac{4}{7} \\ 0 \\ 0 \end{pmatrix},$$

在对应的齐次线性方程组

$$\begin{cases} x_1=-\dfrac{3}{7}x_3-\dfrac{13}{7}x_4, \\ x_2=\dfrac{2}{7}x_3+\dfrac{4}{7}x_4 \end{cases}$$

中,取

$$\begin{pmatrix}x_3\\x_4\end{pmatrix}=\begin{pmatrix}1\\0\end{pmatrix},\begin{pmatrix}0\\1\end{pmatrix},$$

则可得对应的齐次线性方程组的基础解系

$$\boldsymbol{\xi}_1=\begin{pmatrix}-\frac{3}{7}\\\frac{2}{7}\\1\\0\end{pmatrix},\boldsymbol{\xi}_2=\begin{pmatrix}-\frac{13}{7}\\\frac{4}{7}\\0\\1\end{pmatrix},$$

于是所求通解为

$$\boldsymbol{x}=c_1\boldsymbol{\xi}_1+c_2\boldsymbol{\xi}_2+\boldsymbol{\eta}^*=c_1\begin{pmatrix}-\frac{3}{7}\\\frac{2}{7}\\1\\0\end{pmatrix}+c_2\begin{pmatrix}-\frac{13}{7}\\\frac{4}{7}\\0\\1\end{pmatrix}+\begin{pmatrix}\frac{13}{7}\\-\frac{4}{7}\\0\\0\end{pmatrix}\quad(c_1,c_2\in\mathbf{R}).$$

4.5 向量空间

4.5.1 向量空间的定义

在本章 4.3 节,我们讨论了含有有限个向量的向量组的性质,本节我们来讨论一类含有无限个向量的向量组(或称集合)的性质. 先看一个例子.

例 21 设 $S_1=\{\boldsymbol{x}\mid \boldsymbol{A}\boldsymbol{x}=\boldsymbol{0}\}$,$S_2=\{\boldsymbol{x}\mid \boldsymbol{A}\boldsymbol{x}=\boldsymbol{b},\boldsymbol{b}\neq 0\}$,并假设 S_1,S_2 都是无限集. 由定义可知,S_1 为齐次线性方程组 $\boldsymbol{A}\boldsymbol{x}=\boldsymbol{0}$ 的解集,S_2 为非齐次线性方程组 $\boldsymbol{A}\boldsymbol{x}=\boldsymbol{b}$ 的解集. 由齐次线性方程组解的性质 1,2 可知,S_1 具有以下两个性质:

(1) 若 $\boldsymbol{\alpha},\boldsymbol{\beta}\in S_1$,则 $\boldsymbol{\alpha}+\boldsymbol{\beta}\in S_1$(即齐次线性方程组的两个解的和还是它的解);

(2) 若 $\boldsymbol{\alpha}\in S_1$,$k\in\mathbf{R}$,则 $k\boldsymbol{\alpha}\in S_1$(即齐次线性方程组的解的倍数还是它的解),

因而在 S_1 中一定存在有限个向量,它们的任意线性组合都在 S_1 中.

但对 S_2 来说:非齐次线性方程组的两个解之和不是它的解,一个解的倍数也不是它的解,即

若 $\boldsymbol{\alpha},\boldsymbol{\beta}\in S_2$,则 $\boldsymbol{\alpha}+\boldsymbol{\beta}\notin S_2$;若 $\boldsymbol{\alpha}\in S_2$,$k\in\mathbf{R}(k\neq 1)$,则 $k\boldsymbol{\alpha}\notin S_2$.

所以对 S_2 中的任意有限个向量，一定存在这有限个向量的线性组合，使得该线性组合不在 S_2 中.

那么到底是什么原因使得 S_1, S_2 存在如此差别呢？这正是本节要讨论的问题. 为此我们先引进

定义 8 设 V 是 n 维向量的集合，且 V 非空，若对 V 中任意向量 $\boldsymbol{\alpha}, \boldsymbol{\beta}$ 和实数 k，有

$$\boldsymbol{\alpha}+\boldsymbol{\beta} \in V (\text{加法运算的封闭性}),$$
$$k\boldsymbol{\alpha} \in V (\text{数乘运算的封闭性}),$$

则称 V 是一个**向量空间**.

由定义 8 可知，例 21 中的 S_1 是向量空间，S_2 则不是向量空间. 由定义容易得到

> 向量空间一定含有零向量，若一个集合不含零向量，则它一定不是向量空间.

下面再举几个例子.

例 22 3 维向量的全体 $\mathbf{R}^3$，就是一个向量空间. 因为任意两个 3 维向量之和仍然是 3 维向量；实数与 3 维向量的乘积也仍然是 3 维向量，它们都属于 $\mathbf{R}^3$. 我们可以用有向线段形象地表示 3 维向量，从而向量空间 $\mathbf{R}^3$ 可形象地看作以坐标原点为起点的有向线段的全体. 由于以原点为起点的有向线段与其终点一一对应，因此 $\mathbf{R}^3$ 也可看作取定坐标原点的点空间.

在几何空间（$\mathbf{R}^2$ 和 $\mathbf{R}^3$）中，我们往往对向量与点不加以区别，这会对我们讨论某些问题带来方便，有时也会加深对问题的理解. 如上节对图 4-6 的解释就是这样处理的.

类似地，n 维向量的全体 $\mathbf{R}^n$，也是一个向量空间. 不过当 $n>3$ 时，它没有直观的几何意义.

例 23 设集合

$$\boldsymbol{V}_1 = \{\boldsymbol{x} = (0, x_2, \cdots, x_n)^{\mathrm{T}} \mid x_2, \cdots, x_n \in \mathbf{R}\},$$
$$\boldsymbol{V}_2 = \{\boldsymbol{x} = (1, x_2, \cdots, x_n)^{\mathrm{T}} \mid x_2, \cdots, x_n \in \mathbf{R}\},$$

则 $\boldsymbol{V}_1$ 是一个向量空间，因为若 $\boldsymbol{\alpha} = (0, a_2, \cdots, a_n)^{\mathrm{T}} \in \boldsymbol{V}_1$，$\boldsymbol{\beta} = (0, b_2, \cdots, b_n)^{\mathrm{T}} \in \boldsymbol{V}_1$，则

$$\boldsymbol{\alpha}+\boldsymbol{\beta} = (0, a_2+b_2, \cdots, a_n+b_n)^{\mathrm{T}} \in \boldsymbol{V}_1, \lambda\boldsymbol{\alpha} = (0, \lambda a_2, \cdots, \lambda a_n)^{\mathrm{T}} \in \boldsymbol{V}_1.$$

而 $\boldsymbol{V}_2$ 不是一个向量空间，因为若 $\boldsymbol{\alpha} = (1, a_2, \cdots, a_n)^{\mathrm{T}} \in \boldsymbol{V}_2$，则

$$2\boldsymbol{\alpha} = (2, 2a_2, \cdots, 2a_n)^{\mathrm{T}} \notin \boldsymbol{V}_2.$$

定义 9 设 V 是一个向量空间，S 是 V 中的一个非空子集合，若 S 对于 V 中

定义的加法和数乘运算也构成一个向量空间，则称 S 是 V 的一个向量子空间.

例 24 设 $\boldsymbol{\alpha}_1,\boldsymbol{\alpha}_2,\cdots,\boldsymbol{\alpha}_m$ 是一个 n 维向量组，其一切线性组合构成的集合记为

$$V=\{k_1\boldsymbol{\alpha}_1+k_2\boldsymbol{\alpha}_2+\cdots+k_m\boldsymbol{\alpha}_m \mid k_1,k_2,\cdots,k_m\in\mathbf{R}\},$$

则 V 是一个向量空间，且是 $\mathbf{R}^n$ 的一个子空间. 称作由向量组 $\boldsymbol{\alpha}_1,\boldsymbol{\alpha}_2,\cdots,\boldsymbol{\alpha}_m$ 生成的子空间，记作 $\mathrm{Span}\{\boldsymbol{\alpha}_1,\boldsymbol{\alpha}_2,\cdots,\boldsymbol{\alpha}_m\}$.

4.5.2 向量空间的基和维数

定义 10 设 V 是向量空间，若 V 中存在一组向量 $\boldsymbol{\alpha}_1,\boldsymbol{\alpha}_2,\cdots,\boldsymbol{\alpha}_r$ 满足：

(1) $\boldsymbol{\alpha}_1,\boldsymbol{\alpha}_2,\cdots,\boldsymbol{\alpha}_r$ 线性无关；

(2) V 中任意一个向量都可以由 $\boldsymbol{\alpha}_1,\boldsymbol{\alpha}_2,\cdots,\boldsymbol{\alpha}_r$ 线性表示，

则称 $\boldsymbol{\alpha}_1,\boldsymbol{\alpha}_2,\cdots,\boldsymbol{\alpha}_r$ 是 V 的一组**基**，而基中所含有的向量个数 r，称作空间 V 的**维数**，记作 $\dim V=r$.

> 注意：
>
> (1) 向量空间维数与向量维数是两个不同的概念. 向量维数是指向量所含有的分量个数，而空间维数是指其基所含有的向量个数. 如 $\mathbf{R}^2$ 中的子空间 $V=\mathrm{Span}\{\boldsymbol{e}_1\}$. 显然，$\dim V=1$，而 V 中的向量是二维向量.
>
> (2) 若把向量空间 V 看作向量组，则 V 的基就是向量组的极大无关组，V 的维就是向量组的秩.

只有一个零元素的集合构成一个向量空间，称为**零子空间**. 零子空间没有基，它的维数为 0.

因为任意 $n+1$ 个 n 维向量都是线性相关的，所以任意 n 个线性无关的 n 维向量都可以是向量空间 $\mathbf{R}^n$ 的一组基，由此可知 $\dim \mathbf{R}^n=n$. 所以我们把 $\mathbf{R}^n$ 称为 n 维向量空间.

又如，向量空间

$$V_1=\{\boldsymbol{x}=(0,x_2,\cdots,x_n)^{\mathrm{T}} \mid x_2,\cdots,x_n\in\mathbf{R}\}$$

的一组基可取为：$\boldsymbol{e}_2=(0,1,0,\cdots,0)^{\mathrm{T}},\cdots,\boldsymbol{e}_n=(0,0,0,\cdots,1)^{\mathrm{T}}$. 并由此可知它是 $n-1$ 维向量空间.

例 25 $\mathbf{R}^3$ 的子空间可以用维数分类，见图 4-7.

0 维子空间：只有零子空间是 0 维子空间；

1 维子空间：任一由单一非零向量生成的子空间，这样的子空间是经过原点的直线；

2 维子空间：任一个由两个线性无关向量生成的子空间，这样的子空间是通

过原点的平面；

3维子空间：只有 $\mathbf{R}^3$ 本身是3维子空间. $\mathbf{R}^3$ 中任意3个线性无关的向量生成整个 $\mathbf{R}^3$.

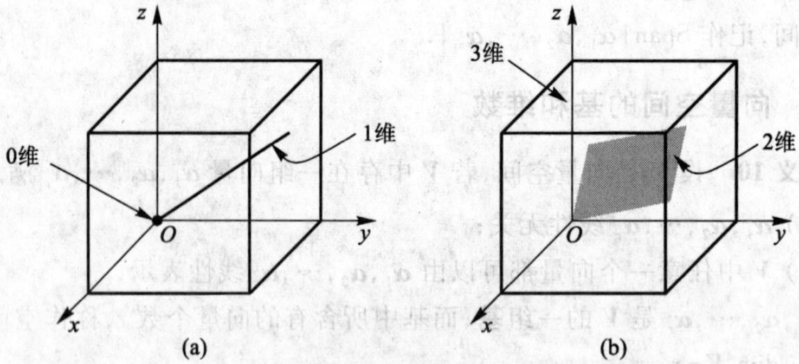

图4-7　$\mathbf{R}^3$ 的子空间样本

若向量组 $\boldsymbol{\alpha}_1,\boldsymbol{\alpha}_2,\cdots,\boldsymbol{\alpha}_r$ 是向量空间 $\boldsymbol{V}$ 的一组基，则 $\boldsymbol{V}$ 可表示为

$$\boldsymbol{V}=\mathrm{Span}\{\boldsymbol{\alpha}_1,\boldsymbol{\alpha}_2,\cdots,\boldsymbol{\alpha}_r\}=\{\boldsymbol{x}=k_1\boldsymbol{\alpha}_1+k_2\boldsymbol{\alpha}_2+\cdots+k_r\boldsymbol{\alpha}_r \mid k_1,k_2,\cdots,k_r\in\mathbf{R}\},$$

即 $\boldsymbol{V}$ 是基所生成的向量空间，这就较清楚地显示出向量空间 $\boldsymbol{V}$ 的构造.

例如齐次线性方程组的解空间 $\boldsymbol{S}=\{\boldsymbol{x}\mid \boldsymbol{Ax}=\boldsymbol{0}\}$，若能找到解空间的一组基 $\boldsymbol{\xi}_1,\boldsymbol{\xi}_2,\cdots,\boldsymbol{\xi}_{n-r}$，则解空间可表示为

$$\boldsymbol{S}=\{\boldsymbol{x}=c_1\boldsymbol{\xi}_1+c_2\boldsymbol{\xi}_2+\cdots+c_{n-r}\boldsymbol{\xi}_{n-r} \mid c_1,c_2,\cdots,c_{n-r}\in\mathbf{R}\}.$$

4.5.3　向量在基下的坐标

定义11　设 $\boldsymbol{V}$ 是向量空间，$\boldsymbol{\alpha}_1,\boldsymbol{\alpha}_2,\cdots,\boldsymbol{\alpha}_r$ 是一组基，则对 $\boldsymbol{V}$ 中任意一个向量 $\boldsymbol{\alpha}$，存在唯一一组数 $x_1,x_2,\cdots,x_r$，使得

$$\boldsymbol{\alpha}=x_1\boldsymbol{\alpha}_1+x_2\boldsymbol{\alpha}_2+\cdots+x_r\boldsymbol{\alpha}_r,$$

称 $x_1,x_2,\cdots,x_r$ 是向量 $\boldsymbol{\alpha}$ 在基 $\alpha_1,\alpha_2,\cdots,\alpha_r$ 下的**坐标**.

特别地，在 n 维向量空间 $\mathbf{R}^n$ 中取单位坐标向量组 $\boldsymbol{e}_1,\boldsymbol{e}_2,\cdots,\boldsymbol{e}_n$ 为基，则以 $x_1,x_2,\cdots,x_n$ 为分量的向量 $\boldsymbol{x}$ 可表示为

$$\boldsymbol{x}=x_1\boldsymbol{e}_1+x_2\boldsymbol{e}_2+\cdots+x_n\boldsymbol{e}_n,$$

可见向量在基 $\boldsymbol{e}_1,\boldsymbol{e}_2,\cdots,\boldsymbol{e}_n$ 下的坐标就是该向量的分量. 因此，$\boldsymbol{e}_1,\boldsymbol{e}_2,\cdots,\boldsymbol{e}_n$ 叫做 $\mathbf{R}^n$ 中的**自然基**.

下面我们仅在向量空间 $\mathbf{R}^n$ 中讨论.

例 26 设 $\boldsymbol{A}=(\boldsymbol{\alpha}_1,\boldsymbol{\alpha}_2,\boldsymbol{\alpha}_3)=\begin{pmatrix}2&1&-1\\1&-1&1\\-1&1&2\end{pmatrix}$，$\boldsymbol{B}=(\boldsymbol{\beta}_1,\boldsymbol{\beta}_2)=\begin{pmatrix}1&3\\0&1\\-2&2\end{pmatrix}$. 验证 $\boldsymbol{\alpha}_1,\boldsymbol{\alpha}_2,\boldsymbol{\alpha}_3$ 是 $\mathbf{R}^3$ 的一组基，并求 $\boldsymbol{\beta}_1,\boldsymbol{\beta}_2$ 在这组基下的坐标.

解 要证 $\boldsymbol{\alpha}_1,\boldsymbol{\alpha}_2,\boldsymbol{\alpha}_3$ 是 $\mathbf{R}^3$ 的一组基，只要证 $\boldsymbol{\alpha}_1,\boldsymbol{\alpha}_2,\boldsymbol{\alpha}_3$ 线性无关. 构造一个向量组

$$\boldsymbol{\alpha}_1,\boldsymbol{\alpha}_2,\boldsymbol{\alpha}_3,\boldsymbol{\beta}_1,\boldsymbol{\beta}_2,$$

若该向量组的秩为 3，且 $\boldsymbol{\alpha}_1,\boldsymbol{\alpha}_2,\boldsymbol{\alpha}_3$ 是它的一个极大无关组，则 $\boldsymbol{\alpha}_1,\boldsymbol{\alpha}_2,\boldsymbol{\alpha}_3$ 线性无关，$\boldsymbol{\beta}_1,\boldsymbol{\beta}_2$ 在这组基下的坐标即是用 $\boldsymbol{\alpha}_1,\boldsymbol{\alpha}_2,\boldsymbol{\alpha}_3$ 这个极大无关组表示向量组中其余向量的表示式的系数. 下面用矩阵的初等行变换法求解.

$$\boldsymbol{A}=(\boldsymbol{\alpha}_1,\boldsymbol{\alpha}_2,\boldsymbol{\alpha}_3,\boldsymbol{\beta}_1,\boldsymbol{\beta}_2)=\begin{pmatrix}2&1&-1&1&3\\1&-1&1&0&1\\-1&1&2&-2&2\end{pmatrix}\to\begin{pmatrix}1&0&0&\frac{1}{3}&\frac{4}{3}\\0&1&0&-\frac{1}{3}&\frac{4}{3}\\0&0&1&-\frac{2}{3}&1\end{pmatrix},$$

由此可知，$\boldsymbol{\alpha}_1,\boldsymbol{\alpha}_2,\boldsymbol{\alpha}_3$ 是向量组 $\boldsymbol{\alpha}_1,\boldsymbol{\alpha}_2,\boldsymbol{\alpha}_3,\boldsymbol{\beta}_1,\boldsymbol{\beta}_2$ 的一个极大无关组，故 $\boldsymbol{\alpha}_1,\boldsymbol{\alpha}_2,\boldsymbol{\alpha}_3$ 是 $\mathbf{R}^3$ 的一组基，且有

$$\boldsymbol{\beta}_1=\frac{1}{3}\boldsymbol{\alpha}_1-\frac{1}{3}\boldsymbol{\alpha}_2-\frac{2}{3}\boldsymbol{\alpha}_3,\boldsymbol{\beta}_2=\frac{4}{3}\boldsymbol{\alpha}_1+\frac{4}{3}\boldsymbol{\alpha}_2+\boldsymbol{\alpha}_3,$$

则向量 $\boldsymbol{\beta}_1,\boldsymbol{\beta}_2$ 在基 $\boldsymbol{\alpha}_1,\boldsymbol{\alpha}_2,\boldsymbol{\alpha}_3$ 下的坐标分别为

$$\left(\frac{1}{3},-\frac{1}{3},-\frac{2}{3}\right)\text{和}\left(\frac{4}{3},\frac{4}{3},1\right).$$

向量空间的基是不唯一的，那么同一个向量在不同的基下，其坐标之间有什么关系呢？不同的基之间又有什么联系呢？下面我们来讨论 $\mathbf{R}^n$ 中不同基之间的关系，以及同一向量在不同基下的坐标变化.

设(Ⅰ)：$\boldsymbol{\alpha}_1,\boldsymbol{\alpha}_2,\cdots,\boldsymbol{\alpha}_n$ 和(Ⅱ)：$\boldsymbol{\beta}_1,\boldsymbol{\beta}_2,\cdots,\boldsymbol{\beta}_n$ 是 $\mathbf{R}^n$ 中的两组基，并设

$$\begin{cases}\boldsymbol{\beta}_1=p_{11}\boldsymbol{\alpha}_1+p_{21}\boldsymbol{\alpha}_2+\cdots+p_{n1}\boldsymbol{\alpha}_n,\\\boldsymbol{\beta}_2=p_{12}\boldsymbol{\alpha}_1+p_{22}\boldsymbol{\alpha}_2+\cdots+p_{n2}\boldsymbol{\alpha}_n,\\\cdots\cdots\cdots\cdots\\\boldsymbol{\beta}_n=p_{1n}\boldsymbol{\alpha}_1+p_{2n}\boldsymbol{\alpha}_2+\cdots+p_{nn}\boldsymbol{\alpha}_n,\end{cases}\tag{4.6}$$

若记 $\boldsymbol{A}=(\boldsymbol{\alpha}_1,\boldsymbol{\alpha}_2,\cdots,\boldsymbol{\alpha}_n)$，$\boldsymbol{B}=(\boldsymbol{\beta}_1,\boldsymbol{\beta}_2,\cdots,\boldsymbol{\beta}_n)$，$\boldsymbol{P}=\begin{pmatrix}p_{11}&p_{12}&\cdots&p_{1n}\\p_{21}&p_{22}&\cdots&p_{2n}\\\vdots&\vdots&&\vdots\\p_{n1}&p_{n2}&\cdots&p_{nn}\end{pmatrix}$，

则(4.6)可以等价地写成,$B=AP$,称矩阵 P 为由基(Ⅰ)到基(Ⅱ)的**过渡矩阵**;(4.6)则称为**基变换公式**.由于基(Ⅰ)和基(Ⅱ)等价,故过渡矩阵 P 非奇异,其逆矩阵 P^{-1} 就是由基(Ⅱ)到基(Ⅰ)的过渡矩阵.

设向量 $\boldsymbol{\alpha}$ 在基(Ⅰ):$\boldsymbol{\alpha}_1,\boldsymbol{\alpha}_2,\cdots,\boldsymbol{\alpha}_n$ 和基(Ⅱ):$\boldsymbol{\beta}_1,\boldsymbol{\beta}_2,\cdots,\boldsymbol{\beta}_n$ 下的坐标分别是 $(x_1,x_2,\cdots,x_n)^{\mathrm{T}}$ 和 $(y_1,y_2,\cdots,y_n)^{\mathrm{T}}$,即

$$\boldsymbol{\alpha}=x_1\boldsymbol{\alpha}_1+x_2\boldsymbol{\alpha}_2+\cdots+x_n\boldsymbol{\alpha}_n=(\boldsymbol{\alpha}_1,\boldsymbol{\alpha}_2,\cdots,\boldsymbol{\alpha}_n)\begin{pmatrix}x_1\\x_2\\\vdots\\x_n\end{pmatrix},$$

$$\boldsymbol{\alpha}=y_1\boldsymbol{\beta}_1+y_2\boldsymbol{\beta}_2+\cdots+y_n\boldsymbol{\beta}_n=(\boldsymbol{\beta}_1,\boldsymbol{\beta}_2,\cdots,\boldsymbol{\beta}_n)\begin{pmatrix}y_1\\y_2\\\vdots\\y_n\end{pmatrix},$$

并设由基(Ⅰ)到基(Ⅱ)的过渡矩阵为 P,即 $B=AP$,代入上面第二式,得

$$\boldsymbol{\alpha}=AP\begin{pmatrix}y_1\\y_2\\\vdots\\y_n\end{pmatrix},$$

于是可得

$$\boldsymbol{\alpha}=(\boldsymbol{\alpha}_1,\boldsymbol{\alpha}_2,\cdots,\boldsymbol{\alpha}_n)\begin{pmatrix}x_1\\x_2\\\vdots\\x_n\end{pmatrix}=A\begin{pmatrix}x_1\\x_2\\\vdots\\x_n\end{pmatrix}=AP\begin{pmatrix}y_1\\y_2\\\vdots\\y_n\end{pmatrix},$$

因为矩阵 A 可逆,所以

$$\begin{pmatrix}y_1\\y_2\\\vdots\\y_n\end{pmatrix}=P^{-1}\begin{pmatrix}x_1\\x_2\\\vdots\\x_n\end{pmatrix},$$

上式称为**坐标变换公式**.

例 27　已知 $\mathbf{R}^3$ 的两个基(Ⅰ)和(Ⅱ)分别是 $\boldsymbol{\alpha}_1=(1,1,1)^{\mathrm{T}}$,$\boldsymbol{\alpha}_2=(0,1,1)^{\mathrm{T}}$,$\boldsymbol{\alpha}_3=(0,0,1)^{\mathrm{T}}$ 和 $\boldsymbol{\beta}_1=(1,0,1)^{\mathrm{T}}$,$\boldsymbol{\beta}_2=(0,1,-1)^{\mathrm{T}}$,$\boldsymbol{\beta}_3=(1,2,0)^{\mathrm{T}}$.

(1) 求由基(Ⅰ)到基(Ⅱ)的过渡矩阵;

(2) 若已知向量 $\boldsymbol{\alpha}$ 在基(Ⅰ)下的坐标为 $(1,-2,-1)^{\mathrm{T}}$,求 $\boldsymbol{\alpha}$ 在基(Ⅱ)下的

坐标.

解 令 $\boldsymbol{A}=(\boldsymbol{\alpha}_1,\boldsymbol{\alpha}_2,\boldsymbol{\alpha}_3)=\begin{pmatrix}1&0&0\\1&1&0\\1&1&1\end{pmatrix}$,$\boldsymbol{B}=(\boldsymbol{\beta}_1,\boldsymbol{\beta}_2,\boldsymbol{\beta}_3)=\begin{pmatrix}1&0&1\\0&1&2\\1&-1&0\end{pmatrix}$,则由基(Ⅰ)到基(Ⅱ)的过渡矩阵

$$\boldsymbol{P}=\boldsymbol{A}^{-1}\boldsymbol{B}=\begin{pmatrix}1&0&1\\-1&1&1\\1&-2&-2\end{pmatrix}.$$

又由坐标变换公式,得向量 $\boldsymbol{\alpha}$ 在基(Ⅱ)下的坐标为

$$\begin{pmatrix}y_1\\y_2\\y_3\end{pmatrix}=\boldsymbol{P}^{-1}\begin{pmatrix}1\\-2\\-1\end{pmatrix}=\begin{pmatrix}5\\7\\-4\end{pmatrix}.$$

4.6 应用举例

4.6.1 在差分方程中的应用

现在,功能强大的计算机被广泛应用在各个领域. 特别是在经济与管理及其他实际问题中,许多数据都是以等间隔时间为周期统计的. 例如:银行中的定期存款是按所设定的时间等间隔计息,外贸出口额按月统计,国民收入按年统计,产品的产量按月统计,等等. 这些量是变量,通常称这类变量为**离散型变量**. 描述离散型变量之间的关系的数学模型称为离散型模型. 对于离散型变量,差分方程是研究它们之间变化规律的有效方法. 从某种意义上讲,用离散的数字化的数据来处理胜过用连续的数据来处理,差分方程往往是分析这样的数据的合适工具. 甚至在用微分方程作连续过程的模型时,其数值解也往往由一个相关的差分方程得到.

离散时间信号

离散时间信号向量空间 $\boldsymbol{S}$ 中一个信号是一个定义在整数集上的函数,可用一个数列将其直观化,即 $\{y_k\}$. 图 4-8 中展示了三个典型的信号,它们的通项分别是 $(0.7)^k$, 1^k 和 $(-1)^k$.

数字信号显然来自电学和控制系统工程学,但离散数据系列也来自生物学、物理学、经济学、人口统计学以及其他任何需要在离散时间区间进行测量或抽样过程的领域. 如果一个过程从一个制定的时间开始,用形如 $(y_0,y_1,y_2,\cdots)$ 的序列去描述一个信号有时是方便的. 对于 $k<0$ 的 y_k 项,可以假设取值为 0 或予以忽略.

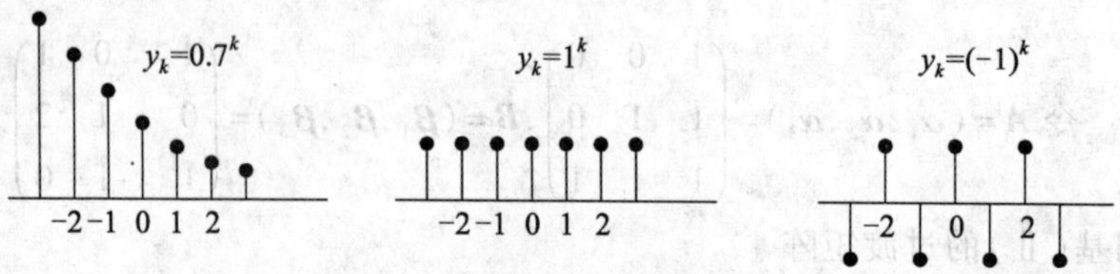

图 4-8　*S* 中的三个信号

例 28　光盘唱机中发出的清晰的声音是以每秒 44 100 次的速度从音乐中抽样而成的,见图 4-9. 在每次测量时,音乐信号的振幅用一个数字的形式记录下来,即 y_k. 最初的音乐是由各种频率的不同声音合成,然而序列$\{y_k\}$包含足够多的信息用来复制声音中所有的频率. 最高达到大约每秒 20 000 个周期,这超出人耳所能感觉到的范围.

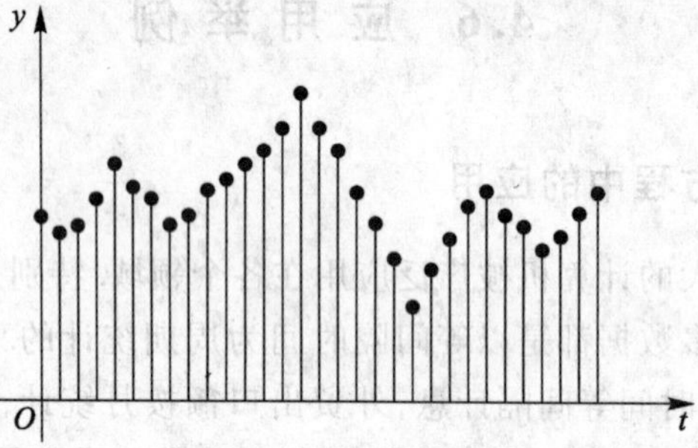

图 4-9　音乐信号的抽样数据

信号空间 *S* 中的线性无关性

为了简化符号,我们考虑一个仅包含三个信号$\{\boldsymbol{u}_k\}$,$\{\boldsymbol{v}_k\}$,$\{\boldsymbol{w}_k\}$的集合 $\boldsymbol{S}$,当方程

$$c_1\boldsymbol{u}_k+c_2\boldsymbol{v}_k+c_3\boldsymbol{w}_k=\boldsymbol{0}\qquad 对所有\ k\ 成立, \tag{4.7}$$

且蕴含 $c_1=c_2=c_3=0$ 时,$\{\boldsymbol{u}_k\}$,$\{\boldsymbol{v}_k\}$,$\{\boldsymbol{w}_k\}$恰好是线性无关的. 这里说"对所有 k 成立"指对所有整数(正整数、负整数和 0)均成立(我们可能考虑从 $k=0$ 开始的信号).

假设 c_1,c_2,c_3 满足(4.7)式,那么方程(4.7)对任意三个相邻的值 $k,k+1,k+2$ 成立,这样(4.7)蕴含

$$c_1\boldsymbol{u}_{k+1}+c_2\boldsymbol{v}_{k+1}+c_3\boldsymbol{w}_{k+1}=0\quad 对所有\ k\ 成立,$$

$$c_1\boldsymbol{u}_{k+2}+c_2\boldsymbol{v}_{k+2}+c_3\boldsymbol{w}_{k+2}=0\quad 对所有\ k\ 成立,$$

从而 c_1,c_2,c_3 满足

$$\begin{pmatrix} \boldsymbol{u}_k & \boldsymbol{v}_k & \boldsymbol{w}_k \\ \boldsymbol{u}_{k+1} & \boldsymbol{v}_{k+1} & \boldsymbol{w}_{k+1} \\ \boldsymbol{u}_{k+2} & \boldsymbol{v}_{k+2} & \boldsymbol{w}_{k+2} \end{pmatrix}\begin{pmatrix} c_1 \\ c_2 \\ c_3 \end{pmatrix}=\begin{pmatrix} 0 \\ 0 \\ 0 \end{pmatrix} \quad \text{对所有 } k \text{ 成立}, \tag{4.8}$$

这个方程组的系数矩阵称为信号的 **Casorati 矩阵**，这个矩阵的行列式称为 $\{\boldsymbol{u}_k\},\{\boldsymbol{v}_k\},\{\boldsymbol{w}_k\}$ 的 **Casorati 矩阵行列式**. 如果对至少一个 k 值，Casorati 矩阵可逆，则(4.8)将蕴含 $c_1=c_2=c_3=0$. 这就证明了这三个信号是线性无关的.

例 29 证明 $1^k,(-2)^k$ 和 3^k 是线性无关的信号.

证 Casorati 矩阵是 $\begin{pmatrix} 1^k & (-2)^k & 3^k \\ 1^{k+1} & (-2)^{k+1} & 3^{k+1} \\ 1^{k+2} & (-2)^{k+2} & 3^{k+2} \end{pmatrix}$，

其行列式

$$\begin{vmatrix} 1^k & (-2)^k & 3^k \\ 1^{k+1} & (-2)^{k+1} & 3^{k+1} \\ 1^{k+2} & (-2)^{k+2} & 3^{k+2} \end{vmatrix}=(-2)^k\cdot 3^k\begin{vmatrix} 1 & 1 & 1 \\ 1 & -2 & 3 \\ 1 & 4 & 9 \end{vmatrix}=(-2)^k\cdot 3^k\begin{vmatrix} 1 & 1 & 1 \\ 0 & -3 & 2 \\ 0 & 3 & 8 \end{vmatrix}$$

$$=-30\cdot(-2)^k\cdot 3^k\neq 0,$$

所以 Casorati 矩阵可逆，因此 $1^k,(-2)^k$ 和 3^k 是线性无关的信号.

线性差分方程

给定数量 $a_0,a_1,\cdots,a_n,a_0,a_n$ 不为零，给定一个信号 $\{\boldsymbol{z}_k\}$，方程

$$a_0\boldsymbol{y}_{k+n}+a_1\boldsymbol{y}_{k+n-1}+\cdots+a_{n-1}\boldsymbol{y}_{k+1}+a_n\boldsymbol{y}_k=\boldsymbol{z}_k \quad \text{对所有 } k \text{ 成立},$$

称为一个 ***n* 阶线性差分方程**（或**线性递归方程**）. 为了简化，a_0 通常取 1. 若 $\{\boldsymbol{z}_k\}$ 是零系列，则方程是**齐次的**；否则称为**非齐次的**. 满足上方程的 $\{\boldsymbol{y}_k\}$ 称为这个方程的一个**解**.

下面通过例子来说明齐次方程如何求解.

例 30 齐次差分方程的解通常具有形式 $\boldsymbol{y}_k=\boldsymbol{r}^k$ 对某 $\boldsymbol{r}$ 成立，求下列方程的解.

$$\boldsymbol{y}_{k+3}-2\boldsymbol{y}_{k+2}-5\boldsymbol{y}_{k+1}+6\boldsymbol{y}_k=\boldsymbol{0} \quad \text{对所有 } k \text{ 成立}.$$

解 用 $\boldsymbol{r}^k$ 代替方程中的 $\boldsymbol{y}_k$，并将左边分解因子

$$\boldsymbol{r}^{k+3}-2\boldsymbol{r}^{k+2}-5\boldsymbol{r}^{k+1}+6\boldsymbol{r}^k=\boldsymbol{0},$$

$$\boldsymbol{r}^k(\boldsymbol{r}-1)(\boldsymbol{r}+2)(\boldsymbol{r}-3)=\boldsymbol{0},$$

所以 $\boldsymbol{r}^k$ 满足差分方程当且仅当 $\boldsymbol{r}$ 满足上式，于是 $1^k,(-2)^k,3^k$ 都是差分方程的解.

容易证明，对任意常数 c_1,c_2,c_3，$1^k,(-2)^k,3^k$ 的线性组合

$$\boldsymbol{y}_k=c_1 1^k+c_2(-2)^k+c_3 3^k$$

也是差分方程的解.

一般而言,一个非零信号 r^k 满足差分方程

$$\boldsymbol{y}_{n+k}+a_1\boldsymbol{y}_{n+k-1}+\cdots+a_{n-1}\boldsymbol{y}_{k+1}+a_n\boldsymbol{y}_k=\boldsymbol{0}\quad 对所有\ k\ 成立,$$

当且仅当 r 是特征方程

$$\boldsymbol{r}^n+a_1\boldsymbol{r}^{n-1}+\cdots+a_{n-1}\boldsymbol{r}+a_n=\boldsymbol{0}$$

的一个根. 关于齐次线性差分方程的解有以下定理.

定理 15　n 阶齐次线性差分方程

$$\boldsymbol{y}_{n+k}+a_1\boldsymbol{y}_{n+k-1}+\cdots+a_{n-1}\boldsymbol{y}_{k+1}+a_n\boldsymbol{y}_k=\boldsymbol{0}\quad 对所有\ k\ 成立 \tag{4.9}$$

的解集 $\boldsymbol{H}$ 是一个 $\boldsymbol{n}$ 维向量空间.

要注意的是,$\boldsymbol{H}$ 这个向量空间中的元素不是 n 维有序数组,但我们仍把这样的元素称为向量,把 $\boldsymbol{H}$ 称为向量空间,是因为它与 $\mathbf{R}^n$ 有相同的代数性质.

若 $\boldsymbol{\alpha}_1,\boldsymbol{\alpha}_2,\cdots,\boldsymbol{\alpha}_n$ 是 n 阶齐次线性差分方程(4.9)的 n 个线性无关的解,则 $\boldsymbol{\alpha}_1,\boldsymbol{\alpha}_2,\cdots,\boldsymbol{\alpha}_n$ 是 $\boldsymbol{H}$ 的一个基,称为方程(4.9)的一个**基础解系**,H 中的任一解可由基础解系线性表示

$$\boldsymbol{y}_k=c_1\boldsymbol{\alpha}_1+c_2\boldsymbol{\alpha}_2+\cdots+c_n\boldsymbol{\alpha}_n,$$

上式称为方程(4.9)的**通解**.

非齐次线性差分方程

$$\boldsymbol{y}_{n+k}+a_1\boldsymbol{y}_{n+k-1}+\cdots+a_{n-1}\boldsymbol{y}_{k+1}+a_n\boldsymbol{y}_k=\boldsymbol{z}_k\quad 对所有\ k\ 成立 \tag{4.10}$$

的通解能写成(4.10)的一个特解加上对应的齐次线性差分方程(4.9)的通解,这个结果与 $\boldsymbol{Ax}=\boldsymbol{b}$ 和 $\boldsymbol{Ax}=\boldsymbol{0}$ 的解集的关系,二者是类似的.

例 31　求差分方程

$$\boldsymbol{y}_{k+3}-2\boldsymbol{y}_{k+2}-5\boldsymbol{y}_{k+1}+6\boldsymbol{y}_k=\boldsymbol{0}\quad 对所有\ k\ 成立.$$

的通解.

解　差分方程是 3 阶的,所以它的解空间的基由 3 个解向量构成. 由例 30 知,$1^k,(-2)^k,3^k$ 都是差分方程的解,再由例 29 知,$1^k,(-2)^k,3^k$ 是线性无关的,所以 $1^k,(-2)^k,3^k$ 是解空间的一个基,于是通解为

$$\boldsymbol{y}_k=c_1 1^k+c_2\ (-2)^k+c_3 3^k.$$

例 32　证明信号 $\boldsymbol{y}_k=k^2$ 满足差分方程

$$\boldsymbol{y}_{k+2}-4\boldsymbol{y}_{k+1}+3y_k=-4k\quad 对所有\ k\ 成立,$$

然后求出它的通解.

解　将差分方程中的 $\boldsymbol{y}_k$ 用 k^2 代替

$$\begin{aligned}&(k+2)^2-4(k+1)^2+3k^2\\=&(k^2+4k+4)-4(k^2+2k+1)+3k^2\\=&-4k,\end{aligned}$$

所以 k^2 的确是差分方程的一个解. 下一步是解对应的齐次方程

$$y_{k+2}-4y_{k+1}+3y_k=0.$$

特征方程为

$$r^2-4r+3=(r-1)(r-3)=0,$$

特征根为 $r=1,3$，所以齐次差分方程的两个解为 $1^k,3^k$，显然它们彼此不是倍数的关系，所以它们是线性无关的信号（也可用 Casorati 检验）. 由定理 15，此解空间是 2 维的，所以 $1^k,3^k$ 是齐次差分方程的一个基础解系，所以原方程的通解为

$$y_k=c_1 1^k+c_2 3^k+k^2.$$

图 4-10 给出两个解集的几何直观解释. 图中每个点对应 $\boldsymbol{S}$ 中的一个信号.

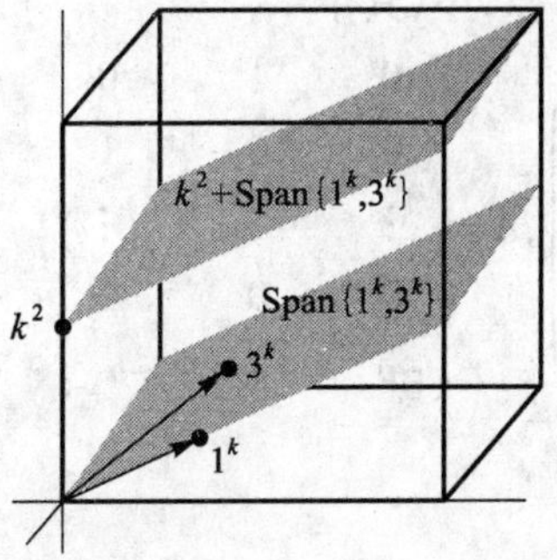

图 4-10 非齐次和齐次差分方程的解集

化简成一阶差分方程组

研究 n 阶齐次线性差分方程的现代方法是用等价的一阶差分方程组代替它，其中一阶差分方程写成如下形式

$$x_{k+1}=Ax_k, k=0,1,2,\cdots,$$

其中向量 x_k 在 $\mathbf{R}^n$ 中，A 是一个 $n\times n$ 矩阵.

这种一阶差分方程的进一步研究将在下面的马尔可夫链和 5.8 节离散动力系统中给出.

例 33 将下列差分方程写成一个一阶方程组

$$y_{k+3}-2y_{k+2}-5y_{k+1}+6y_k=0 \quad \text{对所有 } k \text{ 成立}.$$

解 对每个 k，设

$$x_k=\begin{pmatrix} y_k \\ y_{k+1} \\ y_{k+2} \end{pmatrix}.$$

由差分方程得 $y_{k+3}=-6y_k+5y_{k+1}+2y_{k+2}$，所以

$$\boldsymbol{x}_{k+1}=\begin{pmatrix}\boldsymbol{y}_{k+1}\\ \boldsymbol{y}_{k+2}\\ \boldsymbol{y}_{k+3}\end{pmatrix}=\begin{pmatrix}\boldsymbol{y}_{k+1}\\ \boldsymbol{y}_{k+2}\\ -6\boldsymbol{y}_k+5\boldsymbol{y}_{k+1}+2\boldsymbol{y}_{k+2}\end{pmatrix}=\begin{pmatrix}0+\boldsymbol{y}_{k+1}+0\\ 0+0\quad+\boldsymbol{y}_{k+2}\\ -6\boldsymbol{y}_k+5\boldsymbol{y}_{k+1}+2\boldsymbol{y}_{k+2}\end{pmatrix}=\begin{pmatrix}0&1&0\\0&0&1\\-6&5&2\end{pmatrix}\begin{pmatrix}\boldsymbol{y}_k\\ \boldsymbol{y}_{k+1}\\ \boldsymbol{y}_{k+2}\end{pmatrix},$$

即 $\boldsymbol{x}_{k+1}=\boldsymbol{A}\boldsymbol{x}_k, k=0,1,2,\cdots$，这里 $\boldsymbol{A}=\begin{pmatrix}0&1&0\\0&0&1\\-6&5&2\end{pmatrix}$.

类似地，方程

$$\boldsymbol{y}_{n+k}+a_1\boldsymbol{y}_{n+k-1}+\cdots+a_{n-1}\boldsymbol{y}_{k+1}+a_n\boldsymbol{y}_k=0\quad 对所有 k 成立$$

可重写成 $\boldsymbol{x}_{k+1}=\boldsymbol{A}\boldsymbol{x}_k, k=0,1,2,\cdots$，其中

$$\boldsymbol{x}_k=\begin{pmatrix}\boldsymbol{y}_k\\ \boldsymbol{y}_{k+1}\\ \vdots\\ \boldsymbol{y}_{k+n-1}\end{pmatrix},\boldsymbol{A}=\begin{pmatrix}0&1&0&\cdots&0\\0&0&1&\cdots&0\\ \vdots&\vdots&\vdots&&\vdots\\0&0&0&\cdots&1\\-a_n&-a_{n-1}&-a_{n-2}&\cdots&-a_1\end{pmatrix}.$$

4.6.2　马尔可夫链

马尔可夫链在生物学、商业、化学、工程学及物理学等许多领域中被用来做数学模型. 在每种情形中，该模型习惯上用来描述用同一种方法进行的多次实验或测量，实验中每次测试的结果属于几个指定的可能结果之一，每次测试结果依赖于最近的前一次测试.

例如，若要每年统计一个城市及其郊区的人口，像 $\boldsymbol{x}_0=\begin{pmatrix}0.60\\0.40\end{pmatrix}$ 这样的向量可以显示 60% 的人口住在这个城市，40% 的人口住在郊区.

定义 12　一个具有非负分量且各分量的数值相加等于 1 的向量称为**概率向量**；各列向量均为概率向量的方阵称为**随机矩阵**；一个概率向量序列 $\boldsymbol{x}_0,\boldsymbol{x}_1,\boldsymbol{x}_2,\cdots$ 和一个随机矩阵 $\boldsymbol{P}$，使得

$$\boldsymbol{x}_1=\boldsymbol{P}\boldsymbol{x}_0,\boldsymbol{x}_2=\boldsymbol{P}\boldsymbol{x}_1,\boldsymbol{x}_3=\boldsymbol{P}\boldsymbol{x}_2,\cdots,$$

称为**马尔可夫链**.

于是马尔可夫链可用一阶差分方程来刻画

$$\boldsymbol{x}_{k+1}=\boldsymbol{P}\boldsymbol{x}_k,\ k=0,1,2,\cdots.$$

当向量在 $\mathbf{R}^n$ 中的一个马尔可夫链描述一个系统或实验时，$\boldsymbol{x}_k$ 中的数值分别列出系统在 n 个可能状态中的概率，或实验结果是 n 个可能结果之一的概率. 因此，$\boldsymbol{x}_k$ 通常称为**状态向量**.

马尔可夫链最有趣的地方是可对该链进行长期行为的研究. 下面我们先看

一个数值的例子

例 34 令 $\boldsymbol{P}=\begin{pmatrix}0.5 & 0.2 & 0.3\\ 0.3 & 0.8 & 0.3\\ 0.2 & 0 & 0.4\end{pmatrix}$，$\boldsymbol{x}_0=\begin{pmatrix}1\\0\\0\end{pmatrix}$，考虑一个系统，它的状态由马尔可夫链 $\boldsymbol{x}_{k+1}=\boldsymbol{P}\boldsymbol{x}_k(k=0,1,\cdots)$ 描述，随着时间的流逝，这个系统将有什么结果？

解 后面向量中的数值保留 4 位或 5 位有效数字.

$$\boldsymbol{x}_1=\boldsymbol{P}\boldsymbol{x}_0=\begin{pmatrix}0.5 & 0.2 & 0.3\\ 0.3 & 0.8 & 0.3\\ 0.2 & 0 & 0.4\end{pmatrix}\begin{pmatrix}1\\0\\0\end{pmatrix}=\begin{pmatrix}0.5\\0.3\\0.2\end{pmatrix},$$

继续可得

$$\boldsymbol{x}_2=\begin{pmatrix}0.37\\0.45\\0.18\end{pmatrix},\boldsymbol{x}_3=\begin{pmatrix}0.329\\0.525\\0.146\end{pmatrix},\boldsymbol{x}_4=\begin{pmatrix}0.3133\\0.5625\\0.1242\end{pmatrix},\boldsymbol{x}_5=\begin{pmatrix}0.3064\\0.5813\\0.1123\end{pmatrix},$$

$$\boldsymbol{x}_6=\begin{pmatrix}0.3032\\0.5906\\0.1062\end{pmatrix},\boldsymbol{x}_7=\begin{pmatrix}0.3016\\0.5953\\0.1031\end{pmatrix},\boldsymbol{x}_8=\begin{pmatrix}0.3008\\0.5977\\0.1016\end{pmatrix},\cdots,$$

这些向量似乎是逼近 $\boldsymbol{q}=\begin{pmatrix}0.3\\0.6\\0.1\end{pmatrix}$ 的. 注意到下面的计算是精确的(没有舍入误差)

$$\boldsymbol{P}\boldsymbol{q}=\begin{pmatrix}0.5 & 0.2 & 0.3\\ 0.3 & 0.8 & 0.3\\ 0.2 & 0 & 0.4\end{pmatrix}\begin{pmatrix}0.3\\0.6\\0.1\end{pmatrix}=\begin{pmatrix}0.3\\0.6\\0.1\end{pmatrix}=\boldsymbol{q}.$$

若系统处于状态 $\boldsymbol{q}$，则从上一次测量到下一次测量，系统没有变化.

定义 13 若 $\boldsymbol{P}$ 是一个随机矩阵，则满足 $\boldsymbol{P}\boldsymbol{q}=\boldsymbol{q}$ 的概率向量 $\boldsymbol{q}$ 称为随机矩阵 $\boldsymbol{P}$ 的**稳态向量**. 若随机矩阵 $\boldsymbol{P}$ 的某次幂 $\boldsymbol{P}^k$ 仅包含正的数值，则称 $\boldsymbol{P}$ 是一个**正则随机矩阵**.

在例 34 中，向量 $\boldsymbol{q}$ 是随机矩阵 $\boldsymbol{P}$ 的稳态向量. 又

$$\boldsymbol{P}^2=\begin{pmatrix}0.37 & 0.26 & 0.33\\ 0.45 & 0.70 & 0.45\\ 0.18 & 0.04 & 0.22\end{pmatrix},$$

由于 $\boldsymbol{P}^2$ 中每个数是严格正的，故 $\boldsymbol{P}$ 是一个正则随机矩阵.

关于马尔可夫链我们有下面的定理

定理 16 若 $\boldsymbol{P}$ 是一个 $n\times n$ 正则随机矩阵，则 $\boldsymbol{P}$ 具有唯一的稳态向量 $\boldsymbol{q}$. 进一步，若 $\boldsymbol{x}_0$ 是任一个起始状态，且 $\boldsymbol{x}_{k+1}=\boldsymbol{P}\boldsymbol{x}_k$，$k=0,1,2,\cdots$，则当 $k\to\infty$ 时，马尔可夫链 $\{\boldsymbol{x}_k\}$ 收敛到 $\boldsymbol{q}$.

这个定理的证明在有关马尔可夫链的教科书可找到,不再特别证明.这个定理的奇妙之处在于初始状态对马尔可夫链的长期行为没有影响.关于马尔可夫链的更多的研究我们放在实验六中.下面举一例说明求随机矩阵的稳态向量的一种方法.

例 35　设 $\boldsymbol{P}=\begin{pmatrix}0.6 & 0.3\\ 0.4 & 0.7\end{pmatrix}$,求 $\boldsymbol{P}$ 的稳态向量.

解　由定义知,稳态向量是方程 $\boldsymbol{Px}=\boldsymbol{x}$ 的解,所以求稳态向量就是要解这个方程.该方程可变形为

$$(\boldsymbol{P}-\boldsymbol{E})\boldsymbol{x}=\boldsymbol{0},$$

即

$$\begin{pmatrix}-0.4 & 0.3\\ 0.4 & -0.3\end{pmatrix}\begin{pmatrix}x_1\\ x_2\end{pmatrix}=0,$$

容易求得其通解为 $\boldsymbol{x}=c\begin{pmatrix}3\\4\end{pmatrix}$.

最后,在 $\boldsymbol{Px}=\boldsymbol{x}$ 的全体解的集合中求一个概率向量,这是简单的,在通解中,令 $c=1/7$,得

$$\boldsymbol{q}=\begin{pmatrix}3/7\\ 4/7\end{pmatrix},$$

则 $\boldsymbol{q}$ 即为所求.

习　题　四

1. 设 $3(\boldsymbol{\alpha}-\boldsymbol{\beta})+5(\boldsymbol{\beta}-\boldsymbol{\gamma})=-3(\boldsymbol{\alpha}+\boldsymbol{\gamma})$,求向量 $\boldsymbol{\gamma}$. 其中

$$\boldsymbol{\alpha}=\begin{pmatrix}3\\-1\\0\\1\end{pmatrix},\boldsymbol{\beta}=\begin{pmatrix}1\\-1\\3\\4\end{pmatrix}.$$

2. 把向量 $\boldsymbol{\beta}$ 表示成向量 $\boldsymbol{\alpha}_1,\boldsymbol{\alpha}_2,\boldsymbol{\alpha}_3$ 的线性组合,其中

$$\boldsymbol{\beta}=\begin{pmatrix}1\\2\\3\end{pmatrix},\boldsymbol{\alpha}_1=\begin{pmatrix}1\\0\\1\end{pmatrix},\boldsymbol{\alpha}_2=\begin{pmatrix}1\\1\\0\end{pmatrix},\boldsymbol{\alpha}_3=\begin{pmatrix}1\\1\\1\end{pmatrix}.$$

3. 找出下面的四个向量中哪个向量不能由其余三个向量线性表示

$$\boldsymbol{\alpha}_1=\begin{pmatrix}1\\1\\1\\1\end{pmatrix},\boldsymbol{\alpha}_2=\begin{pmatrix}0\\5\\2\\1\end{pmatrix},\boldsymbol{\alpha}_3=\begin{pmatrix}1\\-1\\0\\0\end{pmatrix},\boldsymbol{\alpha}_4=\begin{pmatrix}2\\-3\\0\\1\end{pmatrix}.$$

4. 已知向量组

$$\boldsymbol{A}:\boldsymbol{\alpha}_1=\begin{pmatrix}0\\1\\2\\3\end{pmatrix},\boldsymbol{\alpha}_2=\begin{pmatrix}3\\0\\1\\2\end{pmatrix},\boldsymbol{\alpha}_3=\begin{pmatrix}2\\3\\0\\1\end{pmatrix};\boldsymbol{B}:\boldsymbol{\beta}_1=\begin{pmatrix}2\\1\\1\\2\end{pmatrix},\boldsymbol{\beta}_2=\begin{pmatrix}0\\-2\\1\\1\end{pmatrix},\boldsymbol{\beta}_3=\begin{pmatrix}4\\4\\1\\3\end{pmatrix},$$

证明 $\boldsymbol{B}$ 组能由 $\boldsymbol{A}$ 组线性表示,但 $\boldsymbol{A}$ 组不能由 $\boldsymbol{B}$ 组线性表示.

5. 判定下列向量组是线性相关还是线性无关:

(1) $\begin{pmatrix}1\\2\end{pmatrix},\begin{pmatrix}2\\-5\end{pmatrix},\begin{pmatrix}3\\7\end{pmatrix}$;(2) $\begin{pmatrix}1\\2\\3\end{pmatrix},\begin{pmatrix}0\\0\\0\end{pmatrix},\begin{pmatrix}4\\-5\\3\end{pmatrix}$;(3) $\begin{pmatrix}1\\-2\\3\\1\end{pmatrix},\begin{pmatrix}4\\0\\2\\3\end{pmatrix},\begin{pmatrix}-2\\4\\-6\\-2\end{pmatrix}$;

(4) $\begin{pmatrix}-1\\3\\1\end{pmatrix},\begin{pmatrix}2\\1\\0\end{pmatrix},\begin{pmatrix}1\\5\\1\end{pmatrix}$.

6. 设向量组 $\boldsymbol{\alpha}_1,\boldsymbol{\alpha}_2,\boldsymbol{\alpha}_3$ 如下图所示

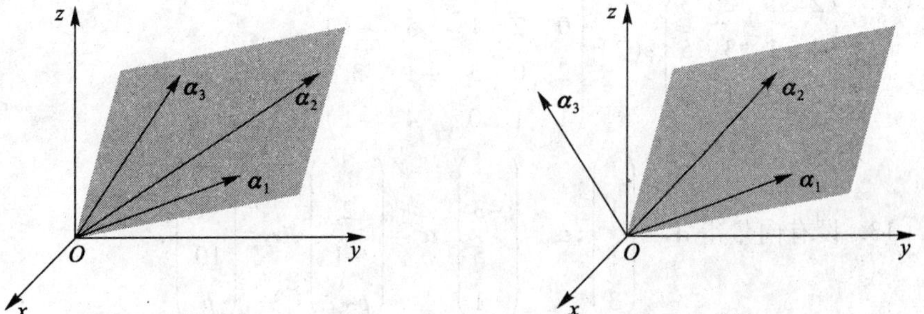

判别其线性相关性.

7. 求以下列向量组为邻边的平行四边形的面积:

(1) $\boldsymbol{\alpha}_1=\begin{pmatrix}1\\2\end{pmatrix},\boldsymbol{\alpha}_2=\begin{pmatrix}-3\\1\end{pmatrix}$;(2) $\boldsymbol{\alpha}_1=\begin{pmatrix}2\\-4\end{pmatrix},\boldsymbol{\alpha}_2=\begin{pmatrix}-1\\2\end{pmatrix}$,(3) $\boldsymbol{\alpha}_1=\begin{pmatrix}3\\5\end{pmatrix},\boldsymbol{\alpha}_2=\begin{pmatrix}-2\\7\end{pmatrix}$.

8. 求以下列向量组为棱的平行六面体的体积:

(1) $\boldsymbol{\alpha}_1=\begin{pmatrix}1\\2\\3\end{pmatrix},\boldsymbol{\alpha}_2=\begin{pmatrix}-1\\0\\2\end{pmatrix},\boldsymbol{\alpha}_3=\begin{pmatrix}1\\7\\-1\end{pmatrix}$；(2) $\boldsymbol{\alpha}_1=\begin{pmatrix}1\\2\\3\end{pmatrix},\boldsymbol{\alpha}_2=\begin{pmatrix}-1\\0\\2\end{pmatrix},\boldsymbol{\alpha}_3=\begin{pmatrix}1\\4\\8\end{pmatrix}$.

9. 设向量组 $\boldsymbol{\alpha}_1,\boldsymbol{\alpha}_2,\cdots,\boldsymbol{\alpha}_n(n\geqslant 2)$ 线性无关，$\boldsymbol{\beta}_1=\boldsymbol{\alpha}_1+\boldsymbol{\alpha}_2,\boldsymbol{\beta}_2=\boldsymbol{\alpha}_2+\boldsymbol{\alpha}_3,\cdots,\boldsymbol{\beta}_{n-1}=\boldsymbol{\alpha}_{n-1}+\boldsymbol{\alpha}_n,\boldsymbol{\beta}_n=\boldsymbol{\alpha}_n+\boldsymbol{\alpha}_1$，讨论 $\boldsymbol{\beta}_1,\boldsymbol{\beta}_2,\cdots,\boldsymbol{\beta}_n$ 的线性关系.

10. 设向量组 $\boldsymbol{\alpha}_1,\boldsymbol{\alpha}_2,\boldsymbol{\alpha}_3$ 线性相关，向量组 $\boldsymbol{\alpha}_2,\boldsymbol{\alpha}_3,\boldsymbol{\alpha}_4$ 线性无关，问：

(1) $\boldsymbol{\alpha}_1$ 能否用 $\boldsymbol{\alpha}_2,\boldsymbol{\alpha}_3$ 线性表示？

(2) $\boldsymbol{\alpha}_4$ 能否用 $\boldsymbol{\alpha}_1,\boldsymbol{\alpha}_2,\boldsymbol{\alpha}_3$ 线性表示？

11. 求下列向量组的秩，并求一个极大无关组：

(1) $\boldsymbol{\alpha}_1=\begin{pmatrix}3\\-5\\2\\1\end{pmatrix},\boldsymbol{\alpha}_2=\begin{pmatrix}1\\1\\0\\-5\end{pmatrix},\boldsymbol{\alpha}_3=\begin{pmatrix}-1\\3\\1\\3\end{pmatrix},\boldsymbol{\alpha}_4=\begin{pmatrix}2\\-4\\-1\\-3\end{pmatrix}$；

(2) $\boldsymbol{\alpha}_1=\begin{pmatrix}2\\1\\3\\0\end{pmatrix},\boldsymbol{\alpha}_2=\begin{pmatrix}0\\2\\-1\\0\end{pmatrix},\boldsymbol{\alpha}_3=\begin{pmatrix}14\\7\\0\\3\end{pmatrix},\boldsymbol{\alpha}_4=\begin{pmatrix}4\\2\\-1\\1\end{pmatrix},\boldsymbol{\alpha}_5=\begin{pmatrix}6\\5\\1\\2\end{pmatrix}$.

12. 利用初等行变换求下列矩阵的列向量组的一个极大无关组，并把其余向量用极大无关组线性表示：

(1) $\begin{pmatrix}2&1&2&3\\4&1&3&5\\2&0&1&2\end{pmatrix}$；(2) $\begin{pmatrix}1&1&2&2&1\\0&2&1&5&-1\\2&0&3&-1&3\\1&1&0&4&-1\end{pmatrix}$.

13. 设有向量组 $\boldsymbol{\alpha}_1=\begin{pmatrix}1\\1\\1\\3\end{pmatrix},\boldsymbol{\alpha}_2=\begin{pmatrix}-1\\-3\\5\\1\end{pmatrix},\boldsymbol{\alpha}_3=\begin{pmatrix}3\\2\\-1\\p+2\end{pmatrix},\boldsymbol{\alpha}_4=\begin{pmatrix}-2\\-6\\10\\p\end{pmatrix}$，

(1) p 为何值时，向量组线性无关，并将 $\boldsymbol{\alpha}=(4,1,6,10)^{\mathrm{T}}$ 用该向量组线性表示；

(2) p 为何值时，向量组线性相关，求向量组的秩和一个极大无关组.

14. 设 $\boldsymbol{\alpha}_1=\begin{pmatrix}1\\0\\2\\3\end{pmatrix},\boldsymbol{\alpha}_2=\begin{pmatrix}1\\1\\3\\5\end{pmatrix},\boldsymbol{\alpha}_3=\begin{pmatrix}1\\-1\\a+2\\1\end{pmatrix},\boldsymbol{\alpha}_4=\begin{pmatrix}1\\2\\4\\a+9\end{pmatrix},\boldsymbol{\beta}=\begin{pmatrix}1\\1\\b+3\\5\end{pmatrix}$，

(1) a,b 为何值时，$\boldsymbol{\beta}$ 不能由 $\boldsymbol{\alpha}_1,\boldsymbol{\alpha}_2,\boldsymbol{\alpha}_3,\boldsymbol{\alpha}_4$ 线性表示；

（2）a,b 为何值时，β 能由 $\boldsymbol{\alpha}_1,\boldsymbol{\alpha}_2,\boldsymbol{\alpha}_3,\boldsymbol{\alpha}_4$ 唯一线性表示，写出线性表示式.

15. 判别下列方程组中是否有多余的方程，并求其保留方程组：

（1）$\begin{cases}2x-y+3z=0,\\x+3y+2z=0,\\3x-5y+4z=0,\\x+17y+4z=0;\end{cases}$（2）$\begin{cases}x_1+3x_2+5x_3-4x_4=1,\\x_1+3x_2+2x_3-2x_4+x_5=-1,\\x_1-2x_2+x_3-x_4-x_5=3,\\x_1-4x_2+x_3+x_4-x_5=3,\\x_1+2x_2+x_3-x_4+x_5=-1.\end{cases}$

16. 设有方程组 $\begin{cases}x_1+x_2+x_3=0,\\ax_1+bx_2+cx_3=0,\\a^2x_1+b^2x_2+c^2x_3=0,\end{cases}$

（1）a,b,c 满足何关系时，方程组仅有零解；

（2）a,b,c 满足何关系时，方程组有无穷解，并用基础解系表示全部解.

17. 用基础解系表示下列方程组的全部解：

（1）$\begin{cases}x_1-2x_2+3x_3-x_4=0,\\2x_1+3x_2+5x_3+4x_4=0,\\3x_1-4x_2+8x_3-2x_4=0;\end{cases}$（2）$\begin{cases}x_1+x_2+x_3+x_4+x_5=0,\\3x_1+2x_2+x_3+x_4-3x_5=0,\\x_2+2x_3+2x_4+6x_5=0,\\5x_1+4x_2+3x_3+3x_4-x_5=0;\end{cases}$

（3）$\begin{cases}x_1-5x_2+2x_3-3x_4=11,\\5x_1+3x_2+6x_3-x_4=-1,\\2x_1+4x_2+2x_3+x_4=-6;\end{cases}$（4）$\begin{cases}x_1+2x_2+4x_3-3x_4=1,\\3x_1+5x_2+6x_3-4x_4=2,\\4x_1+5x_2-2x_3+3x_4=1,\\3x_1+8x_2+24x_3-19x_4=5.\end{cases}$

18. 求一个齐次线性方程组，使它的基础解系为

$$\boldsymbol{\xi}_1=(0,1,2,3)^{\mathrm{T}},\boldsymbol{\xi}_2=(3,2,1,0)^{\mathrm{T}}.$$

19. 设 $\boldsymbol{\alpha}_1,\boldsymbol{\alpha}_2,\boldsymbol{\alpha}_3$ 为齐次线性方程组 $\boldsymbol{Ax}=\mathbf{0}$ 的一个基础解系. 证明 $\boldsymbol{\alpha}_1+\boldsymbol{\alpha}_2$，$\boldsymbol{\alpha}_2+\boldsymbol{\alpha}_3,\boldsymbol{\alpha}_3+\boldsymbol{\alpha}_1$ 也是该方程组的一个基础解系.

20. 设 n 阶矩阵 $\boldsymbol{A}$ 满足 $\boldsymbol{A}^2=\boldsymbol{A}$，$\boldsymbol{E}$ 为 n 阶单位阵，证明 $R(\boldsymbol{A})+R(\boldsymbol{A}-\boldsymbol{E})=n$.

21. 设 $\boldsymbol{\alpha}_1=\begin{pmatrix}2\\1\\0\end{pmatrix},\boldsymbol{\alpha}_2=\begin{pmatrix}-1\\3\\1\end{pmatrix},\boldsymbol{\alpha}_3=\begin{pmatrix}-1\\11\\3\end{pmatrix},\boldsymbol{\beta}=\begin{pmatrix}1\\1\\-1\end{pmatrix},\boldsymbol{V}=\mathrm{Span}\{\boldsymbol{\alpha}_1,\boldsymbol{\alpha}_2,\boldsymbol{\alpha}_3\}$，

（1）求向量空间 $\boldsymbol{V}$ 的基和维数；

（2）向量 $\boldsymbol{\beta}$ 在不在 $\boldsymbol{V}$ 中？若在，求它在所求基下的坐标，若不在，说明理由.

22. 已知 $\mathbf{R}^3$ 的两个基为

$\boldsymbol{\alpha}_1=\begin{pmatrix}1\\1\\1\end{pmatrix},\boldsymbol{\alpha}_2=\begin{pmatrix}1\\0\\-1\end{pmatrix},\boldsymbol{\alpha}_3=\begin{pmatrix}1\\0\\1\end{pmatrix}$ 及 $\boldsymbol{\beta}_1=\begin{pmatrix}1\\2\\1\end{pmatrix},\boldsymbol{\beta}_2=\begin{pmatrix}2\\3\\4\end{pmatrix},\boldsymbol{\beta}_3=\begin{pmatrix}3\\4\\3\end{pmatrix}$，求：

(1) 由基 $\boldsymbol{\alpha}_1,\boldsymbol{\alpha}_2,\boldsymbol{\alpha}_3$ 到基 $\boldsymbol{\beta}_1,\boldsymbol{\beta}_2,\boldsymbol{\beta}_3$ 的过渡矩阵；

(2) 向量 $\boldsymbol{\eta}=\begin{pmatrix}3\\6\\1\end{pmatrix}$ 在基 $\boldsymbol{\alpha}_1,\boldsymbol{\alpha}_2,\boldsymbol{\alpha}_3$ 下的坐标.

23. 求下列向量空间的基和维数：

(1) $\boldsymbol{V}_1=\{(x,y,z)^{\mathrm{T}}\mid x+2y+z=0\}$；

(2) $\boldsymbol{V}_2=\{(x,y)^{\mathrm{T}}\mid y=4x\}$.

24. 假设列出的信号是给出的差分方程的解，确定这些信号是否构成相应方程解空间的基：

(1) $1^k,2^k,(-2)^k$；$\boldsymbol{y}_{k+3}-\boldsymbol{y}_{k+2}-4\boldsymbol{y}_{k+1}+4\boldsymbol{y}_k=0$；

(2) $(-1)^k,k(-1)^k,5^k$；$\boldsymbol{y}_{k+3}-3\boldsymbol{y}_{k+2}-9\boldsymbol{y}_{k+1}-5\boldsymbol{y}_k=0$；

(3) $1^k,3^k\cos\dfrac{k\pi}{2},3^k\sin\dfrac{k\pi}{2}$；$\boldsymbol{y}_{k+3}-\boldsymbol{y}_{k+2}+9\boldsymbol{y}_{k+1}-9\boldsymbol{y}_k=0$.

25. 把下列差分方程写成一阶差分方程组 $\boldsymbol{x}_{k+1}=\boldsymbol{A}\boldsymbol{x}_k$ 的形式：

(1) $\boldsymbol{y}_{k+2}+2\boldsymbol{y}_{k+1}-8\boldsymbol{y}_k=0$；

(2) $\boldsymbol{y}_{k+3}-7\boldsymbol{y}_{k+2}+5\boldsymbol{y}_{k+1}-2\boldsymbol{y}_k=0$；

(3) $\boldsymbol{y}_{k+4}+3\boldsymbol{y}_{k+3}+5\boldsymbol{y}_{k+2}-5\boldsymbol{y}_{k+1}+\boldsymbol{y}_k=0$.

26. 求下列差分方程解空间的一个基：

(1) $\boldsymbol{y}_{k+2}-7\boldsymbol{y}_{k+1}+12y_k=0$；

(2) $\boldsymbol{y}_{k+2}-25\boldsymbol{y}_k=0$；

(3) $16\boldsymbol{y}_{k+2}+8\boldsymbol{y}_{k+1}-3\boldsymbol{y}_k=0$.

27. 证明给出的信号是相应的差分方程的解，然后求差分方程的通解：

(1) $\boldsymbol{y}_k=k^2$；$\boldsymbol{y}_{k+2}+3\boldsymbol{y}_{k+1}-4\boldsymbol{y}_k=10k+7$；

(2) $\boldsymbol{y}_k=k+1$；$\boldsymbol{y}_{k+2}-8\boldsymbol{y}_{k+1}+15\boldsymbol{y}_k=8k+2$.

28. 求下列矩阵的稳态向量：

(1) $\begin{pmatrix}0.1&0.6\\0.9&0.4\end{pmatrix}$；(2) $\begin{pmatrix}0.8&0.5\\0.2&0.5\end{pmatrix}$；

(3) $\begin{pmatrix}0.7&0.1&0.1\\0.2&0.8&0.2\\0.1&0.1&0.7\end{pmatrix}$；(4) $\begin{pmatrix}0.7&0.2&0.2\\0&0.2&0.4\\0.3&0.6&0.4\end{pmatrix}$.

29. 确定下列矩阵是否是正则随机矩阵：

(1) $\boldsymbol{P}=\begin{pmatrix}0.2 & 1\\0.8 & 0\end{pmatrix}$;(2) $\boldsymbol{P}=\begin{pmatrix}1 & 0.2\\0 & 0.8\end{pmatrix}$.

30. [M]设 $\boldsymbol{P}=\begin{pmatrix}0.97 & 0.05 & 0.10\\0 & 0.90 & 0.05\\0.03 & 0.05 & 0.85\end{pmatrix}$,在实验五提供的实验区中计算 $\boldsymbol{P}^k$,$k=10,20,\cdots,80$. 计算 $\boldsymbol{P}$ 的稳态向量. 对任意正则随机矩阵,猜想什么结果可能是正确的？利用定理16解释你所发现的结果.

31. [M]10 000元的贷款每月有1%的利息和450元的月供. 一个月之后在 $k=1$ 时办理第一次付款. 对 $k=0,1,2,\cdots$,设 $\boldsymbol{y}_k$ 是第 k 次月度付款刚办理后贷款的未付余额,则

$$\underset{\text{新余额}}{\boldsymbol{y}_1} = \underset{\text{还贷额}}{10\,000}+\underset{\text{附加利息}}{(0.01)\,10\,000}-\underset{\text{月供}}{450},$$

(1) 写出 $\{\boldsymbol{y}_k\}$ 满足的差分方程;

(2) 当作完最后的付款时,k 为多少？最后一次的付款是多少？借款者共支付多少钱？

32. [M]人口统计学的研究表明,人口在某一城市与它的周边地区之间的迁移有以下规律:每年约有5%的城市人口移居郊区(其他95%留在城市),而3%的郊区人口移居城市(其他97%留在郊区)(本题也可在实验五提供的实验区中完成).

(1) 试建立人口迁移的数学模型;

(2) 多年以后住在城市和郊区的人口的百分比各是多少？

(3) 假设某个居民"随机"选择去向,则一确定年度的状态向量可以理解为给出了当时这个人是城市居民还是郊区居民的概率. 假设现在这个人是城市居民,写出状态向量,这个人下一年住在郊区的可能性有多大？这个人两年后住在郊区的可能性有多大？20年、30年甚至更长时间以后呢？

第 5 章

特征值、特征向量及二次型

本章主要讨论方阵的特征值与特征向量、方阵的相似对角化和二次型的化简等问题，以及矩阵的特征值理论在工程技术中的应用.

5.1 向量的内积、长度及正交性

5.1.1 内积的定义与性质

在解析几何中，我们曾引进了向量的数量积

$$\boldsymbol{x}\cdot\boldsymbol{y}=|\boldsymbol{x}||\boldsymbol{y}|\cos\theta,$$

且在直角坐标系中，有

$$(x_1,x_2,x_3)\cdot(y_1,y_2,y_3)=x_1y_1+x_2y_2+x_3y_3,$$

并由此定义了非零几何向量的夹角 $\theta=\arccos\dfrac{\boldsymbol{x}\cdot\boldsymbol{y}}{|\boldsymbol{x}||\boldsymbol{y}|}$，向量 $\boldsymbol{x}$ 的长度 $|\boldsymbol{x}|=\sqrt{\boldsymbol{x}\cdot\boldsymbol{x}}$ 等概念. 下面我们把几何向量的这些概念推广到 n 维向量，定义 n 维向量的内积、长度和夹角等概念.

定义 1 设有 n 维向量

$$\boldsymbol{x}=\begin{pmatrix}x_1\\x_2\\\vdots\\x_n\end{pmatrix},\boldsymbol{y}=\begin{pmatrix}y_1\\y_2\\\vdots\\y_n\end{pmatrix},$$

令 $[\boldsymbol{x},\boldsymbol{y}]=x_1y_1+x_2y_2+\cdots+x_ny_n$，称为向量 $\boldsymbol{x}$ 与 $\boldsymbol{y}$ 的**内积**.

显然，当 $\boldsymbol{x}$ 与 $\boldsymbol{y}$ 都是列向量时，有 $[\boldsymbol{x},\boldsymbol{y}]=\boldsymbol{x}^{\mathrm{T}}\boldsymbol{y}=\boldsymbol{y}^{\mathrm{T}}\boldsymbol{x}$.

内积具有下列性质（其中 $\boldsymbol{x},\boldsymbol{y},\boldsymbol{z}$ 为 n 维向量，λ 为实数）：

(1) $[\boldsymbol{x},\boldsymbol{y}]=[\boldsymbol{y},\boldsymbol{x}]$；

(2) $[\lambda\boldsymbol{x},\boldsymbol{y}]=\lambda[\boldsymbol{x},\boldsymbol{y}]$；

(3) $[\boldsymbol{x}+\boldsymbol{y},\boldsymbol{z}]=[\boldsymbol{x},\boldsymbol{z}]+[\boldsymbol{y},\boldsymbol{z}]$；

(4) $[\boldsymbol{x},\boldsymbol{x}]\geqslant 0$，当且仅当 $\boldsymbol{x}=\boldsymbol{0}$ 时等号成立.

定义 2 令 $\|\boldsymbol{x}\|=\sqrt{[\boldsymbol{x},\boldsymbol{x}]}=\sqrt{x_1^2+x_2^2+\cdots+x_n^2}$，称为 n 维向量 $\boldsymbol{x}$ 的**长度**(或**范数**). 见图 5-1.

向量的长度具有下述性质：

(1) **非负性** $\|\boldsymbol{x}\|\geqslant 0$；

(2) **齐次性** $\|\lambda\boldsymbol{x}\|=|\lambda|\,\|\boldsymbol{x}\|$；

(3) **三角不等式** $\|\boldsymbol{x}+\boldsymbol{y}\|\leqslant\|\boldsymbol{x}\|+\|\boldsymbol{y}\|$.

当 $\|\boldsymbol{x}\|=1$ 时，称 $\boldsymbol{x}$ 为**单位向量**. 任一非零向量除以它的长度后就成了单位向量. 这一过程称为**将向量单位化**.

容易证明，向量的内积满足

$$[\boldsymbol{x},\boldsymbol{y}]^2\leqslant[\boldsymbol{x},\boldsymbol{x}][\boldsymbol{y},\boldsymbol{y}] \text{ 或 } |[\boldsymbol{x},\boldsymbol{y}]|\leqslant\|\boldsymbol{x}\|\,\|\boldsymbol{y}\|,$$

上式称为**施瓦茨(Schwarz)不等式**. 由此可得

$$\left|\frac{[\boldsymbol{x},\boldsymbol{y}]}{\|\boldsymbol{x}\|\,\|\boldsymbol{y}\|}\right|\leqslant 1 \ (\text{当 } \|\boldsymbol{x}\|\,\|\boldsymbol{y}\|\neq 0 \text{ 时}).$$

于是有下面的定义

当 $\|\boldsymbol{x}\|\neq 0$，$\|\boldsymbol{y}\|\neq 0$ 时，

$$\theta=\arccos\frac{[\boldsymbol{x},\boldsymbol{y}]}{\|\boldsymbol{x}\|\,\|\boldsymbol{y}\|},$$

称为 n 维向量 $\boldsymbol{x}$ 与 $\boldsymbol{y}$ 的夹角. 见图 5-1.

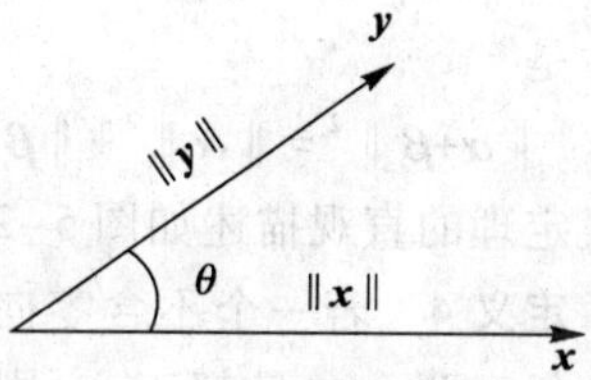

图 5-1 向量的长度和夹角

例 1 求向量 $\boldsymbol{\alpha}=\begin{pmatrix}1\\1\\0\end{pmatrix}$，$\boldsymbol{\beta}=\begin{pmatrix}1\\0\\1\end{pmatrix}$ 之间的夹角.

解

$$[\boldsymbol{\alpha},\boldsymbol{\beta}]=1\times1+1\times0+0\times1=1$$

$$\|\boldsymbol{\alpha}\|=\sqrt{1^2+1^2+0^2}=\sqrt{2},$$

$$\|\boldsymbol{\beta}\|=\sqrt{1^2+0^2+1^2}=\sqrt{2},$$

所以夹角

$$\theta=\arccos\frac{[\boldsymbol{\alpha},\boldsymbol{\beta}]}{\|\boldsymbol{\alpha}\|\,\|\boldsymbol{\beta}\|}=\arccos\frac{1}{\sqrt{2}\cdot\sqrt{2}}=\arccos\frac{1}{2}=\frac{\pi}{3}.$$

例 2 设有 n 维向量 $\boldsymbol{\alpha}=\begin{pmatrix}a_1\\a_2\\\vdots\\a_n\end{pmatrix}$，$\boldsymbol{\beta}=\begin{pmatrix}b_1\\b_2\\\vdots\\b_n\end{pmatrix}$，则

$$[\boldsymbol{\alpha},\boldsymbol{\beta}]=a_1b_1+a_2b_2+\cdots+a_nb_n,$$

$$\|\boldsymbol{\alpha}\| = \sqrt{a_1^2+a_2^2+\cdots+a_n^2},$$

$$\|\boldsymbol{\beta}\| = \sqrt{b_1^2+b_2^2+\cdots+b_n^2}.$$

由施瓦茨不等式，有

$$|a_1b_1+a_2b_2+\cdots+a_nb_n| \leqslant \sqrt{a_1^2+a_2^2+\cdots+a_n^2}\sqrt{b_1^2+b_2^2+\cdots+b_n^2}.$$

这是历史上一个著名的不等式. 这个例子也说明，用代数的方法可以很容易地证明其他数学分支中的一些结论.

定义 3　当 $[\boldsymbol{x},\boldsymbol{y}]=0$ 时，称向量 $\boldsymbol{x}$ 与 $\boldsymbol{y}$ **正交（或垂直）**.

显然，零向量与任何向量都正交. 关于向量正交的一个重要性质由下面的定理给出.

定理 1（勾股（毕达哥拉斯）定理）　两个向量 $\boldsymbol{\alpha}$ 和 $\boldsymbol{\beta}$ 正交的充分必要条件是

$$\|\boldsymbol{\alpha}+\boldsymbol{\beta}\|^2 = \|\boldsymbol{\alpha}\|^2+\|\boldsymbol{\beta}\|^2.$$

勾股定理的直观描述如图 5-2 所示.

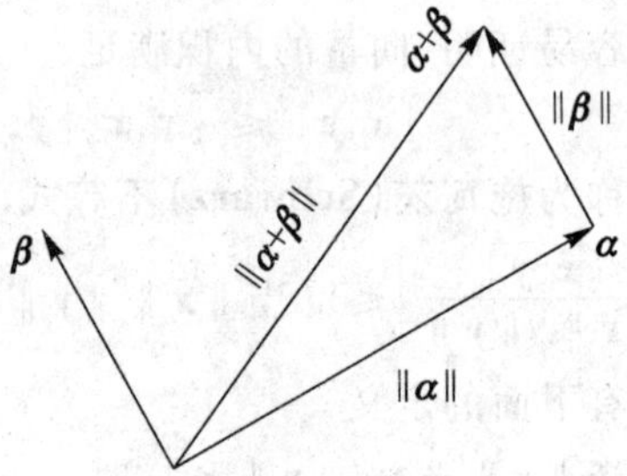

图 5-2　勾股定理的几何描述

定义 4　若一个不含零向量的向量组中任意两个向量都正交，则称此向量组为**正交向量组**.

正交向量组有以下性质.

定理 2　若 n 维向量 $\boldsymbol{\alpha}_1,\boldsymbol{\alpha}_2,\cdots,\boldsymbol{\alpha}_r$ 是一组两两正交的非零向量，则 $\boldsymbol{\alpha}_1,\boldsymbol{\alpha}_2,\cdots,\boldsymbol{\alpha}_r$ 线性无关.

证　设有数 $\lambda_1,\lambda_2,\cdots,\lambda_r$ 使 $\lambda_1\boldsymbol{\alpha}_1+\lambda_2\boldsymbol{\alpha}_2+\cdots+\lambda_r\boldsymbol{\alpha}_r=\boldsymbol{0}$,

以 $\boldsymbol{\alpha}_1^{\mathrm{T}}$ 左乘上式两端，得　$\lambda_1\boldsymbol{\alpha}_1^{\mathrm{T}}\boldsymbol{\alpha}_1=0$，因 $\boldsymbol{\alpha}_1\neq 0$，故 $\boldsymbol{\alpha}_1^{\mathrm{T}}\boldsymbol{\alpha}_1=\|\boldsymbol{\alpha}_1\|^2\neq 0$，从而必有 $\lambda_1=0$. 类似可证 $\lambda_2=0,\cdots,\lambda_r=0$. 于是向量组 $\boldsymbol{\alpha}_1,\boldsymbol{\alpha}_2,\cdots,\boldsymbol{\alpha}_r$ 线性无关. ■

例 3　已知 3 维向量空间 $\mathbf{R}^3$ 中两个向量

$$\boldsymbol{\alpha}_1=\begin{pmatrix}1\\1\\-1\end{pmatrix},\boldsymbol{\alpha}_2=\begin{pmatrix}1\\1\\2\end{pmatrix}$$

正交，试求一个非零向量 $\boldsymbol{\alpha}_3$ 使 $\boldsymbol{\alpha}_1,\boldsymbol{\alpha}_2,\boldsymbol{\alpha}_3$ 两两正交.

解　记

$$\boldsymbol{A}=\begin{pmatrix}\boldsymbol{\alpha}_1^{\mathrm{T}}\\\boldsymbol{\alpha}_2^{\mathrm{T}}\end{pmatrix}=\begin{pmatrix}1&1&-1\\1&1&2\end{pmatrix},$$

$\boldsymbol{\alpha}_3$ 应满足齐次线性方程 $\boldsymbol{A}\boldsymbol{x}=\boldsymbol{0}$，即

$$\begin{pmatrix}1&1&-1\\1&1&2\end{pmatrix}\begin{pmatrix}x_1\\x_2\\x_3\end{pmatrix}=0,$$

解之得基础解系为$\begin{pmatrix}1\\-1\\0\end{pmatrix}$,取 $\boldsymbol{\alpha}_3=\begin{pmatrix}1\\-1\\0\end{pmatrix}$,即合所求.

5.1.2 施密特(Schmidt)正交化过程

定义 5 设 n 维向量 $\boldsymbol{e}_1,\boldsymbol{e}_2,\cdots,\boldsymbol{e}_r$是向量空间 $\boldsymbol{V}(\boldsymbol{V}\subset\mathbf{R}^n)$的一组基,如果 $\boldsymbol{e}_1,\boldsymbol{e}_2,\cdots,\boldsymbol{e}_r$两两正交,且都是单位向量,则称 $\boldsymbol{e}_1,\boldsymbol{e}_2,\cdots,\boldsymbol{e}_r$是 $\boldsymbol{V}$ 的一组**规范正交基**.

例如
$$\boldsymbol{e}_1=\begin{pmatrix}\frac{1}{\sqrt{2}}\\\frac{1}{\sqrt{2}}\\0\\0\end{pmatrix},\boldsymbol{e}_2=\begin{pmatrix}\frac{1}{\sqrt{2}}\\-\frac{1}{\sqrt{2}}\\0\\0\end{pmatrix},\boldsymbol{e}_3=\begin{pmatrix}0\\0\\\frac{1}{\sqrt{2}}\\\frac{1}{\sqrt{2}}\end{pmatrix},\boldsymbol{e}_4=\begin{pmatrix}0\\0\\\frac{1}{\sqrt{2}}\\-\frac{1}{\sqrt{2}}\end{pmatrix}$$
就是 $\mathbf{R}^4$的一组规范正交基.

若 $\boldsymbol{e}_1,\boldsymbol{e}_2,\cdots,\boldsymbol{e}_r$是 $\boldsymbol{V}$ 的一组规范正交基,那么 $\boldsymbol{V}$ 中任一向量 $\boldsymbol{\alpha}$ 应能由 $\boldsymbol{e}_1,\boldsymbol{e}_2,\cdots,\boldsymbol{e}_r$线性表示,设表示式为

$$\boldsymbol{\alpha}=\lambda_1\boldsymbol{e}_1+\lambda_2\boldsymbol{e}_2+\cdots+\lambda_r\boldsymbol{e}_r,$$

为求其中的系数 $\lambda_i(i=1,\cdots,r)$,用 $\boldsymbol{e}_i^{\mathrm{T}}$ 左乘上式,有

$$\boldsymbol{e}_i^{\mathrm{T}}\boldsymbol{\alpha}=\lambda_i\boldsymbol{e}_i^{\mathrm{T}}\boldsymbol{e}_i=\lambda_i,$$

即
$$\boldsymbol{\lambda}_i=e_i^{\mathrm{T}}\boldsymbol{\alpha}=[\boldsymbol{\alpha},\boldsymbol{e}_i],$$

这就是向量在规范正交基下的坐标的计算公式. 利用这个公式能方便地求得向量的坐标,因此,我们在给向量空间取基时常常取规范正交基.

设 $\boldsymbol{\alpha}_1,\cdots,\boldsymbol{\alpha}_r$是向量空间 $\boldsymbol{V}$ 的一组基,要求 $\boldsymbol{V}$ 的一组规范正交基,就是要找一组两两正交的单位向量 $\boldsymbol{e}_1,\cdots,\boldsymbol{e}_r$,使 $\boldsymbol{e}_1,\cdots,\boldsymbol{e}_r$与 $\boldsymbol{\alpha}_1,\cdots,\boldsymbol{\alpha}_r$等价. 这样的问题称为将 $\boldsymbol{\alpha}_1,\cdots,\boldsymbol{\alpha}_r$这个**基规范正交化**.

我们可以用以下办法将 $\boldsymbol{\alpha}_1,\cdots,\boldsymbol{\alpha}_r$规范正交化,取

$$\boldsymbol{\beta}_1=\boldsymbol{\alpha}_1,$$

$$\boldsymbol{\beta}_2=\boldsymbol{\alpha}_2-\frac{[\boldsymbol{\beta}_1,\boldsymbol{\alpha}_2]}{[\boldsymbol{\beta}_1,\boldsymbol{\beta}_1]}\boldsymbol{\beta}_1,$$

…………

$$\boldsymbol{\beta}_r=\boldsymbol{\alpha}_r-\frac{[\boldsymbol{\beta}_1,\boldsymbol{\alpha}_r]}{[\boldsymbol{\beta}_1,\boldsymbol{\beta}_1]}\boldsymbol{\beta}_1-\frac{[\boldsymbol{\beta}_2,\boldsymbol{\alpha}_r]}{[\boldsymbol{\beta}_2,\boldsymbol{\beta}_2]}\boldsymbol{\beta}_2-\cdots-\frac{[\boldsymbol{\beta}_{r-1},\boldsymbol{\alpha}_r]}{[\boldsymbol{\beta}_{r-1},\boldsymbol{\beta}_{r-1}]}\boldsymbol{\beta}_{r-1},$$

容易验证 $\boldsymbol{\beta}_1,\cdots,\boldsymbol{\beta}_r$ 两两正交，且 $\boldsymbol{\beta}_1,\cdots,\boldsymbol{\beta}_r$ 与 $\boldsymbol{\alpha}_1,\cdots,\boldsymbol{\alpha}_r$ 等价. 然后只需将它们单位化，取

$$\boldsymbol{e}_1=\frac{1}{\|\boldsymbol{\beta}_1\|}\boldsymbol{\beta}_1,\boldsymbol{e}_2=\frac{1}{\|\boldsymbol{\beta}_2\|}\boldsymbol{\beta}_2,\cdots,\boldsymbol{e}_r=\frac{1}{\|\boldsymbol{\beta}_r\|}\boldsymbol{\beta}_r,$$

就是 $\boldsymbol{V}$ 的一组规范正交基.

上述从线性无关向量组 $\boldsymbol{\alpha}_1,\cdots,\boldsymbol{\alpha}_r$ 导出正交向量组 $\boldsymbol{\beta}_1,\cdots,\boldsymbol{\beta}_r$ 的过程称为**施密特正交化过程**. 它不仅满足 $\boldsymbol{\beta}_1,\cdots,\boldsymbol{\beta}_r$ 与 $\boldsymbol{\alpha}_1,\cdots,\boldsymbol{\alpha}_r$ 等价，还满足对任何 $k(1\leqslant k\leqslant r)$，向量组 $\boldsymbol{\beta}_1,\cdots,\boldsymbol{\beta}_k$ 与 $\boldsymbol{\alpha}_1,\cdots,\boldsymbol{\alpha}_k$ 等价.

例 4　设 $\boldsymbol{\alpha}_1=\begin{pmatrix}1\\2\\-1\end{pmatrix},\boldsymbol{\alpha}_2=\begin{pmatrix}-1\\3\\1\end{pmatrix},\boldsymbol{\alpha}_3=\begin{pmatrix}4\\-1\\0\end{pmatrix}$，试用施密特正交化过程将这组向量规范正交化.

解　取 $\boldsymbol{\beta}_1=\boldsymbol{\alpha}_1$，

$$\boldsymbol{\beta}_2=\boldsymbol{\alpha}_2-\frac{[\boldsymbol{\alpha}_2,\boldsymbol{\beta}_1]}{\|\boldsymbol{\beta}_1\|^2}\boldsymbol{\beta}_1=\begin{pmatrix}-1\\3\\1\end{pmatrix}-\frac{4}{6}\begin{pmatrix}1\\2\\-1\end{pmatrix}=\frac{5}{3}\begin{pmatrix}-1\\1\\1\end{pmatrix},$$

$$\boldsymbol{\beta}_3=\boldsymbol{\alpha}_3-\frac{[\boldsymbol{\alpha}_3,\boldsymbol{\beta}_1]}{\|\boldsymbol{\beta}_1\|^2}\boldsymbol{\beta}_1-\frac{[\boldsymbol{\alpha}_3,\boldsymbol{\beta}_2]}{\|\boldsymbol{\beta}_2\|^2}\boldsymbol{\beta}_2=\begin{pmatrix}4\\-1\\0\end{pmatrix}-\frac{1}{3}\begin{pmatrix}1\\2\\-1\end{pmatrix}+\frac{5}{3}\begin{pmatrix}-1\\1\\1\end{pmatrix}=2\begin{pmatrix}1\\0\\1\end{pmatrix}.$$

将它们单位化，取

$$\boldsymbol{e}_1=\frac{1}{\|\boldsymbol{\beta}_1\|}\boldsymbol{\beta}_1=\frac{1}{\sqrt{6}}\begin{pmatrix}1\\2\\-1\end{pmatrix},$$

$$\boldsymbol{e}_2=\frac{1}{\|\boldsymbol{\beta}_2\|}\boldsymbol{\beta}_2=\frac{1}{\sqrt{3}}\begin{pmatrix}-1\\1\\1\end{pmatrix},$$

$$\boldsymbol{e}_3=\frac{1}{\|\boldsymbol{\beta}_3\|}\boldsymbol{\beta}_3=\frac{1}{\sqrt{2}}\begin{pmatrix}1\\0\\1\end{pmatrix},$$

$\boldsymbol{e}_1,\boldsymbol{e}_2,\boldsymbol{e}_3$ 即合所求.

本例中各向量如图 5-3 所示. 用解析几何的术语解释如下

$\boldsymbol{\beta}_2=\boldsymbol{\alpha}_2-\boldsymbol{\gamma}_2$，而 $\boldsymbol{\gamma}_2$ 为 $\boldsymbol{\alpha}_2$ 在 $\boldsymbol{\beta}_1$ 上的投影向量，即

$$\boldsymbol{\gamma}_2=\left[\boldsymbol{\alpha}_2,\frac{\boldsymbol{\beta}_1}{\|\boldsymbol{\beta}_1\|}\right]\frac{\boldsymbol{\beta}_1}{\|\boldsymbol{\beta}_1\|}=\frac{[\boldsymbol{\alpha}_2,\boldsymbol{\beta}_1]}{\|\boldsymbol{\beta}_1\|^2}\boldsymbol{\beta}_1;$$

$\boldsymbol{\beta}_3=\boldsymbol{\alpha}_3-\boldsymbol{\gamma}_3$，而 $\boldsymbol{\gamma}_3$ 为 $\boldsymbol{\alpha}_3$ 在平行于 $\boldsymbol{\beta}_1,\boldsymbol{\beta}_2$ 的平面上的投影向量，由于 $\boldsymbol{\beta}_1\perp\boldsymbol{\beta}_2$，故

$\boldsymbol{\gamma}_3$等于$\boldsymbol{\alpha}_3$分别在$\boldsymbol{\beta}_1$,$\boldsymbol{\beta}_2$上的投影向量$\boldsymbol{\gamma}_{31}$及$\boldsymbol{\gamma}_{32}$之和,即

$$\boldsymbol{\gamma}_3=\boldsymbol{\gamma}_{31}+\boldsymbol{\gamma}_{32}=\frac{[\boldsymbol{\alpha}_3,\boldsymbol{\beta}_1]}{\|\boldsymbol{\beta}_1\|^2}\boldsymbol{\beta}_1+\frac{[\boldsymbol{\alpha}_3,\boldsymbol{\beta}_2]}{\|\boldsymbol{\beta}_2\|^2}\boldsymbol{\beta}_2.$$

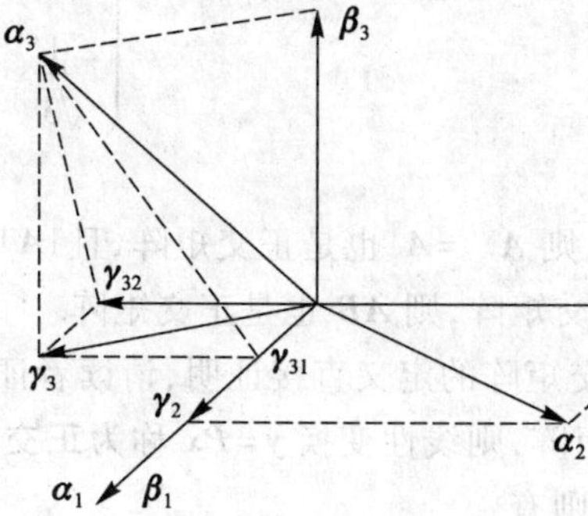

图 5-3　规范正交基的构造

5.1.3　正交矩阵

定义 6　如果 n 阶矩阵 $\boldsymbol{A}$ 满足

$$\boldsymbol{A}^{\mathrm{T}}\boldsymbol{A}=\boldsymbol{E}\quad(\text{即 }\boldsymbol{A}^{-1}=\boldsymbol{A}^{\mathrm{T}}),$$

那么称 $\boldsymbol{A}$ 为**正交矩阵**,简称**正交阵**.

定理 3　A 为正交矩阵的充分必要条件是 A 的列(行)向量组为两两正交的单位向量组.

证　将 $\boldsymbol{A}$ 用列向量表示为 $\boldsymbol{A}=(\boldsymbol{\alpha}_1,\boldsymbol{\alpha}_2,\cdots,\boldsymbol{\alpha}_n)$,

于是
$$\boldsymbol{A}^{\mathrm{T}}\boldsymbol{A}=\begin{pmatrix}\boldsymbol{\alpha}_1^{\mathrm{T}}\\\boldsymbol{\alpha}_2^{\mathrm{T}}\\\vdots\\\boldsymbol{\alpha}_n^{\mathrm{T}}\end{pmatrix}(\boldsymbol{\alpha}_1,\boldsymbol{\alpha}_2,\cdots,\boldsymbol{\alpha}_n)=\begin{pmatrix}\boldsymbol{\alpha}_1^{\mathrm{T}}\boldsymbol{\alpha}_1&\boldsymbol{\alpha}_1^{\mathrm{T}}\boldsymbol{\alpha}_2&\cdots&\boldsymbol{\alpha}_1^{\mathrm{T}}\boldsymbol{\alpha}_n\\\boldsymbol{\alpha}_2^{\mathrm{T}}\boldsymbol{\alpha}_1&\boldsymbol{\alpha}_2^{\mathrm{T}}\boldsymbol{\alpha}_2&\cdots&\boldsymbol{\alpha}_2^{\mathrm{T}}\boldsymbol{\alpha}_n\\\vdots&\vdots&&\vdots\\\boldsymbol{\alpha}_n^{\mathrm{T}}\boldsymbol{\alpha}_1&\boldsymbol{\alpha}_n^{\mathrm{T}}\boldsymbol{\alpha}_2&\cdots&\boldsymbol{\alpha}_n^{\mathrm{T}}\boldsymbol{\alpha}_n\end{pmatrix},$$

因此,$\boldsymbol{A}^{\mathrm{T}}\boldsymbol{A}=\boldsymbol{E}$ 的充分必要条件是

$$\boldsymbol{\alpha}_i^{\mathrm{T}}\boldsymbol{\alpha}_j=\begin{cases}1,i=j,\\0,i\neq j\end{cases}\quad(i,j=1,2,\cdots,n).$$

即 $\boldsymbol{A}$ 的列向量组为两两正交的单位向量组. 同理可证 $\boldsymbol{A}$ 的行向量组也为两两正交的单位向量组. ■

由此可见,n 阶正交矩阵 $\boldsymbol{A}$ 的 n 个行(列)向量构成向量空间 $\mathbf{R}^n$的一组规范正交基.

例 5　正交矩阵举例:

(1) n 阶单位矩阵 $\boldsymbol{E}$；(2) $\begin{pmatrix} \cos\theta & -\sin\theta \\ \sin\theta & \cos\theta \end{pmatrix}$；(3) $\begin{pmatrix} 0 & \frac{1}{\sqrt{2}} & -\frac{1}{\sqrt{2}} \\ -\frac{2}{\sqrt{6}} & \frac{1}{\sqrt{6}} & \frac{1}{\sqrt{6}} \\ \frac{1}{\sqrt{3}} & \frac{1}{\sqrt{3}} & \frac{1}{\sqrt{3}} \end{pmatrix}$.

正交矩阵有下述性质：

(1) 若 $\boldsymbol{A}$ 为正交矩阵，则 $\boldsymbol{A}^{-1}=\boldsymbol{A}^{\mathrm{T}}$ 也是正交矩阵，且 $|\boldsymbol{A}|=1$ 或 -1；

(2) 若 $\boldsymbol{A}$ 和 $\boldsymbol{B}$ 都是正交矩阵，则 $\boldsymbol{AB}$ 也是正交矩阵.

这些性质都可根据正交矩阵的定义直接证明，请读者证明之.

定义 7　若 $\boldsymbol{P}$ 为正交矩阵，则线性变换 $\boldsymbol{y}=\boldsymbol{Px}$ 称为**正交变换**.

设 $\boldsymbol{y}=\boldsymbol{Px}$ 为正交变换，则有

$$\|\boldsymbol{y}\|=\sqrt{\boldsymbol{y}^{\mathrm{T}}\boldsymbol{y}}=\sqrt{\boldsymbol{x}^{\mathrm{T}}\boldsymbol{P}^{\mathrm{T}}\boldsymbol{P}\boldsymbol{x}}=\sqrt{\boldsymbol{x}^{\mathrm{T}}\boldsymbol{x}}=\|\boldsymbol{x}\|,$$

由于 $\|\boldsymbol{x}\|$ 表示向量的长度，相当于线段的长度，因此 $\|\boldsymbol{y}\|=\|\boldsymbol{x}\|$ 说明经正交变换线段的长度保持不变，这是正交变换的优良特性.

当 $|\boldsymbol{P}|=1$ 时，$\boldsymbol{y}=\boldsymbol{Px}$ 称为**旋转**，或者称为**第一类的**；当 $|\boldsymbol{P}|=-1$ 时，$\boldsymbol{y}=\boldsymbol{Px}$ 称为**第二类的**. 下面的例 6 是关于旋转变换的例子，读者可在实验四中对第二类正交变换进行直观体验.

例 6　设 $\boldsymbol{P}=\begin{pmatrix} \cos\theta & -\sin\theta \\ \sin\theta & \cos\theta \end{pmatrix}$，$\boldsymbol{x},\boldsymbol{y}\in\mathbf{R}^2$，由例 5 知，$\boldsymbol{P}$ 为正交矩阵，所以 $\boldsymbol{y}=\boldsymbol{Px}$ 为正交变换，且 $|\boldsymbol{P}|=1$，因此为旋转变换. 当 $\theta=\dfrac{\pi}{4}$ 时，旋转变换 $\boldsymbol{y}=\boldsymbol{Px}$ 把图 5-4 中的图像(a)变换为图像(b)，如图 5-4 所示.

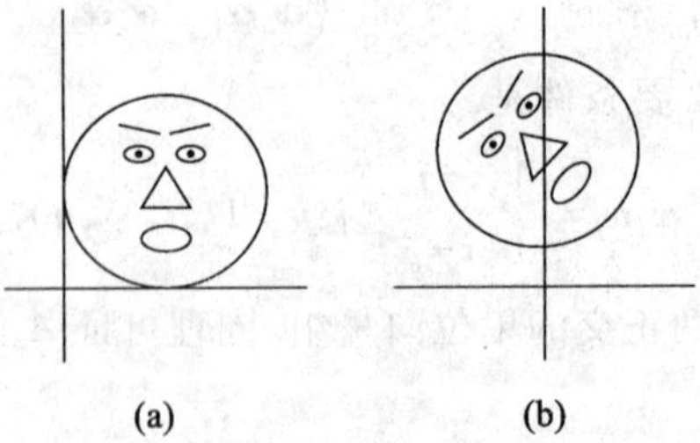

(a)　(b)

图 5-4　图像的正交变换

5.2 特征值与特征向量

5.2.1 定义

尽管线性变换 $\boldsymbol{y}=\boldsymbol{A}\boldsymbol{x}$ 有可能使向量往各个方向变化,但通常会有某些特殊向量,$\boldsymbol{A}$ 对这些向量的作用非常简单.

例 7 设 $\boldsymbol{A}=\begin{pmatrix}3&-2\\1&0\end{pmatrix}$,$\boldsymbol{u}=\begin{pmatrix}0.707\\0.707\end{pmatrix}$,$\boldsymbol{v}=\begin{pmatrix}0.8944\\0.4472\end{pmatrix}$.则

$$\boldsymbol{u}'=\boldsymbol{A}\boldsymbol{u}=\begin{pmatrix}3&-2\\1&0\end{pmatrix}\begin{pmatrix}0.707\\0.707\end{pmatrix}=\begin{pmatrix}0.707\\0.707\end{pmatrix}=\boldsymbol{u},$$

$$\boldsymbol{v}'=\boldsymbol{A}\boldsymbol{v}=\begin{pmatrix}3&-2\\1&0\end{pmatrix}\begin{pmatrix}0.8944\\0.4472\end{pmatrix}=2\begin{pmatrix}0.8944\\0.4472\end{pmatrix}=2\boldsymbol{v}.$$

由数值计算结果以及图 5-5 中的图像可知,线性变换 $\boldsymbol{y}=\boldsymbol{A}\boldsymbol{x}$ 对向量 $\boldsymbol{u},\boldsymbol{v}$ 的作用仅仅是“拉伸”了向量 $\boldsymbol{u},\boldsymbol{v}$,而没有改变它们的方向;但线性变换 $\boldsymbol{y}=\boldsymbol{A}\boldsymbol{x}$ 对图 5-5(a)中的其他单位向量的作用不仅起到了“拉伸”作用,同时也改变了向量的方向.

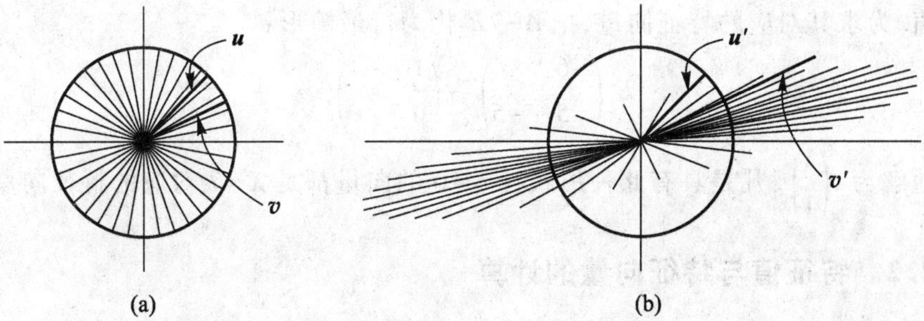

图 5-5 线性变换的作用

在这一节中,我们将研究形如 $\boldsymbol{A}\boldsymbol{x}=\lambda\boldsymbol{x}$ 的方程,并且去寻找那些被 $\boldsymbol{A}$ 变换成自身一个数量倍的向量.

定义 8 $\boldsymbol{A}$ 为 $n\times n$ 矩阵,$\boldsymbol{x}$ 为非零向量,若存在数 λ 使 $\boldsymbol{A}\boldsymbol{x}=\lambda\boldsymbol{x}$ 成立,则称 $\boldsymbol{\lambda}$ 为 $\boldsymbol{A}$ 的**特征值**,$\boldsymbol{x}$ 称为对应于 $\boldsymbol{\lambda}$ 的**特征向量**.

容易验证给定的向量是否是矩阵的特征向量,也容易判断给出的数是否是特征值.

例8 设$A=\begin{pmatrix}1&6\\5&2\end{pmatrix}$，$u=\begin{pmatrix}6\\-5\end{pmatrix}$，$v=\begin{pmatrix}3\\-2\end{pmatrix}$，问$u$和$v$是否是$A$的特征向量？

解

$$Au=\begin{pmatrix}1&6\\5&2\end{pmatrix}\begin{pmatrix}6\\-5\end{pmatrix}=\begin{pmatrix}-24\\20\end{pmatrix}=-4\begin{pmatrix}6\\-5\end{pmatrix}=-4u,$$

$$Av=\begin{pmatrix}1&6\\5&2\end{pmatrix}\begin{pmatrix}3\\-2\end{pmatrix}=\begin{pmatrix}-9\\11\end{pmatrix}\neq\lambda\begin{pmatrix}3\\-2\end{pmatrix},$$

因此，u是特征值-4对应的特征向量，但Av不是v的倍数，故v不是A的特征向量.

例9 证明7是例8中矩阵A的特征值，并求特征值7对应的特征向量.

解 数7是A的特征值当且仅当方程

$$Ax=7x$$

有非零解. 把方程变形，得

$$(A-7E)x=0,$$

为解该齐次方程，计算

$$A-7E=\begin{pmatrix}1&6\\5&2\end{pmatrix}-\begin{pmatrix}7&0\\0&7\end{pmatrix}=\begin{pmatrix}-6&6\\5&-5\end{pmatrix},$$

$A-7E$的列显然是线性相关的，故$(A-7E)x=0$有非零解，因此7是矩阵A的特征值. 为求其对应的特征向量，把$A-7E$化为行最简形：

$$\begin{pmatrix}-6&6\\5&-5\end{pmatrix}\sim\begin{pmatrix}1&-1\\0&0\end{pmatrix},$$

故通解为$c\begin{pmatrix}1\\1\end{pmatrix}$. 凡是具有此种形式且$c\neq0$的向量都是$\lambda=7$对应的特征向量.

5.2.2 特征值与特征向量的计算

下面我们来研究矩阵的特征值与特征向量的计算方法.

特征值与特征向量的定义公式$Ax=\lambda x$也可写成

$$(A-\lambda E)x=0,$$

这是有n个未知量、n个方程的齐次线性方程组，它有非零解的充分必要条件是系数行列式

$$|A-\lambda E|=0,$$

即

$$\begin{vmatrix}a_{11}-\lambda&a_{12}&\cdots&a_{1n}\\a_{21}&a_{22}-\lambda&\cdots&a_{2n}\\\vdots&\vdots&&\vdots\\a_{n1}&a_{n2}&\cdots&a_{nn}-\lambda\end{vmatrix}=0.$$

上式是以 λ 为未知数的一元 n 次方程，称为矩阵 $\boldsymbol{A}$ 的**特征方程**. 其左端 $|\boldsymbol{A}-\lambda\boldsymbol{E}|$ 是 λ 的 n 次多项式，记作 $f(\lambda)$，称为矩阵 $\boldsymbol{A}$ 的**特征多项式**. 显然，$\boldsymbol{A}$ 的特征值就是特征方程的解. 特征方程在复数范围内恒有解，其个数为方程的次数(重根按重数计算)，因此，n 阶矩阵在复数范围内有 n 个特征值，求矩阵 $\boldsymbol{A}$ 的特征值就是求解特征方程.

设 $\lambda=\lambda_i$ 是矩阵 $\boldsymbol{A}$ 的一个特征值，则由方程

$$(\boldsymbol{A}-\lambda_i\boldsymbol{E})\boldsymbol{x}=\boldsymbol{0}$$

可求得非零解 $\boldsymbol{x}=\boldsymbol{p}_i$，那么 $\boldsymbol{p}_i$ 便是 $\boldsymbol{A}$ 的对应于特征值 λ_i 的特征向量. 因此，求特征向量就是求齐次方程组的非零解.

例 10 求 $\boldsymbol{A}=\begin{pmatrix}-1&1&0\\-4&3&0\\1&0&2\end{pmatrix}$ 的特征值和特征向量.

解 $\boldsymbol{A}$ 的特征多项式为

$$|\boldsymbol{A}-\lambda\boldsymbol{E}|=\begin{vmatrix}-1-\lambda&1&0\\-4&3-\lambda&0\\1&0&2-\lambda\end{vmatrix}=(2-\lambda)(1-\lambda)^2,$$

所以 $\boldsymbol{A}$ 的特征值为 $\lambda_1=2,\lambda_2=\lambda_3=1$.

当时 $\lambda_1=2$ 时，解方程 $(\boldsymbol{A}-2\boldsymbol{E})\boldsymbol{x}=\boldsymbol{0}$. 由

$$\boldsymbol{A}-2\boldsymbol{E}=\begin{pmatrix}-3&1&0\\-4&1&0\\1&0&0\end{pmatrix}\sim\begin{pmatrix}1&0&0\\0&1&0\\0&0&0\end{pmatrix},$$

得基础解系

$$\boldsymbol{p}_1=\begin{pmatrix}0\\0\\1\end{pmatrix},$$

所以 $k\boldsymbol{p}_1(k\neq0)$ 是对应于 $\lambda_1=2$ 的全部特征向量.

当 $\lambda_2=\lambda_3=1$ 时，解方程 $(\boldsymbol{A}-\boldsymbol{E})\boldsymbol{x}=\boldsymbol{0}$. 由

$$\boldsymbol{A}-\boldsymbol{E}=\begin{pmatrix}-2&1&0\\-4&2&0\\1&0&1\end{pmatrix}\sim\begin{pmatrix}1&0&1\\0&1&2\\0&0&0\end{pmatrix},$$

得基础解系

$$\boldsymbol{p}_2=\begin{pmatrix}-1\\-2\\1\end{pmatrix},$$

所以 $k\boldsymbol{p}_2(k\neq0)$ 是对应于 $\lambda_2=\lambda_3=1$ 的全部特征向量.

例 11 求 $\boldsymbol{A}=\begin{pmatrix}2&1&1\\1&2&1\\1&1&2\end{pmatrix}$ 的特征值和特征向量.

解　A 的特征多项式为

$$|A-\lambda E|=\begin{vmatrix}2-\lambda & 1 & 1\\ 1 & 2-\lambda & 1\\ 1 & 1 & 2-\lambda\end{vmatrix}=(4-\lambda)\begin{vmatrix}1 & 1 & 1\\ 1 & 2-\lambda & 1\\ 1 & 1 & 2-\lambda\end{vmatrix}$$

$$=(4-\lambda)\begin{vmatrix}1 & 1 & 1\\ 0 & 1-\lambda & 0\\ 0 & 0 & 1-\lambda\end{vmatrix}=(4-\lambda)(1-\lambda)^2,$$

所以 A 的特征值为　$\lambda_1=4,\lambda_2=\lambda_3=1$.

当时 $\lambda_1=4$ 时，解方程 $(A-4E)x=0$. 由

$$A-4E=\begin{pmatrix}-2 & 1 & 1\\ 1 & -2 & 1\\ 1 & 1 & -2\end{pmatrix}\sim\begin{pmatrix}1 & 0 & -1\\ 0 & 1 & -1\\ 0 & 0 & 0\end{pmatrix},$$

得基础解系
$$p_1=\begin{pmatrix}1\\1\\1\end{pmatrix},$$

所以 $kp_1(k\neq 0)$ 是对应于 $\lambda_1=4$ 的全部特征向量.

当 $\lambda_2=\lambda_3=1$ 时，解方程 $(A-E)x=0$. 由

$$A-E=\begin{pmatrix}1 & 1 & 1\\ 1 & 1 & 1\\ 1 & 1 & 1\end{pmatrix}\sim\begin{pmatrix}1 & 1 & 1\\ 0 & 0 & 0\\ 0 & 0 & 0\end{pmatrix},$$

得基础解系
$$p_2=\begin{pmatrix}1\\-1\\0\end{pmatrix},p_3=\begin{pmatrix}1\\0\\-1\end{pmatrix},$$

所以对应于 $\lambda_2=\lambda_3=1$ 的全部特征向量为

$$k_2p_2+k_3p_3(k_2,k_3\text{不同时为 }0).$$

5.2.3　特征值与特征向量的性质

定理 4　设 n 阶矩阵 $A=(a_{ij})_{n\times n}$ 的特征值为 $\lambda_1,\lambda_2,\cdots,\lambda_n$，则：

(1) $\lambda_1+\lambda_2+\cdots+\lambda_n=a_{11}+a_{22}+\cdots+a_{nn}$;

(2) $\lambda_1\lambda_2\cdots\lambda_n=|A|$.

证　(略).

由定理 4 容易得到下面的推论.

推论　方阵 A 可逆当且仅当它的特征值全不为 0.

定理 5　设 λ 是 n 阶矩阵 A 的特征值，则：

(1) 设 $\varphi(\lambda)=a_0+a_1\lambda+\cdots+a_m\lambda^m$，$\varphi(A)=a_0E+a_1A+\cdots+a_mA^m$，则 $\varphi(\lambda)$ 是

$\varphi(\boldsymbol{A})$的特征值；

(2) 当$\boldsymbol{A}$可逆时，$\frac{1}{\lambda}$是$\boldsymbol{A}^{-1}$的特征值.

证 因为λ是$\boldsymbol{A}$的特征值，故有$\boldsymbol{p}\neq\boldsymbol{0}$使$\boldsymbol{A}\boldsymbol{p}=\lambda\boldsymbol{p}$. 于是

(1) $\boldsymbol{A}^2\boldsymbol{p}=\boldsymbol{A}(\boldsymbol{A}\boldsymbol{p})=\boldsymbol{A}(\lambda\boldsymbol{p})=\lambda(\boldsymbol{A}\boldsymbol{p})=\lambda^2\boldsymbol{p}$,

$\boldsymbol{A}^3\boldsymbol{p}=\boldsymbol{A}(\boldsymbol{A}^2\boldsymbol{p})=\boldsymbol{A}(\lambda^2\boldsymbol{p})=\lambda^2(\boldsymbol{A}\boldsymbol{p})=\lambda^3\boldsymbol{p}$,

…………

$\boldsymbol{A}^m\boldsymbol{p}=\lambda^m\boldsymbol{p}$,

所以

$$\begin{aligned}\varphi(\boldsymbol{A})\boldsymbol{p}&=(a_0\boldsymbol{E}+a_1\boldsymbol{A}+\cdots+a_m\boldsymbol{A}^m)\boldsymbol{p}\\&=a_0\boldsymbol{p}+a_1\boldsymbol{A}\boldsymbol{p}+\cdots+a_m\boldsymbol{A}^m\boldsymbol{p}\\&=a_0\boldsymbol{p}+a_1\lambda\boldsymbol{p}+\cdots+a_m\lambda^m\boldsymbol{p}\\&=(a_0+a_1\lambda+\cdots+a_m\lambda^m)\boldsymbol{p}\\&=\varphi(\lambda)\boldsymbol{p},\end{aligned}$$

即$\varphi(\lambda)$是$\varphi(\boldsymbol{A})$的特征值.

(2) 当$\boldsymbol{A}$可逆时，由$\boldsymbol{A}\boldsymbol{p}=\lambda\boldsymbol{p}$，有$\boldsymbol{p}=\lambda\boldsymbol{A}^{-1}\boldsymbol{p}$，因$\boldsymbol{A}$可逆，由定理4的推论知$\lambda\neq0$，故

$$\boldsymbol{A}^{-1}\boldsymbol{p}=\frac{1}{\lambda}\boldsymbol{p},$$

所以$\frac{1}{\lambda}$是$\boldsymbol{A}^{-1}$的特征值. ■

例 12 设3阶矩阵$\boldsymbol{A}$的特征值为$1,-1,2$，$\boldsymbol{B}=\varphi(\boldsymbol{A})=\boldsymbol{A}^*+3\boldsymbol{A}-2\boldsymbol{E}$,

(1) 求矩阵$\boldsymbol{B}$的特征值；

(2) 计算$|\boldsymbol{B}|$.

解 因$\boldsymbol{A}$的特征值全不为0，故$\boldsymbol{A}$可逆，于是$\boldsymbol{A}^*=|\boldsymbol{A}|\boldsymbol{A}^{-1}$. 而$|\boldsymbol{A}|=\lambda_1\lambda_2\lambda_3=-2$，所以

$$\boldsymbol{B}=\varphi(\boldsymbol{A})=\boldsymbol{A}^*+3\boldsymbol{A}-2\boldsymbol{E}=-2\boldsymbol{A}^{-1}+3\boldsymbol{A}-2\boldsymbol{E}.$$

令$\varphi(\lambda)=-\frac{2}{\lambda}+3\lambda-2$，则：

(1) 矩阵$\boldsymbol{B}$的特征值为$\varphi(1)=-1,\varphi(-1)=-3,\varphi(2)=3$；

(2) $|\boldsymbol{B}|=\varphi(1)\varphi(-1)\varphi(2)=9$.

定理 6 设$\lambda_1,\lambda_2,\cdots,\lambda_m$是方阵$\boldsymbol{A}$的$m$个特征值，$\boldsymbol{p}_1,\boldsymbol{p}_2,\cdots,\boldsymbol{p}_m$依次是与之对应的特征向量，如果$\lambda_1,\lambda_2,\cdots,\lambda_m$各不相等，则$\boldsymbol{p}_1,\boldsymbol{p}_2,\cdots,\boldsymbol{p}_m$线性无关.

证 用数学归纳法证明.

当$m=1$时，因特征向量$\boldsymbol{p}_1\neq\boldsymbol{0}$，且只含一个向量的向量组$\boldsymbol{p}_1$线性无关，结论

成立.

假设 $m=k-1$ 时,结论成立,要证当 $m=k$ 时结论也成立. 即假设向量组 $\boldsymbol{p}_1$, $\boldsymbol{p}_2,\cdots,\boldsymbol{p}_{k-1}$ 线性无关,要证向量组 $\boldsymbol{p}_1,\boldsymbol{p}_2,\cdots,\boldsymbol{p}_k$ 线性无关. 为此,令

$$x_1\boldsymbol{p}_1+x_2\boldsymbol{p}_2+\cdots+x_{k-1}\boldsymbol{p}_{k-1}+x_k\boldsymbol{p}_k=\boldsymbol{0},\tag{5.1}$$

用 $\boldsymbol{A}$ 左乘上式,得

$$x_1\boldsymbol{A}\boldsymbol{p}_1+x_2\boldsymbol{A}\boldsymbol{p}_2+\cdots+x_{k-1}\boldsymbol{A}\boldsymbol{p}_{k-1}+x_k\boldsymbol{A}\boldsymbol{p}_k=\boldsymbol{0},$$

即

$$x_1\lambda_1\boldsymbol{p}_1+x_2\lambda_2\boldsymbol{p}_2+\cdots+x_{k-1}\lambda_{k-1}\boldsymbol{p}_{k-1}+x_k\lambda_k\boldsymbol{p}_k=\boldsymbol{0},\tag{5.2}$$

将(5.1)式乘 λ_k,再减去(5.2)式得

$$x_1(\lambda_k-\lambda_1)\boldsymbol{p}_1+x_2(\lambda_k-\lambda_2)\boldsymbol{p}_2+\cdots+x_k(\lambda_{k-1}-\lambda_k)\boldsymbol{p}_{k-1}=\boldsymbol{0}.$$

按归纳法假设组 $\boldsymbol{p}_1,\boldsymbol{p}_2,\cdots,\boldsymbol{p}_{k-1}$ 线性无关,故 $x_i(\lambda_i-\lambda_k)=0\ (i=1,2,\cdots,k-1)$. 而 $\lambda_i-\lambda_k\neq 0\ (i=1,2,\cdots,k-1)$,于是得 $x_i=0\ (i=1,2,\cdots,k-1)$,代入(1)式得 $x_k\boldsymbol{p}_k=\boldsymbol{0}$,而 $\boldsymbol{p}_k\neq\boldsymbol{0}$,得 $x_k=0$. 因此,向量组 $\boldsymbol{p}_1,\boldsymbol{p}_2,\cdots,\boldsymbol{p}_k$ 线性无关. ■

5.3 相似矩阵

5.3.1 相似矩阵的概念与性质

定义 9 设 $\boldsymbol{A},\boldsymbol{B}$ 都是 n 阶矩阵,若有可逆矩阵 $\boldsymbol{P}$,使

$$\boldsymbol{P}^{-1}\boldsymbol{A}\boldsymbol{P}=\boldsymbol{B},$$

则称 $\boldsymbol{B}$ 是 $\boldsymbol{A}$ 的**相似矩阵**,或说矩阵 $\boldsymbol{A}$ 与 $\boldsymbol{B}$ **相似**. 对 $\boldsymbol{A}$ 进行运算 $\boldsymbol{P}^{-1}\boldsymbol{A}\boldsymbol{P}$,称为对 $\boldsymbol{A}$ 进行相似变换,可逆矩阵 $\boldsymbol{P}$ 称为把 $\boldsymbol{A}$ 变成 $\boldsymbol{B}$ 的相似变换矩阵.

相似描述了 n 阶矩阵之间的一种关系,这种关系具有下面的性质:

(1) 矩阵与自身相似;

(2) 若 A 是 B 的相似矩阵,则 B 也是 A 的相似矩阵;

(3) 若 A 是 B 的相似矩阵,B 是 C 的相似矩阵,则 A 也是 C 的相似矩阵.

> 注意:两个矩阵相似与等价不是一回事,等价的定义公式为 $\boldsymbol{PAQ}=\boldsymbol{B}$,其中 $\boldsymbol{P},\boldsymbol{Q}$ 为可逆矩阵. 由此可知,相似一定等价,但等价不一定相似.

性质 1 若 n 阶矩阵 $\boldsymbol{A}$ 与 $\boldsymbol{B}$ 相似,则 $\boldsymbol{A}$ 与 $\boldsymbol{B}$ 的特征多项式相同,从而 $\boldsymbol{A}$ 与 $\boldsymbol{B}$ 的特征值也相同.

证 因 $\boldsymbol{A}$ 与 $\boldsymbol{B}$ 相似,即有可逆矩阵 $\boldsymbol{P}$,使 $\boldsymbol{P}^{-1}\boldsymbol{A}\boldsymbol{P}=\boldsymbol{B}$. 故

$$\begin{aligned}|\boldsymbol{B}-\lambda\boldsymbol{E}|&=|\boldsymbol{P}^{-1}\boldsymbol{A}\boldsymbol{P}-\boldsymbol{P}^{-1}(\lambda\boldsymbol{E})\boldsymbol{P}|=|\boldsymbol{P}^{-1}(\boldsymbol{A}-\lambda\boldsymbol{E})\boldsymbol{P}|\\&=|\boldsymbol{P}^{-1}||\boldsymbol{A}-\lambda\boldsymbol{E}||\boldsymbol{P}|=|A-\lambda\boldsymbol{E}|.\ ■\end{aligned}$$

推论 若 n 阶矩阵 A 与对角矩阵

$$\Lambda=\begin{pmatrix}\lambda_1 & & & \\ & \lambda_2 & & \\ & & \ddots & \\ & & & \lambda_n\end{pmatrix}$$

相似,则 $\lambda_1,\lambda_2,\cdots,\lambda_n$ 即是 A 的 n 个特征值.

证 因 $\lambda_1,\lambda_2,\cdots,\lambda_n$ 是 Λ 的 n 个特征值,由性质 1 知 $\lambda_1,\lambda_2,\cdots,\lambda_n$ 也是 A 的 n 个特征值. ■

性质 2 若 A 与 B 相似,且矩阵 A 可逆,则矩阵 B 也可逆,且 A^{-1} 与 B^{-1} 相似.

证 由性质 1,当 A 与 B 相似时,$|A|=|B|$,所以,当 $|A|\neq 0$ 时,必有 $|B|\neq 0$,即 A 可逆时,B 也可逆. 设 P 为可逆矩阵,且 $B=P^{-1}AP$,则

$$B^{-1}=(P^{-1}AP)^{-1}=P^{-1}A^{-1}P,$$

即 A^{-1} 与 B^{-1} 相似. ■

性质 3 若 A 与 B 相似,则

kA 与 kB 相似,　　k 是常数;

A^m 与 B^m 相似,　　m 是正整数;

$g(A)$ 与 $g(B)$ 相似,其中 $g(x)=a_0+a_1x+\cdots+a_mx^m$.

证 (略).

在矩阵的运算中,对角矩阵的运算很简便,如果一个矩阵能够相似于对角矩阵,则可能简化某些运算. 请看下例.

例 13 设 $A=\begin{pmatrix}7 & 2\\ -4 & 1\end{pmatrix}$,$P=\begin{pmatrix}1 & 1\\ -1 & -2\end{pmatrix}$,$\Lambda=\begin{pmatrix}5 & 0\\ 0 & 3\end{pmatrix}$,计算 A^k.

解 由伴随矩阵法可得

$$P^{-1}=\begin{pmatrix}2 & 1\\ -1 & -1\end{pmatrix}.$$

不难验算 $$P^{-1}AP=\Lambda,$$

由此可得 $$A=P\Lambda P^{-1},$$

于是

$$A^k=(P\Lambda P^{-1})^k=P\Lambda^k P^{-1}=\begin{pmatrix}1 & 1\\ -1 & -2\end{pmatrix}\begin{pmatrix}5^k & 0\\ 0 & 3^k\end{pmatrix}\begin{pmatrix}2 & 1\\ -1 & -1\end{pmatrix}$$

$$=\begin{pmatrix}2\cdot 5^k-3^k & 5^k-3^k\\ 2\cdot 3^k-2\cdot 5^k & 2\cdot 3^k-5^k\end{pmatrix}.$$

那么,是否每个矩阵都能相似于对角矩阵? 如果能相似于对角矩阵,怎样求

出这个对角矩阵及相应的可逆矩阵 $\boldsymbol{P}$？下面我们就来讨论这个问题.

5.3.2 矩阵可对角化的条件

若矩阵 $\boldsymbol{A}$ 与对角矩阵相似，则称 $\boldsymbol{A}$ **能对角化**. 求相似变换矩阵 $\boldsymbol{P}$，使 $\boldsymbol{P}^{-1}\boldsymbol{A}\boldsymbol{P}=\boldsymbol{\Lambda}$ 为对角矩阵称为**把矩阵 $\boldsymbol{A}$ 对角化**.

定理 7 n 阶矩阵 $\boldsymbol{A}$ 与对角矩阵相似（即 $\boldsymbol{A}$ 能对角化）的充分必要条件是 $\boldsymbol{A}$ 有 n 个线性无关的特征向量.

证 必要性 设有可逆矩阵 $\boldsymbol{P}$，使得

$$\boldsymbol{P}^{-1}\boldsymbol{A}\boldsymbol{P}=\boldsymbol{\Lambda}，其中\ \boldsymbol{\Lambda}=\mathrm{diag}(\lambda_1,\lambda_2,\cdots,\lambda_n).$$

将矩阵 $\boldsymbol{P}$ 按列分块，令 $\boldsymbol{P}=(\boldsymbol{p}_1,\boldsymbol{p}_2,\cdots,\boldsymbol{p}_n)$，则有

$$\boldsymbol{A}(\boldsymbol{p}_1,\boldsymbol{p}_2,\cdots,\boldsymbol{p}_n)=(\boldsymbol{p}_1,\boldsymbol{p}_2,\cdots,\boldsymbol{p}_n)\begin{pmatrix}\lambda_1 & & & \\ & \lambda_2 & & \\ & & \ddots & \\ & & & \lambda_n\end{pmatrix}=(\lambda_1\boldsymbol{p}_1,\lambda_2\boldsymbol{p}_2,\cdots,\lambda_n\boldsymbol{p}_n),$$

于是有

$$\boldsymbol{A}\boldsymbol{p}_i=\lambda_i\boldsymbol{p}_i\quad(i=1,2,\cdots,n).$$

可见 λ_i 是 $\boldsymbol{A}$ 的特征值，而 $\boldsymbol{P}$ 的列向量 $\boldsymbol{p}_i$ 就是 $\boldsymbol{A}$ 的对应于特征值 λ_i 的特征向量，又因为 $\boldsymbol{P}$ 可逆，所以它的列向量组 $\boldsymbol{p}_1,\boldsymbol{p}_2,\cdots,\boldsymbol{p}_n$ 线性无关，因而 n 阶矩阵 $\boldsymbol{A}$ 有 n 个线性无关的特征向量.

充分性 由必要性的证明可知，若矩阵 $\boldsymbol{A}$ 有 n 个线性无关的特征向量，设它们为 $\boldsymbol{p}_1,\boldsymbol{p}_2,\cdots,\boldsymbol{p}_n$，对应的特征向量分别为 $\lambda_1,\lambda_2,\cdots,\lambda_n$，则有

$$\boldsymbol{A}\boldsymbol{p}_i=\lambda_i\boldsymbol{p}_i\quad(i=1,2,\cdots,n).$$

构造矩阵 $\boldsymbol{P}=(\boldsymbol{p}_1,\boldsymbol{p}_2,\cdots,\boldsymbol{p}_n)$，则 $\boldsymbol{P}$ 可逆，且

$$\boldsymbol{A}\boldsymbol{P}=\boldsymbol{P}\boldsymbol{\Lambda}，其中\ \boldsymbol{\Lambda}=\mathrm{diag}(\lambda_1,\lambda_2,\cdots,\lambda_n),$$

即

$$\boldsymbol{P}^{-1}\boldsymbol{A}\boldsymbol{P}=\boldsymbol{\Lambda},$$

这就是说 $\boldsymbol{A}$ 与对角矩阵相似. ■

由定理 6 和定理 7 可得

推论 如果 n 阶矩阵 $\boldsymbol{A}$ 的 n 个特征值互不相等，则 $\boldsymbol{A}$ 与对角矩阵相似.

当 $\boldsymbol{A}$ 的特征方程有重根时，就不一定有 n 个线性无关的特征向量，从而不一定能对角化. 例如在例 10 中 $\boldsymbol{A}$ 的特征方程有重根，确实找不到 3 个线性无关的特征向量，因此例 10 中的 $\boldsymbol{A}$ 不能对角化；而在例 11 中 $\boldsymbol{A}$ 的特征方程也有重根，但能找到 3 个线性无关的特征向量，因此例 11 中的 $\boldsymbol{A}$ 能对角化.

例 14 判断矩阵 $\boldsymbol{A}$ 能否相似于矩阵 $\boldsymbol{B}$，若能相似，求可逆矩阵 $\boldsymbol{P}$，使 $\boldsymbol{P}^{-1}\boldsymbol{A}\boldsymbol{P}=\boldsymbol{B}$.

$$(1)\ \boldsymbol{A}=\begin{pmatrix}3&2&1\\0&3&2\\0&0&3\end{pmatrix},\boldsymbol{B}=\begin{pmatrix}3&0&0\\0&3&0\\0&0&3\end{pmatrix};$$

$$(2)\ \boldsymbol{A}=\begin{pmatrix}1&0&0\\0&3&0\\0&0&2\end{pmatrix},\boldsymbol{B}=\begin{pmatrix}1&1&0\\0&2&1\\0&0&3\end{pmatrix}.$$

解 (1) $\boldsymbol{B}$ 为对角矩阵,$\boldsymbol{A}$ 能否相似于矩阵 $\boldsymbol{B}$ 即 $\boldsymbol{A}$ 能否对角化,由定理 7,$\boldsymbol{A}$ 必须找到 3 个线性无关的特征向量,但 $\boldsymbol{A}$ 与 $\boldsymbol{B}$ 都有三重特征值 $\lambda_1=\lambda_2=\lambda_3=3$,而

$$\boldsymbol{A}-3\boldsymbol{E}=\begin{pmatrix}0&2&1\\0&0&2\\0&0&0\end{pmatrix},R(\boldsymbol{A}-3\boldsymbol{E})=2,$$

所以齐次线性方程组$(\boldsymbol{A}-3\boldsymbol{E})\boldsymbol{x}=\boldsymbol{0}$ 的基础解系由 $3-2=1$ 个向量组成,即矩阵 $\boldsymbol{A}$ 找不到 3 个线性无关的特征向量,故 $\boldsymbol{A}$ 不能相似于矩阵 $\boldsymbol{B}$.

(2) $\boldsymbol{A}$ 为对角矩阵,且 $\boldsymbol{A}$ 与 $\boldsymbol{B}$ 都有三个不同的特征值 $\lambda_1=1,\lambda_2=2,\lambda_3=3$. 所以矩阵 $\boldsymbol{A}$ 能相似于矩阵 $\boldsymbol{B}$. 不难求得矩阵 $\boldsymbol{B}$ 对应于 $\lambda_1=1,\lambda_2=2,\lambda_3=3$ 的特征向量分别为

$$\begin{pmatrix}1\\0\\0\end{pmatrix},\begin{pmatrix}1\\1\\0\end{pmatrix},\begin{pmatrix}1\\2\\2\end{pmatrix}.$$

令

$$\boldsymbol{Q}=\begin{pmatrix}1&1&1\\0&1&2\\0&0&2\end{pmatrix},$$

则 $\boldsymbol{Q}^{-1}\boldsymbol{B}\boldsymbol{Q}=\boldsymbol{A}$,令

$$\boldsymbol{P}=\boldsymbol{Q}^{-1}=\begin{pmatrix}1&-1&\frac{1}{2}\\0&0&\frac{1}{2}\\0&1&-1\end{pmatrix},$$

则 $\boldsymbol{P}^{-1}\boldsymbol{A}\boldsymbol{P}=\boldsymbol{B}$.

5.4 实对称矩阵的对角化

一个 n 阶矩阵具备什么条件才能对角化? 这是一个较复杂的问题. 在本节

我们对此不进行一般性的讨论，而仅讨论当 $\boldsymbol{A}$ 为实对称矩阵的情形.

5.4.1 实对称矩阵的特征值与特征向量

实对称矩阵的特征值与特征向量具有下列性质：

性质1 实对称矩阵的特征值为实数.

证 设矩阵 $\boldsymbol{A}$ 为实对称矩阵，即 $\boldsymbol{A}$ 为实矩阵，且 $\boldsymbol{A}^{\mathrm{T}}=\boldsymbol{A}$，$\lambda$ 为 $\boldsymbol{A}$ 的特征值，非零向量 $\boldsymbol{x}$ 为 λ 对应的特征向量，则有

$$\boldsymbol{A}\boldsymbol{x}=\lambda\boldsymbol{x},$$

两端取其共轭矩阵，

$$\overline{\boldsymbol{A}\boldsymbol{x}}=\overline{\lambda\boldsymbol{x}}.$$

于是有

$$\overline{\boldsymbol{x}}^{\mathrm{T}}\boldsymbol{A}\boldsymbol{x}=\overline{\boldsymbol{x}}^{\mathrm{T}}(\boldsymbol{A}\boldsymbol{x})=\overline{\boldsymbol{x}}^{\mathrm{T}}\lambda\overline{\boldsymbol{x}}=\lambda\overline{\boldsymbol{x}}^{\mathrm{T}}\ \overline{\boldsymbol{x}},$$

$$\overline{\boldsymbol{x}}^{\mathrm{T}}\boldsymbol{A}\boldsymbol{x}=(\overline{\boldsymbol{x}}^{\mathrm{T}}\boldsymbol{A}^{\mathrm{T}})\boldsymbol{x}=(\boldsymbol{A}\overline{\boldsymbol{x}})^{\mathrm{T}}\boldsymbol{x}=(\overline{\lambda\boldsymbol{x}})^{\mathrm{T}}\boldsymbol{x}=\overline{\lambda}\overline{\boldsymbol{x}}^{\mathrm{T}}\boldsymbol{x},$$

两式相减，得 $(\lambda-\overline{\lambda})\overline{\boldsymbol{x}}^{\mathrm{T}}\boldsymbol{x}=0$，

但因 $\boldsymbol{x}\neq\boldsymbol{0}$，所以

$$\overline{\boldsymbol{x}}^{\mathrm{T}}\boldsymbol{x}=\sum_{i=1}^{n}\overline{x}_i x_i=\sum_{i=1}^{n}|x_i|^2\neq 0,$$

故 $\lambda-\overline{\lambda}=0$，即 $\lambda=\overline{\lambda}$，这就说明 λ 是实数. ■

性质2 设 λ_1,λ_2 是实对称矩阵 $\boldsymbol{A}$ 的两个特征值，$\boldsymbol{p}_1,\boldsymbol{p}_2$ 是对应的特征向量. 若 $\lambda_1\neq\lambda_2$，则 $\boldsymbol{p}_1$ 与 $\boldsymbol{p}_2$ 正交.

证 由已知有

$$\lambda_1\boldsymbol{p}_1=\boldsymbol{A}\boldsymbol{p}_1,\lambda_2\boldsymbol{p}_2=\boldsymbol{A}\boldsymbol{p}_2,\lambda_1\neq\lambda_2.$$

因 $\boldsymbol{A}$ 是对称矩阵，故 $\lambda_1\boldsymbol{p}_1^{\mathrm{T}}=(\lambda_1\boldsymbol{p}_1)^{\mathrm{T}}=(\boldsymbol{A}\boldsymbol{p}_1)^{\mathrm{T}}=\boldsymbol{p}_1^{\mathrm{T}}\boldsymbol{A}^{\mathrm{T}}=\boldsymbol{p}_1^{\mathrm{T}}\boldsymbol{A}$，于是

$$\lambda_1\boldsymbol{p}_1^{\mathrm{T}}\boldsymbol{p}_2=\boldsymbol{p}_1^{\mathrm{T}}\boldsymbol{A}\boldsymbol{p}_2=\boldsymbol{p}_1^{\mathrm{T}}(\lambda_2\boldsymbol{p}_2)=\lambda_2\boldsymbol{p}_1^{\mathrm{T}}\boldsymbol{p}_2,$$

即 $(\lambda_1-\lambda_2)\boldsymbol{p}_1^{\mathrm{T}}\boldsymbol{p}_2=0.$

但 $\lambda_1\neq\lambda_2$，故 $\boldsymbol{p}_1^{\mathrm{T}}\boldsymbol{p}_2=0$，即 $\boldsymbol{p}_1$ 与 $\boldsymbol{p}_2$ 正交. ■

定理8 设 $\boldsymbol{A}$ 为 n 阶实对称矩阵，则必有正交矩阵 $\boldsymbol{P}$，使 $\boldsymbol{P}^{-1}\boldsymbol{A}\boldsymbol{P}=\boldsymbol{P}^{\mathrm{T}}\boldsymbol{A}\boldsymbol{P}=\boldsymbol{\Lambda}$，其中 $\boldsymbol{\Lambda}$ 是以 $\boldsymbol{A}$ 的 n 个特征值为对角元的对角矩阵.

证 （略）.

推论 设 $\boldsymbol{A}$ 为 n 阶实对称矩阵，λ 是 $\boldsymbol{A}$ 的特征方程的 k 重根，则矩阵 $\boldsymbol{A}-\lambda\boldsymbol{E}$ 的秩 $R(\boldsymbol{A}-\lambda\boldsymbol{E})=n-k$，从而对应特征值 λ 恰有 k 个线性无关的特征向量.

证 按定理8知对称矩阵 $\boldsymbol{A}$ 与对角矩阵 $\boldsymbol{\Lambda}=\mathrm{diag}(\lambda_1,\lambda_2,\cdots,\lambda_n)$ 相似，从而 $\boldsymbol{A}-\lambda\boldsymbol{E}$ 与 $\boldsymbol{\Lambda}-\lambda\boldsymbol{E}=\mathrm{diag}(\lambda_1-\lambda,\lambda_2-\lambda,\cdots,\lambda_n-\lambda)$ 相似. 当 λ 是 $\boldsymbol{A}$ 的 k 重根时，$\lambda_1,\lambda_2,\cdots,\lambda_n$ 这 n 个特征值中有 k 个等于 λ，有 $n-k$ 个不等于 λ，从而对角矩阵 $\boldsymbol{\Lambda}-$

λE 的对角元恰有 k 个等于0,于是 $R(\Lambda-\lambda E)=n-k$. 而 $R(A-\lambda E)=R(\Lambda-\lambda E)$,所以 $R(A-\lambda E)=n-k$. ■

5.4.2 实对称矩阵对角化的步骤

依据定理8及其推论,我们有下述把实对称矩阵 A 对角化的步骤:

(1) 求出 A 的全部互不相等的特征值 $\lambda_1,\cdots,\lambda_s$,它们的重数依次为 $k_1,\cdots,k_s(k_1+\cdots+k_s=n)$;

(2) 对每个 k_i重特征值 λ_i,求方程 $(A-\lambda_i E)x=0$ 的基础解系,得 k_i个线性无关的特征向量. 再把它们正交化、单位化,得 k_i个两两正交的单位特征向量. 因 $k_1+\cdots+k_s=n$,故总共可得 n 个两两正交的单位特征向量;

(3) 把这 n 个两两正交的单位特征向量构成正交矩阵 P,便有 $P^{-1}AP=P^{\mathrm{T}}AP=\Lambda$. 注意:$\Lambda$ 中对角元的排列次序应与 P 中列向量的排列次序相对应.

例 15 设 $A=\begin{pmatrix}0&-1&1\\-1&0&1\\1&1&0\end{pmatrix}$,求一个正交矩阵 P,使 $P^{-1}AP=P^{\mathrm{T}}AP=\Lambda$ 为对角矩阵.

解 A 的特征多项式为 $|A-\lambda E|=\begin{vmatrix}-\lambda&-1&1\\-1&-\lambda&1\\1&1&-\lambda\end{vmatrix}=-(\lambda-1)^2(\lambda+2)$,

所以特征值为 $\lambda_1=-2,\lambda_2=\lambda_3=1$.

对应 $\lambda_1=-2$,解方程 $(A+2E)x=0$,由

$$A+2E=\begin{pmatrix}2&-1&1\\-1&2&1\\1&1&2\end{pmatrix}\sim\begin{pmatrix}1&0&1\\0&1&1\\0&0&0\end{pmatrix},$$

得基础解系 $\xi_1=\begin{pmatrix}1\\1\\-1\end{pmatrix}$. 将 ξ_1单位化,得 $p_1=\frac{1}{\sqrt{3}}\begin{pmatrix}1\\1\\-1\end{pmatrix}$.

对应 $\lambda_2=\lambda_3=1$,解方程 $(A+E)x=0$,由

$$A-E=\begin{pmatrix}-1&-1&1\\-1&-1&1\\1&1&-1\end{pmatrix}\sim\begin{pmatrix}1&1&-1\\0&0&0\\0&0&0\end{pmatrix},$$

得基础解系 $\xi_2=\begin{pmatrix}-1\\1\\0\end{pmatrix},\xi_3=\begin{pmatrix}1\\1\\2\end{pmatrix}$. 将 ξ_2,ξ_3单位化,得 $p_2=\frac{1}{\sqrt{2}}\begin{pmatrix}-1\\1\\0\end{pmatrix},p_3=\frac{1}{\sqrt{6}}\begin{pmatrix}1\\1\\2\end{pmatrix}$.

令
$$P=(p_1,p_2,p_3)=\begin{pmatrix}\frac{1}{\sqrt{3}} & -\frac{1}{\sqrt{2}} & \frac{1}{\sqrt{6}}\\ \frac{1}{\sqrt{3}} & \frac{1}{\sqrt{2}} & \frac{1}{\sqrt{6}}\\ -\frac{1}{\sqrt{3}} & 0 & \frac{2}{\sqrt{6}}\end{pmatrix},$$
有
$$P^{-1}AP=P^{\mathrm{T}}AP=\begin{pmatrix}-2&0&0\\0&1&0\\0&0&1\end{pmatrix}.$$

5.5　复特征值

前几节我们讨论的实矩阵都具有实特征值，在本节我们将讨论实矩阵有复特征值的情形.

我们对复数域感兴趣并不是为了把前几节的结果推广，尽管这可以开辟线性代数应用的新领域. 而是因为，对复特征值的研究能使我们去揭示各种实际生活问题中出现的，在某些实矩阵中隐藏的信息. 这些问题包括很多蕴含周期运动的实动力系统、振动和空间的某些旋转.

由前几节的讨论知，当矩阵的特征值为实数时，其特征向量也是实向量，它们的意义是线性变换 $y=Ax$ 把特征向量映射成自身的倍数. 当实矩阵的特征值为复数时，其特征向量也为复向量，那么复特征值和复特征向量蕴含怎样的信息呢?

例 16　设 $A=\begin{pmatrix}1&-1\\1&1\end{pmatrix}$，求 A 的特征值和特征向量.

解　A 的特征多项式为
$$|A-\lambda E|=\begin{vmatrix}1-\lambda & -1\\ 1 & 1-\lambda\end{vmatrix}=(1-\lambda)^2+1,$$
所以 A 的特征值为 $\lambda_1=1-\mathrm{i},\lambda_2=1+\mathrm{i}$.

当 $\lambda_1=1-\mathrm{i}$ 时，解方程 $(A-(1-\mathrm{i})E)x=\mathbf{0}$，即
$$\begin{cases}\mathrm{i}x_1-x_2=0,\\ x_1+\mathrm{i}x_2=0,\end{cases}$$
得特征向量 $p_1=\begin{pmatrix}1\\ \mathrm{i}\end{pmatrix}$.

同理可解得 $\lambda_2=1+\mathrm{i}$ 对应的特征向量为 $p_2=\begin{pmatrix}1\\ -\mathrm{i}\end{pmatrix}$.

图 5-6 所示为由 $\boldsymbol{A}$ 确定的线性变换 $\boldsymbol{y}=\boldsymbol{A}\boldsymbol{x}$ 的作用，图 5-6(a) 为原图像，图 5-6(b) 为变换后的图像. 细心的读者可能会发现，图 5-6 与本章第 1 节的图5-4 非常相似，如果发现了这一点，下面的讨论就容易理解了. 图 5-4 是把图5-6(a) 所示的原图像逆时针旋转 45°，比较图 5-6(b) 与图 5-4(b)，我们会发现，图 5-6(b) 包含了旋转，而且正好也是逆时针旋转 45°，唯一不同的是，图 5-6(b) 除旋转以外，还把图 5-6(a) 所示的原图像进行了放大. 这就是说，线性变换 $\boldsymbol{y}=\boldsymbol{A}\boldsymbol{x}$ 由旋转和伸缩变换构成.

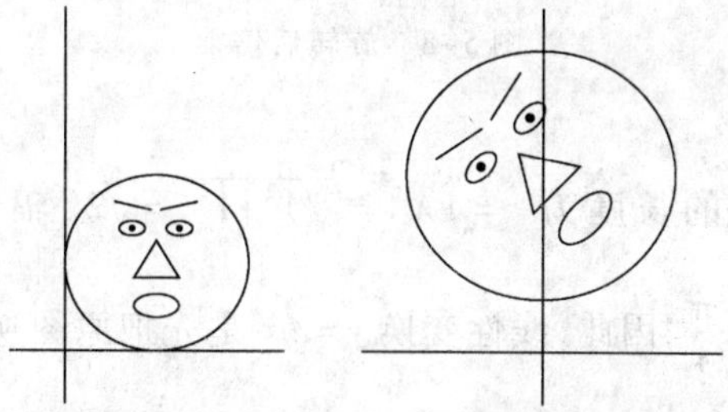

图 5-6　复特征值矩阵的作用

当然，图 5-6 没有解释线性变换的作用原理，其作用原理隐藏在复特征向量中.

例 16 显示，特征值为复数的 2 阶矩阵“隐藏”着旋转的原理，下面我们对这个问题进行一般的研究.

设 $\boldsymbol{A}=\begin{pmatrix} a & -b \\ b & a \end{pmatrix}$，$a, b$ 均为实数，且都不等于零. 容易求得 $\boldsymbol{A}$ 的特征值为 $\lambda=a\pm b\mathrm{i}$. 令 $r=|\lambda|=\sqrt{a^2+b^2}$，$\varphi=\arctan\dfrac{b}{a}$，即 r,φ 分别为复特征值 $a+b\mathrm{i}$ 的长度和辐角，如图 5-7 所示.

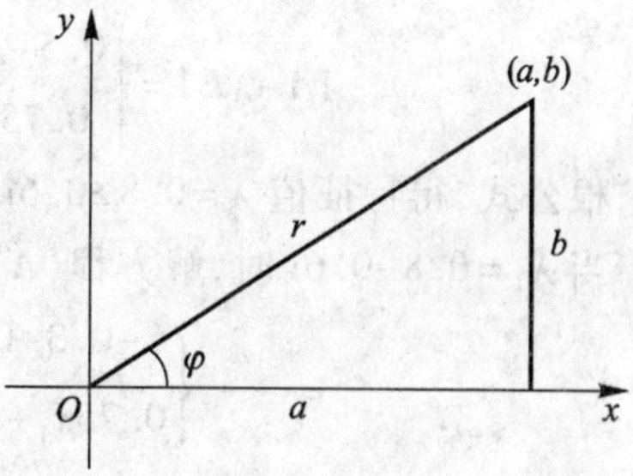

图 5-7　复特征值的长度与辐角

对 $\boldsymbol{A}$ 作变形

$$\boldsymbol{A}=\begin{pmatrix} a & -b \\ b & a \end{pmatrix}=r\begin{pmatrix} \dfrac{a}{r} & -\dfrac{b}{r} \\ \dfrac{b}{r} & \dfrac{a}{r} \end{pmatrix}=\begin{pmatrix} r & 0 \\ 0 & r \end{pmatrix}\begin{pmatrix} \cos\varphi & -\sin\varphi \\ \sin\varphi & \cos\varphi \end{pmatrix}.$$

因此线性变换 $\boldsymbol{y}=\boldsymbol{A}\boldsymbol{x}$ 可看作由旋转 φ 角度和倍乘 $|\lambda|$ 变换复合而成(见图 5-8).

现在我们可以解释例 16 中矩阵 $\boldsymbol{A}$ 所确定的线性变换的作用原理. 例 16 中

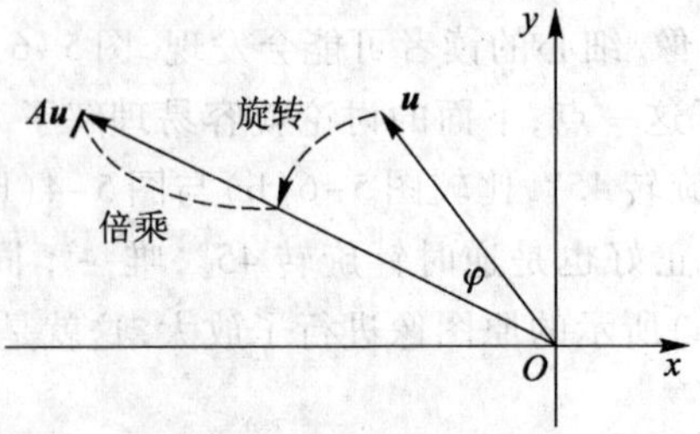

图 5-8　旋转后倍乘

矩阵 $\boldsymbol{A}$ 的复特征值的长度为 $r=|\lambda|=\sqrt{1^2+1^2}=\sqrt{2}$，辐角为 $\varphi=\arctan\dfrac{b}{a}=\arctan\dfrac{1}{1}=\arctan 1=\dfrac{\pi}{4}$，因此，线性变换 $\boldsymbol{y}=\boldsymbol{A}\boldsymbol{x}$ 是先把原图逆时针旋转 45°，然后再放大$\sqrt{2}$倍，这样就实现了从图 5-6(a) 到图 5-6(b) 的变换.

特征值是复数的 2 阶矩阵并不是都具有形如$\begin{pmatrix} a & -b \\ b & a \end{pmatrix}$的形式，对于任意的具有复特征值的 2 阶矩阵，我们不作一般的讨论，只用具体例子进行讨论.

例 17　设 $\boldsymbol{A}=\begin{pmatrix} 0.5 & -0.6 \\ 0.75 & 1.1 \end{pmatrix}$，求 $\boldsymbol{A}$ 的特征值和特征向量.

解　$\boldsymbol{A}$ 的特征多项式是

$$|\boldsymbol{A}-\lambda\boldsymbol{E}|=\begin{vmatrix} 0.5-\lambda & -0.6 \\ 0.75 & 1.1-\lambda \end{vmatrix}=\lambda^2-1.6\lambda+1,$$

由求根公式，得特征值 $\lambda=0.8\pm0.6\text{i}$.

当 $\lambda_1=0.8-0.6\text{i}$ 时，解方程 $(\boldsymbol{A}-(0.8-0.6\text{i})\boldsymbol{E})\boldsymbol{x}=\boldsymbol{0}$，即

$$\begin{cases}(-0.3+0.6\text{i})x_1-0.6x_2=0,\\ 0.75x_1+(0.3+0.6\text{i})x_2=0,\end{cases}$$

得特征向量

$$\boldsymbol{p}_1=\begin{pmatrix} -2-4\text{i} \\ 5 \end{pmatrix},$$

同理，可解得 $\lambda_2=0.8+0.6\text{i}$ 对应的特征向量为

$$\boldsymbol{p}_2=\begin{pmatrix} -2+4\text{i} \\ 5 \end{pmatrix}.$$

同学们可以在实验四中观察矩阵 $\boldsymbol{A}$ 所确定的线性变换对图像的作用.

那么，例 17 中矩阵 $\boldsymbol{A}$ 的复特征值和特征向量中隐藏着怎样的信息呢？下

面我们就这个问题进行研究.

以 $0.8\pm0.6\mathrm{i}$ 为特征值构造矩阵

$$\boldsymbol{C}=\begin{pmatrix}0.8 & -0.6\\0.6 & 0.8\end{pmatrix},$$

由复向量 $\boldsymbol{p}_1=\begin{pmatrix}-2-4\mathrm{i}\\5\end{pmatrix}$ 构造矩阵

$$\boldsymbol{P}=(\mathrm{Re}\,(\boldsymbol{p}_1),\mathrm{Im}(\boldsymbol{p}_1))=\begin{pmatrix}-2 & -4\\5 & 0\end{pmatrix},$$

则有

$$\boldsymbol{C}=\boldsymbol{P}^{-1}\boldsymbol{A}\boldsymbol{P}=\frac{1}{20}\begin{pmatrix}0 & 4\\-5 & -2\end{pmatrix}\begin{pmatrix}0.5 & -0.6\\0.75 & 1.1\end{pmatrix}\begin{pmatrix}-2 & -4\\5 & 0\end{pmatrix}=\begin{pmatrix}0.8 & -0.6\\0.6 & 0.8\end{pmatrix}.$$

因为 $|\lambda|^2=0.8^2+0.6^2=1$,所以由前面的讨论知,矩阵 $\boldsymbol{C}$ 仅是旋转变换. 由 $\boldsymbol{C}=\boldsymbol{P}^{-1}\boldsymbol{A}\boldsymbol{P}$,得

$$\boldsymbol{A}=\boldsymbol{P}\boldsymbol{C}\boldsymbol{P}^{-1}=\boldsymbol{P}\begin{pmatrix}0.8 & -0.6\\0.6 & 0.8\end{pmatrix}\boldsymbol{P}^{-1}.$$

由此可知,$\boldsymbol{A}$“含有”旋转! 线性变换 $\boldsymbol{y}=\boldsymbol{A}\boldsymbol{x}$ 可由 3 个线性变换复合而成

$$\boldsymbol{A}\boldsymbol{x}=(\boldsymbol{P}\boldsymbol{C}\boldsymbol{P}^{-1})\boldsymbol{x}=(\boldsymbol{P}\boldsymbol{C})(\boldsymbol{P}^{-1}\boldsymbol{x})=\boldsymbol{P}(\boldsymbol{C}(\boldsymbol{P}^{-1}\boldsymbol{x})).$$

至此,我们可以得到如下结论

> 任何具有复特征值的 2 阶矩阵中“含有”旋转.

最后,我们把例 17 中的结论推广到一般的情形,有如下定理

定理 9 设 $\boldsymbol{A}$ 是 2 阶实矩阵,有复特征值 $\lambda=a-b\mathrm{i}(b\neq0)$ 及对应的复特征向量 $\boldsymbol{p}$,那么

$$\boldsymbol{A}=\boldsymbol{P}\boldsymbol{C}\boldsymbol{P}^{-1},\text{其中 }\boldsymbol{P}=(\mathrm{Re}(\boldsymbol{p}),\mathrm{Im}(\boldsymbol{p})),\boldsymbol{C}=\begin{pmatrix}a & -b\\b & a\end{pmatrix}.$$

证 (略).

5.6 二次型及其标准形

在解析几何中,为了便于研究二次曲线

$$ax^2+bxy+cy^2=1 \tag{5.3}$$

的几何性质,可以选择适当的坐标旋转变换

$$\begin{cases}x=x'\cos\theta-y'\sin\theta,\\y=x'\sin\theta+y'\cos\theta\end{cases}$$

把方程化为标准形

$$mx'^2+ny'^2=1.$$

(5.3)式的左边是一个二次齐次多项式,从代数学的观点看,化标准形的过程就是通过可逆的线性变换化简一个二次齐次多项式,使它只含有平方项.这样一个问题,在许多理论问题或实际问题中常会遇到.现在我们把这类问题一般化,讨论 n 个变量的二次齐次多项式的化简问题.

5.6.1　二次型的概念

定义 10　含有 n 个变量 $x_1,x_2,\cdots,x_n$的二次齐次函数

$$f(x_1,x_2,\cdots,x_n)=a_{11}x_1^2+a_{22}x_2^2+\cdots+a_{nn}x_n^2 +2a_{12}x_1x_2+2a_{13}x_1x_3+\cdots+2a_{n-1,n}x_{n-1}x_n \tag{5.4}$$

称为**二次型**.

取 $a_{ji}=a_{ij}$,则 $2a_{ij}x_ix_j=a_{ij}x_ix_j+a_{ji}x_jx_i$,于是(5.4)式可写成

$$\begin{aligned} f&=a_{11}x_1^2+a_{12}x_1x_2+\cdots+a_{1n}x_1x_n\\ &\quad+a_{21}x_2x_1+a_{22}x_2^2+\cdots+a_{2n}x_2x_n\\ &\quad+\cdots+a_{n1}x_nx_1+a_{n2}x_nx_2+\cdots+a_{nn}x_n^2\\ &=\sum_{i,j=1}^{n}a_{ij}x_ix_j. \end{aligned} \tag{5.5}$$

对于二次型,我们讨论的主要问题是:寻求可逆的线性变换

$$\begin{cases} x_1=c_{11}y_1+c_{12}y_2+\cdots+c_{1n}y_n,\\ x_2=c_{21}y_1+c_{22}y_2+\cdots+c_{2n}y_n,\\ \cdots\cdots\cdots\cdots\\ x_n=c_{n1}y_1+c_{n2}y_2+\cdots+c_{nn}y_n, \end{cases} \tag{5.6}$$

使二次型只含平方项,也就是用(5.6)代入(5.4),能使

$$f=k_1y_1^2+k_2y_2^2+\cdots+k_ny_n^2,$$

这种只含平方项的二次型,称为二次型的**标准形(或法式)**.

如果标准形的系数 $k_1,k_2,\cdots,k_n$只在 1,-1,0 三个数中取值,也就是用(5.6)代入(5.4),能使

$$f=y_1^2+\cdots+y_p^2-y_{p+1}^2-\cdots-y_r^2,$$

则称上式为**二次型的规范形**.

当 a_{ij}为复数时,f 称为**复二次型**;当 a_{ij}为实数时,f 称为**实二次型**.这里,我们仅讨论实二次型,所求的线性变换也限于实系数范围.

由(5.5)式,利用矩阵,二次型可表示为

$$
\begin{aligned}
f &= x_1(a_{11}x_1+a_{12}x_2+\cdots+a_{1n}x_n) \\
&\quad +x_2(a_{21}x_1+a_{22}x_2+\cdots+a_{2n}x_n) \\
&\quad +\cdots+x_n(a_{n1}x_1+a_{n2}x_2+\cdots+a_{nn}x_n) \\
&= (x_1,x_2,\cdots,x_n)\begin{pmatrix} a_{11}x_1+a_{12}x_2+\cdots+a_{1n}x_n \\ a_{21}x_1+a_{22}x_2+\cdots+a_{2n}x_n \\ \vdots \\ a_{n1}x_1+a_{n2}x_2+\cdots+a_{nn}x_n \end{pmatrix} \\
&= (x_1,x_2,\cdots,x_n)\begin{pmatrix} a_{11} & a_{12} & \cdots & a_{1n} \\ a_{21} & a_{22} & \cdots & a_{2n} \\ \vdots & \vdots & & \vdots \\ a_{n1} & a_{n2} & \cdots & a_{nn} \end{pmatrix}\begin{pmatrix} x_1 \\ x_2 \\ \vdots \\ x_n \end{pmatrix},
\end{aligned}
$$

记

$$
\boldsymbol{A}=\begin{pmatrix} a_{11} & a_{12} & \cdots & a_{1n} \\ a_{21} & a_{22} & \cdots & a_{2n} \\ \vdots & \vdots & & \vdots \\ a_{n1} & a_{n2} & \cdots & a_{nn} \end{pmatrix}, \boldsymbol{x}=\begin{pmatrix} x_1 \\ x_2 \\ \vdots \\ x_n \end{pmatrix},
$$

则二次型可记作

$$
f=\boldsymbol{x}^{\mathrm{T}}\boldsymbol{A}\boldsymbol{x}, \tag{5.7}
$$

其中 $\boldsymbol{A}$ 为对称矩阵.

任给一个二次型,可唯一地确定一个对称矩阵;反之,任给一个对称矩阵,也可唯一地确定一个二次型.这样,二次型与实对称矩阵存在一一对应的关系.因此,我们把对称矩阵 $\boldsymbol{A}$ 叫做**二次型 f 的矩阵**,也把 f 叫做**实对称矩阵 $\boldsymbol{A}$ 的二次型**.对称矩阵 $\boldsymbol{A}$ 的秩就叫做**二次型 f 的秩**.

例 18 已知二次型

$$
f(x,y)=x^2+4xy+2y^2,
$$

写出二次型的矩阵 $\boldsymbol{A}$,并求出二次型的秩.

解 由定义知 $\boldsymbol{A}=\begin{pmatrix} 1 & 2 \\ 2 & 2 \end{pmatrix}$,显然,$R(\boldsymbol{A})=2$.

例 19 已知二次型

$$
f(x_1,x_2,x_3,x_4)=x_1^2-3x_2^2+x_3^2-4x_4^2-2x_1x_2+4x_1x_3-8x_1x_4-4x_3x_4,
$$

写出二次型的矩阵 $\boldsymbol{A}$,并求出二次型的秩.

解 由定义知

$$A=\begin{pmatrix}1&-1&2&-4\\-1&-3&0&0\\2&0&1&-2\\-4&0&-2&-4\end{pmatrix},$$

因 $|A|=\begin{vmatrix}1&-1&2&-4\\-1&-3&0&0\\2&0&1&-2\\-4&0&-2&-4\end{vmatrix}=-64$，所以 $R(A)=4$.

5.6.2 矩阵的合同关系

设可逆线性变换(5.6)的矩阵形式为

$$\boldsymbol{x}=\boldsymbol{C}\boldsymbol{y},$$

代入(5.7)，有

$$f=\boldsymbol{x}^{\mathrm{T}}\boldsymbol{A}\boldsymbol{x}=(\boldsymbol{C}\boldsymbol{y})^{\mathrm{T}}\boldsymbol{A}\boldsymbol{C}\boldsymbol{y}=\boldsymbol{y}^{\mathrm{T}}(\boldsymbol{C}^{\mathrm{T}}\boldsymbol{A}\boldsymbol{C})\boldsymbol{y}.$$

显然，$\boldsymbol{C}^{\mathrm{T}}\boldsymbol{A}\boldsymbol{C}$ 也是对称矩阵，二次型 f 关于新变量 $y_1,y_2,\cdots,y_n$ 也是二次型. 记 f 关于新变量 $y_1,y_2,\cdots,y_n$ 的二次型的矩阵为 $\boldsymbol{B}$，则两个二次型的矩阵有下述关系

$$\boldsymbol{B}=\boldsymbol{C}^{\mathrm{T}}\boldsymbol{A}\boldsymbol{C},$$

我们称具有这样关系的两个 n 阶矩阵合同.

定义 11 设 $\boldsymbol{A}$ 和 $\boldsymbol{B}$ 是 n 阶矩阵，若有可逆矩阵 $\boldsymbol{C}$，使 $\boldsymbol{B}=\boldsymbol{C}^{\mathrm{T}}\boldsymbol{A}\boldsymbol{C}$，则称**矩阵 $\boldsymbol{A}$ 与 $\boldsymbol{B}$ 合同**.

> 注意：两个 n 阶矩阵的等价、相似、合同关系
> 设 $\boldsymbol{A}$ 和 $\boldsymbol{B}$ 是 n 阶矩阵，$\boldsymbol{P},\boldsymbol{Q}$ 为可逆矩阵
> 等价的定义公式为 $\boldsymbol{PAQ}=\boldsymbol{B}$,
> 相似的定义公式为 $\boldsymbol{B}=\boldsymbol{P}^{-1}\boldsymbol{AP}$,
> 合同的定义公式为 $\boldsymbol{B}=\boldsymbol{P}^{\mathrm{T}}\boldsymbol{AP}$

两个 n 阶矩阵的等价、相似、合同三者之间的关系可以图 5-9 表示.

合同反映了矩阵之间的一种关系，显然它具有如下的性质：

(1) **自反性**：矩阵与自身合同；

(2) **对称性**：若 A 与 B 合同，则 B 也与 A 合同；

(3) **传递性**：若 A 与 B 合同，B 与 C 合同，则 A 与 C 合同.

若矩阵 $\boldsymbol{A}$ 与 $\boldsymbol{B}$ 合同，即 $\boldsymbol{B}=\boldsymbol{C}^{\mathrm{T}}\boldsymbol{A}\boldsymbol{C}$，则 $R(\boldsymbol{A})=R(\boldsymbol{B})$. 事实上，因为 $\boldsymbol{B}=\boldsymbol{C}^{\mathrm{T}}\boldsymbol{A}\boldsymbol{C}$，且 $\boldsymbol{C}$ 可逆，从而 $\boldsymbol{C}^{\mathrm{T}}$ 也可逆，即 $\boldsymbol{A}$ 与 $\boldsymbol{B}$ 等价，所以 $R(\boldsymbol{A})=R(\boldsymbol{B})$.

由此可知，经可逆变换 $\boldsymbol{x}=\boldsymbol{C}\boldsymbol{y}$ 后，二次型 f 的矩阵由 $\boldsymbol{A}$ 变为与 $\boldsymbol{A}$ 合同的矩阵

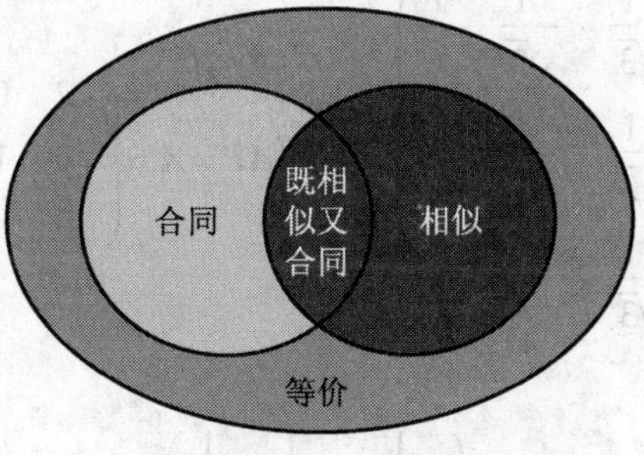

图 5-9 等价、相似、合同的关系

$\boldsymbol{C}^{\mathrm{T}}\boldsymbol{A}\boldsymbol{C}$，且二次型的秩不变.

5.6.3 化二次型为标准形

要使二次型 f 经可逆变换 $\boldsymbol{x}=\boldsymbol{C}\boldsymbol{y}$ 变成标准形，这就是要使

$$\boldsymbol{y}^{\mathrm{T}}\boldsymbol{C}^{\mathrm{T}}\boldsymbol{A}\boldsymbol{C}\boldsymbol{y}=k_1y_1^2+k_2y_2^2+\cdots+k_ny_n^2$$

$$=(y_1,y_2,\cdots,y_n)\begin{pmatrix}k_1&&&\\&k_2&&\\&&\ddots&\\&&&k_n\end{pmatrix}\begin{pmatrix}y_1\\y_2\\\vdots\\y_n\end{pmatrix},$$

也就是要使 $\boldsymbol{C}^{\mathrm{T}}\boldsymbol{A}\boldsymbol{C}$ 成为对角矩阵. 因此，我们的主要问题就是：对于实对称矩阵 $\boldsymbol{A}$，寻求可逆矩阵 $\boldsymbol{C}$，使 $\boldsymbol{C}^{\mathrm{T}}\boldsymbol{A}\boldsymbol{C}$ 为对角矩阵.

由本章定理 8 知，任意实对称矩阵 $\boldsymbol{A}$，总有正交矩阵 $\boldsymbol{P}$，使 $\boldsymbol{P}^{-1}\boldsymbol{A}\boldsymbol{P}=\boldsymbol{\Lambda}$，即 $\boldsymbol{P}^{\mathrm{T}}\boldsymbol{A}\boldsymbol{P}=\boldsymbol{\Lambda}$. 把此结论应用于二次型，即有

定理 10 任给二次型 $f=\boldsymbol{x}^{\mathrm{T}}\boldsymbol{A}\boldsymbol{x}$，总有正交变换 $\boldsymbol{x}=\boldsymbol{P}\boldsymbol{y}$，使 f 化为标准形

$$f=\lambda_1y_1^2+\lambda_2y_2^2+\cdots+\lambda_ny_n^2,$$

其中 $\lambda_1,\lambda_2,\cdots,\lambda_n$ 是 f 的矩阵 $\boldsymbol{A}$ 的特征值.

例 20 求一个正交变换 $\boldsymbol{x}=\boldsymbol{P}\boldsymbol{y}$，把二次型

$$f=-2x_1x_2+2x_1x_3+2x_2x_3$$

化为标准形.

解 二次型的矩阵为

$$\boldsymbol{A}=\begin{pmatrix}0&-1&1\\-1&0&1\\1&1&0\end{pmatrix},$$

这与例 15 所给矩阵相同，按例 15 的结果，有正交矩阵

$$\boldsymbol{P}=\begin{pmatrix}\frac{1}{\sqrt{3}} & -\frac{1}{\sqrt{2}} & \frac{1}{\sqrt{6}}\\ \frac{1}{\sqrt{3}} & \frac{1}{\sqrt{2}} & \frac{1}{\sqrt{6}}\\ -\frac{1}{\sqrt{3}} & 0 & \frac{2}{\sqrt{6}}\end{pmatrix},\text{使 } \boldsymbol{P}^{\mathrm{T}}\boldsymbol{A}\boldsymbol{P}=\boldsymbol{\Lambda}=\begin{pmatrix}-2 & 0 & 0\\ 0 & 1 & 0\\ 0 & 0 & 1\end{pmatrix},$$

于是有正交变换

$$\begin{pmatrix}x_1\\ x_2\\ x_3\end{pmatrix}=\begin{pmatrix}\frac{1}{\sqrt{3}} & -\frac{1}{\sqrt{2}} & \frac{1}{\sqrt{6}}\\ \frac{1}{\sqrt{3}} & \frac{1}{\sqrt{2}} & \frac{1}{\sqrt{6}}\\ -\frac{1}{\sqrt{3}} & 0 & \frac{2}{\sqrt{6}}\end{pmatrix}\begin{pmatrix}y_1\\ y_2\\ y_3\end{pmatrix},$$

把二次型 f 化成标准形　$f=-2y_1^2+y_2^2+y_3^2$.

5.7　正定二次型

二次型的标准形显然不是唯一的，只是标准形中所含项数是确定的（即是二次型的秩），而且，在限定变换为实变换时，标准形中正系数的个数是不变的（从而负系数的个数也不变），也就是有

定理 11（惯性定理）　设有二次型 $f=\boldsymbol{x}^{\mathrm{T}}\boldsymbol{A}\boldsymbol{x}$，它的秩为 r，有两个可逆变换

$$\boldsymbol{x}=\boldsymbol{C}\boldsymbol{y}\text{ 及 }\boldsymbol{x}=\boldsymbol{P}\boldsymbol{z}$$

使
$$f=\lambda_1y_1^2+\lambda_2y_2^2+\cdots+\lambda_ry_r^2\quad(\lambda_i\neq0),$$
及
$$f=\mu_1z_1^2+\mu_2z_2^2+\cdots+\mu_rz_r^2\quad(\mu_i\neq0),$$
则 $\lambda_1,\lambda_2,\cdots,\lambda_r$ 中正数的个数与 $\mu_1,\mu_2,\cdots,\mu_r$ 中正数的个数相等.

证（略）.

二次型的标准形中正系数的个数称为**二次型的正惯性指数**，负系数的个数称为**负惯性指数**. 若二次型 f 的正惯性指数为 p，秩为 r，则负惯性指数为 $r-p$，$p-(r-p)=2p-r$ 称为**二次型 f 的符号差**.

下面我们来讨论在工程技术中用得较多的两类二次型：正惯性指数为 n 的二次型和负惯性指数为 n 的二次型.

定义 12　设有 n 元实二次型 $f(x_1,x_2,\cdots,x_n)=\boldsymbol{x}^{\mathrm{T}}\boldsymbol{A}\boldsymbol{x}$，如果对任意一组不全为零的实数 $c_1,c_2,\cdots,c_n$，都有

$$f(c_1,c_2,\cdots,c_n)>0,$$

则称 f 为**正定二次型**，并称对称矩阵 $\boldsymbol{A}$ **是正定的**；如果对任意一组不全为零的实

数 $c_1,c_2,\cdots,c_n$,都有

$$f(c_1,c_2,\cdots,c_n)<0,$$

则称 f 为**负定二次型**,并称对称矩阵 $\boldsymbol{A}$ 是**负定的**;如果二次型既不是正定的,也不是负定的,则称之为**不定的**.

例如,实二次型 $f(x_1,x_2,x_3)=x_1^2+x_2^2+2x_3^2$ 为正定二次型;$g(x_1,x_2,x_3)=-x_1^2-2x_2^2-3x_3^2$ 为负定二次型;$h(x_1,x_2,x_3)=x_1^2+x_2^2-3x_3^2$ 是不定的,因为 $h(1,0,0)=1>0$,$h(0,0,1)=-3<0$;$k(x_1,x_2,x_3)=x_1^2+x_2^2$ 也是不定的,因为 $k(1,0,0)=1>0$,$k(0,0,1)=0$.

定理 12 n 元二次型 $f=\boldsymbol{x}^{\mathrm{T}}\boldsymbol{A}\boldsymbol{x}$ 为正定的充分必要条件是:它的标准形的 n 个系数全为正,即它的规范形的 n 个系数全为 1,亦即它的正惯性指数等于 n.

证 设可逆变换 $\boldsymbol{x}=\boldsymbol{C}\boldsymbol{y}$ 使

$$f(\boldsymbol{x})=f(\boldsymbol{C}\boldsymbol{y})=\sum_{i=1}^{n}k_iy_i^2.$$

先证充分性. 设 $k_i>0(i=1,\cdots,n)$. 任给 $\boldsymbol{x}\neq\boldsymbol{0}$,则 $\boldsymbol{y}=\boldsymbol{C}^{-1}\boldsymbol{x}\neq\boldsymbol{0}$,故

$$f(\boldsymbol{x})=\sum_{i=1}^{n}k_iy_i^2>0.$$

再证必要性. 用反证法. 假设有 $k_s\leqslant 0$,则当 $\boldsymbol{y}=\boldsymbol{e}_s$(单位坐标向量)时,$f(\boldsymbol{C}\boldsymbol{e}_s)=k_s\leqslant 0$. 显然,$\boldsymbol{C}\boldsymbol{e}_s\neq 0$,这与 f 为正定相矛盾. 这就证明了 $k_i>0(i=1,\cdots,n)$. ■

推论 实对称矩阵 $\boldsymbol{A}$ 为正定的充分必要条件是:$\boldsymbol{A}$ 的特征值全为正.

定理 13 对称矩阵 $\boldsymbol{A}$ 为正定的充分必要条件是:$\boldsymbol{A}$ 的各阶主子式都为正,即

$$a_{11}>0,\begin{vmatrix}a_{11}&a_{12}\\a_{21}&a_{22}\end{vmatrix}>0,\cdots,\begin{vmatrix}a_{11}&\cdots&a_{1n}\\\vdots&&\vdots\\a_{n1}&\cdots&a_{nn}\end{vmatrix}>0,$$

对称矩阵 $\boldsymbol{A}$ 为负定的充分必要条件是:$\boldsymbol{A}$ 的奇数阶主子式为负,而偶数阶主子式为正,即

$$(-1)^r\begin{vmatrix}a_{11}&\cdots&a_{1r}\\\vdots&&\vdots\\a_{r1}&\cdots&a_{rr}\end{vmatrix}>0(r=1,2,\cdots,n).$$

这个定理称为**赫尔维茨定理**,证明略.

例 21 判别下列二次型的正定性:

(1) $f=2x^2+3y^2+3z^2+4yz$;

(2) $f=-5x^2-6y^2-4z^2+4xy+4xz$;

(3) $f=x^2+2y^2-3z^2+4xy+2yz$.

解　(1)二次型 f 的矩阵为

$$A=\begin{pmatrix}2&0&0\\0&3&2\\0&2&3\end{pmatrix},$$

A 的特征多项式为

$$|A-\lambda E|=\begin{vmatrix}2-\lambda&0&0\\0&3-\lambda&2\\0&2&3-\lambda\end{vmatrix}=-(\lambda-1)(\lambda-2)(\lambda-5),$$

故 A 的特征值为 $\lambda_1=1,\lambda_2=2,\lambda_3=5$,因为 A 的 3 个特征值都大于零,所以 A 为正定矩阵,即二次型是正定的.

(2) 二次型 f 的矩阵为

$$A=\begin{pmatrix}-5&2&2\\2&-6&0\\2&0&-4\end{pmatrix},$$

$$a_{11}=-5<0,\begin{vmatrix}a_{11}&a_{12}\\a_{21}&a_{22}\end{vmatrix}=\begin{vmatrix}-5&2\\2&-6\end{vmatrix}=26>0,|A|=-80<0,$$

根据定理 13 知 f 为负定.

(3) 二次型 f 的矩阵为

$$A=\begin{pmatrix}1&2&0\\2&2&1\\0&1&-3\end{pmatrix},$$

$$a_{11}=1>0,\begin{vmatrix}a_{11}&a_{12}\\a_{21}&a_{22}\end{vmatrix}=\begin{vmatrix}1&2\\2&2\end{vmatrix}=-2<0,|A|=5>0,$$

根据定理 13 知 f 为不定.

5.8　应用举例

5.8.1　二次曲线的研究

在这里我们只讨论形如

$$ax^2+2bxy+cy^2=1\,(ac-b^2\neq 0)\tag{5.8}$$

的方程所表示的二次曲线.

令
$$A=\begin{pmatrix}a&b\\b&c\end{pmatrix},X=\begin{pmatrix}x\\y\end{pmatrix},$$

则二次曲线的方程可表示为

$$X^{\mathrm{T}}AX=1. \tag{5.9}$$

(5.9)的左边是一个2元二次型,若设矩阵 A 的两个特征值分别为 λ_1,λ_2(由已知 $ac-b^2\neq 0$ 知,$|A|\neq 0$,即 A 可逆,所以 λ_1,λ_2 都不为零),对应的单位特征向量分别为 p_1,p_2,则正交变换 $X=PY$,其中 $P=(p_1,p_2)$,$Y=\begin{pmatrix}x'\\y'\end{pmatrix}$ 把二次型 $X^{\mathrm{T}}AX$ 化为标准形

$$\lambda_1x'^2+\lambda_2y'^2,$$

于是方程(5.8)可化为

$$\lambda_1x'^2+\lambda_2y'^2=1.$$

由此可得:

(1) 当 $\lambda_1>0,\lambda_2>0$,即二次型 $X^{\mathrm{T}}AX$ 为正定时,方程(5.8)表示椭圆;

(2) 当 $\lambda_1\lambda_2<0$,即二次型 $X^{\mathrm{T}}AX$ 为不定时,方程(5.8)表示双曲线;

(3) 当 $\lambda_1<0,\lambda_2<0$,即二次型 $X^{\mathrm{T}}AX$ 为负定时,方程(5.8)不表示任何曲线.

当方程(5.8)表示椭圆或双曲线时,其两条半轴长分别为

$$\frac{1}{\sqrt{|\lambda_1|}},\frac{1}{\sqrt{|\lambda_2|}}.$$

至此,二次型的矩阵 A 的特征值的几何意义就非常清楚了,那么 A 的特征向量有何几何意义呢?下面我们来研究这个问题.

由前面的讨论知,正交变换 $X=PY$ 把不在标准位置上的椭圆或双曲线 $ax^2+2bxy+cy^2=1$ 变换成在新坐标系中标准位置上的椭圆或双曲线 $\lambda_1x'^2+\lambda_2y'^2=1$,反之,正交变换 $Y=P^{-1}X=P^{\mathrm{T}}X$ 把在标准位置上的椭圆或双曲线变换成不在标准位置上的椭圆或双曲线.而在标准位置上的椭圆或双曲线以两条坐标轴为对称轴(主轴),在两坐标轴上分别取两个单位向量

$$e_1=\begin{pmatrix}1\\0\end{pmatrix},e_2=\begin{pmatrix}0\\1\end{pmatrix},$$

现在我们来求向量 e_1,e_2 在正交变换 $Y=P^{\mathrm{T}}X$ 下的像.为此设

$$p_1=\begin{pmatrix}a_{11}\\a_{21}\end{pmatrix},p_2=\begin{pmatrix}a_{12}\\a_{22}\end{pmatrix},$$

则

$$P=\begin{pmatrix}a_{11}&a_{12}\\a_{21}&a_{22}\end{pmatrix},$$

于是

$$e_1'=P^{\mathrm{T}}e_1=\begin{pmatrix}a_{11}&a_{21}\\a_{12}&a_{22}\end{pmatrix}\begin{pmatrix}1\\0\end{pmatrix}=\begin{pmatrix}a_{11}\\a_{12}\end{pmatrix},$$

$$e_2'=P^{\mathrm{T}}e_2=\begin{pmatrix}a_{11} & a_{21}\\ a_{12} & a_{22}\end{pmatrix}\begin{pmatrix}0\\1\end{pmatrix}=\begin{pmatrix}a_{21}\\ a_{22}\end{pmatrix}.$$

由于 $\boldsymbol{P}$ 为正交矩阵,所以不难证明 e_1',e_2' 是正交的单位向量且与 p_1,p_2 等价,而 e_1',e_2' 为二次曲线在新坐标系中的对称轴,亦即 p_1,p_2 为二次曲线在新坐标系中的对称轴(主轴). 由此,我们得

当正交变换 $X=PY$ 把二次型 $X^{\mathrm{T}}AX$ 变换为标准形时,$\boldsymbol{P}$ 的列称为二次型 $X^{\mathrm{T}}AX$ 的主轴.

找到主轴等同于找到一个新的坐标系,在该坐标系下其图形是在标准位置下的图形.

例 22　判别二次方程 $5x^2-4xy+5y^2=48$ 表示何种曲线并画出其图形.

解　方程左边的二次型的矩阵为 $A=\begin{pmatrix}5 & -2\\ -2 & 5\end{pmatrix}$,$\boldsymbol{A}$ 的特征值是 3 和 7,对应的单位特征向量为

$$p_1=\begin{pmatrix}\dfrac{1}{\sqrt{2}}\\[2mm] \dfrac{1}{\sqrt{2}}\end{pmatrix},p_2=\begin{pmatrix}-\dfrac{1}{\sqrt{2}}\\[2mm] \dfrac{1}{\sqrt{2}}\end{pmatrix},$$

所以该二次方程表示的曲线为椭圆,主轴为 p_1,p_2,在新坐标系中的方程为

$$\frac{x'^2}{4^2}+\frac{y'^2}{\left(\dfrac{4\sqrt{21}}{7}\right)^2}=1.$$

如图 5-10 所示.

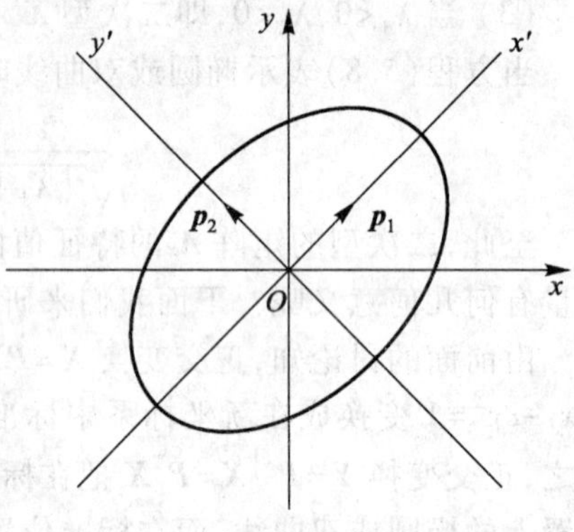

图 5-10　$5x^2-4xy+5y^2=48$ 的图形

例 23　判别二次方程 $x^2-8xy-5y^2=21$ 表示何种曲线并画出其图形.

解　方程左边的二次型的矩阵为 $A=\begin{pmatrix}1 & -4\\ -4 & -5\end{pmatrix}$,$\boldsymbol{A}$ 的特征值是 3 和 -7,对应的单位特征向量为

$$p_1=\begin{pmatrix}\dfrac{2}{\sqrt{5}}\\[2mm] -\dfrac{1}{\sqrt{5}}\end{pmatrix},p_2=\begin{pmatrix}\dfrac{1}{\sqrt{5}}\\[2mm] \dfrac{2}{\sqrt{5}}\end{pmatrix},$$

所以该二次方程表示的曲线为双曲线,主轴为 p_1,p_2,在新坐标系中的方程为

$$\frac{x'^2}{(\sqrt{7})^2}-\frac{y'^2}{(\sqrt{3})^2}=1.$$

如图 5-11 所示.

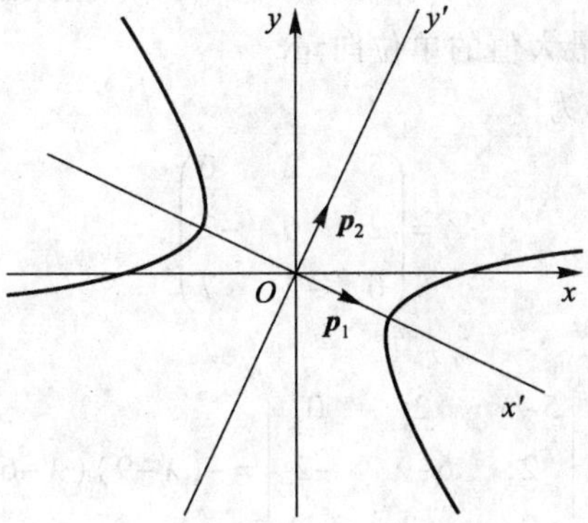

图 5-11 $x^2-8xy-5y^2=21$ 的图形

5.8.2 条件优化

工程师、经济学家、科学家和数学家常常要寻找在一些特定集合内的 $\boldsymbol{X}$ 值，使得二次型 $\boldsymbol{X}^{\mathrm{T}}\boldsymbol{A}\boldsymbol{X}$ 取最大值或最小值. 具有代表性的是，这类问题可化为 $\boldsymbol{X}$ 是在一组单位向量中的变量的优化问题. 下面我们将看到，这类条件优化问题有一个有趣且精彩的解. 我们还是从一个简单的例子开始我们的讨论.

例 24 求 $f(\boldsymbol{X})=8x^2+5y^2+2z^2(\boldsymbol{X}=(x,y,z)^{\mathrm{T}})$ 在限制条件 $\boldsymbol{X}^{\mathrm{T}}\boldsymbol{X}=1$ 下的最大值和最小值.

解 条件 $\boldsymbol{X}^{\mathrm{T}}\boldsymbol{X}=1$ 即为 $x^2+y^2+z^2=1$.

因为

$$2(x^2+y^2+z^2)\leqslant 8x^2+5y^2+2z^2\leqslant 8(x^2+y^2+z^2),$$

所以当 $x^2+y^2+z^2=1$ 时，$f(\boldsymbol{X})$ 的最大值为 8，最小值为 2，且在 $\boldsymbol{p}_1=\begin{pmatrix}1\\0\\0\end{pmatrix}$ 处取得最大值，在 $\boldsymbol{p}_2=\begin{pmatrix}0\\0\\1\end{pmatrix}$ 处取得最小值.

在例 24 中，$f(\boldsymbol{X})$ 为一个二次型，其矩阵具有特征值 8，5，2，在限制条件下 $f(\boldsymbol{X})$ 的最大值和最小值分别等于最大和最小特征值，且最大和最小值分别在对应的单位特征向量处取得. 此结论对任何二次型也是成立的，于是有

定理 14 设 $\boldsymbol{A}$ 是对称矩阵，m 和 M 分别是二次型 $\boldsymbol{X}^{\mathrm{T}}\boldsymbol{A}\boldsymbol{X}$ 在限制条件 $\boldsymbol{X}^{\mathrm{T}}\boldsymbol{X}=1$ 下的最小和最大值，那么 m 是 $\boldsymbol{A}$ 的最小特征值，M 是 $\boldsymbol{A}$ 的最大特征值，且 m 和 M 分别在 $\boldsymbol{A}$ 的最小和最大特征值对应的单位特征向量处取得.

证（略）.

例 25　求 $f(\boldsymbol{X})=\boldsymbol{X}^{\mathrm{T}}\boldsymbol{A}\boldsymbol{X}=5x^2+6y^2+7z^2+4xy-4yz$ 在限制条件 $\boldsymbol{X}^{\mathrm{T}}\boldsymbol{X}=1$ 下的最大值，并求出一个达到最大值的单位向量.

解　二次型的矩阵为

$$\boldsymbol{A}=\begin{pmatrix}5&2&0\\2&6&-2\\0&-2&7\end{pmatrix},$$

$\boldsymbol{A}$ 的特征多项式为

$$|\boldsymbol{A}-\lambda\boldsymbol{E}|=\begin{vmatrix}5-\lambda&2&0\\2&6-\lambda&-2\\0&-2&7-\lambda\end{vmatrix}=-(\lambda-9)(\lambda-6)(\lambda-3),$$

特征值为 $\lambda_1=9,\lambda_2=6,\lambda_3=3$，最大特征值为 $\lambda_1=9$. 解方程 $(\boldsymbol{A}-9\boldsymbol{E})\boldsymbol{X}=0$ 得对应于 $\lambda_1=9$ 的单位特征向量为 $\boldsymbol{p}_1=\begin{pmatrix}\frac{1}{3}\\\frac{2}{3}\\-\frac{2}{3}\end{pmatrix}$. 于是二次型在 $\boldsymbol{p}_1$ 处取得最大值 9.

例 26　某县政府计划在下一年度用一笔资金修 x 公里的公路，修整 y 平方公里的公园，政府部门必须确定在两个项目上如何分配它的资金，如果可能的话，可以同时开始两个项目，而不是仅开始一个项目. 假设 x 和 y 必须满足下面限制条件

$$16x^2+25y^2\leqslant 400,$$

见图 5-12. 每个阴影可行集中的点 (x,y) 表示一个可能的该年度工作计划. 在限制曲线 $16x^2+25y^2\leqslant 400$ 上的点，使资金利用达到最大.

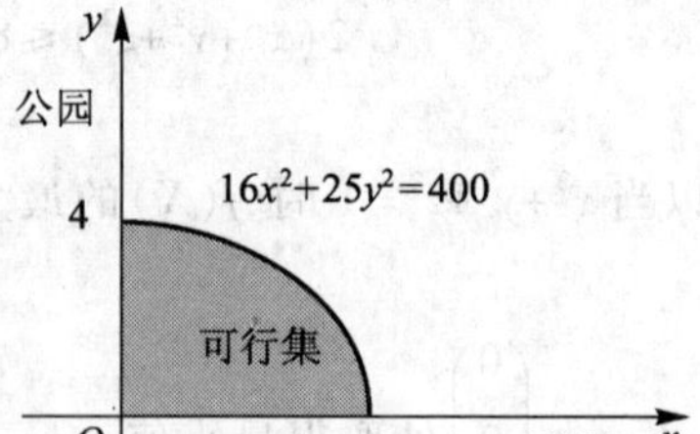

图 5-12　工作计划

为了选择它的工作计划，县政府需要考虑居民的意见，为度量居民分配各类工作计划 (x,y) 的值或效用，经济学家有时利用下面的函数

$$q(x,y)=xy,$$

称之为效用函数，曲线 $xy=c$（c 为常数）称之为无差异曲线，因为在该曲线上的任意点的效用值相等. 求工作计划，使得效用函数达到最大.

解　限制条件的方程 $16x^2+25y^2=400$ 并没有描述一个单位向量集，但可进行变量代换修正这个问题. 把限制条件的方程变形

$$\left(\frac{x}{5}\right)^2+\left(\frac{y}{4}\right)^2=1,$$

令

$$u=\frac{x}{5},v=\frac{y}{4},$$

则限制条件变成

$$u^2+v^2=1,$$

效用函数变成

$$q(x,y)=q(5u,4v)=(5u)(4v)=20uv.$$

令 $\boldsymbol{X}=\begin{pmatrix}u\\v\end{pmatrix}$，则原问题变为，在限制条件 $\boldsymbol{X}^{\mathrm{T}}\boldsymbol{X}=1$ 下 $f(\boldsymbol{X})=20uv$ 的最大值.

二次型 $f(\boldsymbol{X})=20uv$ 的矩阵为

$$\boldsymbol{A}=\begin{pmatrix}0&10\\10&0\end{pmatrix},$$

$\boldsymbol{A}$ 的特征值为±10，对应特征值 10 的单位特征向量为 $\begin{pmatrix}\frac{1}{\sqrt{2}}\\\frac{1}{\sqrt{2}}\end{pmatrix}$. 所以 $f(X)=20uv$ 的最大值为 10，且在 $u=v=\frac{1}{\sqrt{2}}$ 处取得.

于是，最优的工作计划是修建 $x=5u=\frac{5}{\sqrt{2}}\approx3.5$ 公里的公路，修整 $y=4v=\frac{4}{\sqrt{2}}\approx2.8$ 平方公里的公园. 最优工作计划是限制曲线和无差异曲线的切点，具有更大效用的点 (x,y) 位于和限制曲线不相交的无差异曲线上，见图 5-13.

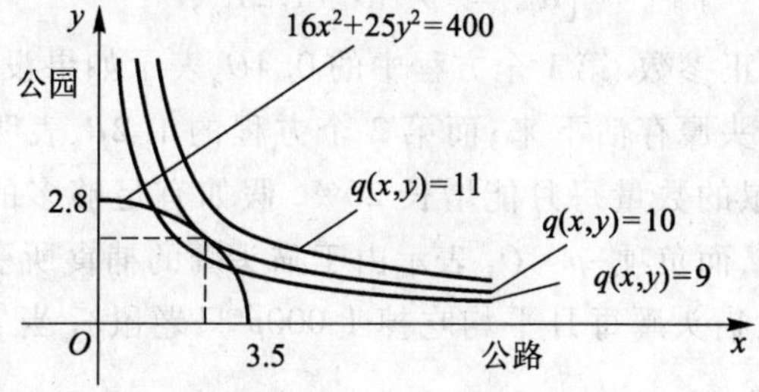

图 5-13　最优工作计划是(3.5,2.8)

5.8.3　离散动力系统

特征值和特征向量提供了线索，使我们理解由差分方程 $\boldsymbol{x}_{k+1}=\boldsymbol{A}\boldsymbol{x}_k$ 描述的动力系统的长期行为或进化. 这种方程可用来建立人口动态变换、马尔可夫链、捕食者-食饵系统等的数学模型. 向量 $\boldsymbol{x}_k$ 表示系统在时间 k 的状态，称为**状态向量**，方阵 $\boldsymbol{A}$ 描述系统随时间推移发生变化的相关信息，称为**状态转移矩阵**. 由于生态问题要比物理或工程上的问题容易描述和解释，本节的应用焦点放在生态问题上，但很多的科学领域存在动力系统.

从现在开始直到本节结束，我们假设 $\boldsymbol{A}$ 可对角化，有 n 个线性无关的特征向量 $\boldsymbol{p}_1,\cdots,\boldsymbol{p}_n$ 和对应的特征值 $\lambda_1,\cdots,\lambda_n$. 为方便起见，假设特征向量已按 $|\lambda_1|\geqslant|\lambda_2|\geqslant\cdots\geqslant|\lambda_n|$ 的顺序排列好. 因为 $\lambda_1,\cdots,\lambda_n$ 是 $\mathbf{R}^n$ 的基，故任一初始向量 $\boldsymbol{x}_0$ 可唯一表示为

$$\boldsymbol{x}_0=c_1\boldsymbol{p}_1+c_2\boldsymbol{p}_2+\cdots+c_n\boldsymbol{p}_n, \tag{5.10}$$

$\boldsymbol{x}_0$ 的这种特征向量分解确定了序列 $\{\boldsymbol{x}_k\}$ 所发生的情况. 因为 $\boldsymbol{p}_i$ 是特征向量，所以

$$\begin{aligned}\boldsymbol{x}_1=\boldsymbol{A}\boldsymbol{x}_0&=c_1\boldsymbol{A}\boldsymbol{p}_1+c_2\boldsymbol{A}\boldsymbol{p}_2+\cdots+c_n\boldsymbol{A}\boldsymbol{p}_n\\&=c_1\lambda_1\boldsymbol{p}_1+c_2\lambda_2\boldsymbol{p}_2+\cdots+c_n\lambda_n\boldsymbol{p}_n.\end{aligned}$$

一般地有

$$\boldsymbol{x}_k=c_1(\lambda_1)^k\boldsymbol{p}_1+c_2(\lambda_2)^k\boldsymbol{p}_2+\cdots+c_n(\lambda_n)^k\boldsymbol{p}_n\ (k=0,1,2,\cdots), \tag{5.11}$$

下面的例子说明当 $k\to\infty$ 时，(5.11) 会出现什么结果.

例 27　捕食者-食饵系统　用 $\boldsymbol{x}_k=\begin{pmatrix}O_k\\R_k\end{pmatrix}$ 表示在时间 k（k 的单位是月）猫头鹰和老鼠的数量，O_k 是在研究区域猫头鹰的数量，R_k 是老鼠的数量（单位是 10^3 只）. 设它们满足下面的方程

$$\begin{cases}O_{k+1}=0.4O_k+0.3R_k,\\R_{k+1}=-p\cdot O_k+1.2R_k,\end{cases} \tag{5.12}$$

其中 p 是被指定的正参数. 第 1 个方程中的 $0.4O_k$ 表示如果没有老鼠为食物，每月仅能有一半的猫头鹰存活下来；而第 2 个方程的 $1.2R_k$ 表明如果没有猫头鹰捕食老鼠，那么老鼠的数量每月能增长 20%. 假如有足够多的老鼠，$0.3R_k$ 表示猫头鹰增长的数量，而负项 $-p\cdot O_k$ 表示由于猫头鹰的捕食所引起的老鼠的死亡数量（事实上，一只猫头鹰每月平均吃掉 1 000p 只老鼠）. 当 $p=0.325$ 时，预测该系统的发展趋势.

解　方程(5.11)的差分方程形式为 $\boldsymbol{x}_{k+1}=\boldsymbol{A}\boldsymbol{x}_k$，其中 $\boldsymbol{A}=\begin{pmatrix}0.4&0.3\\-p&1.2\end{pmatrix}$. 当 $p=0.325$ 时，矩阵 $\boldsymbol{A}$ 的特征值为 $\lambda_1=1.05$ 和 $\lambda_2=0.55$，对应的特征向量是

$$\boldsymbol{p}_1=\begin{pmatrix}6\\13\end{pmatrix},\boldsymbol{p}_2=\begin{pmatrix}2\\1\end{pmatrix}.$$

初始向量 $\boldsymbol{x}_0$ 可表示为 $\boldsymbol{x}_0=c_1\boldsymbol{p}_1+c_2\boldsymbol{p}_2$，那么对 $k\geqslant 0$，有

$$\begin{aligned}\boldsymbol{x}_k&=c_1(1.05)^k\boldsymbol{p}_1+c_2(0.55)^k\boldsymbol{p}_2\\&=c_1(1.05)^k\begin{pmatrix}6\\13\end{pmatrix}+c_2(0.55)^k\begin{pmatrix}2\\1\end{pmatrix}.\end{aligned}$$

当 $k\to\infty$ 时，$(0.55)^k$ 很快趋于零. 假设 $c_1>0$，那么对所有足够大的 k，有

$$\boldsymbol{x}_k\approx c_1\ (1.05)^k\begin{pmatrix}6\\13\end{pmatrix}.\tag{5.13}$$

随着 k 的增大，上式的近似程度会更好，故对足够大的 k

$$\boldsymbol{x}_{k+1}\approx c_1\ (1.05)^{k+1}\begin{pmatrix}6\\13\end{pmatrix}=1.05c_1\ (1.05)^k\begin{pmatrix}6\\13\end{pmatrix}=1.05x_k.\tag{5.14}$$

近似式(5.14)表明最终 x_k 的 2 个分量(猫头鹰和老鼠的数量)每月以大约 1.05 的倍数增长，即月增长率为 5%. 由(5.13)，x_k 就近似于(6,13)的倍数，因此，x_k 的 2 个分量之比率也近似于 6 与 13 的比率，也就是说，对应每 6 只猫头鹰，大约有 13 000 只老鼠.

例 27 说明了有关动力系统 $\boldsymbol{x}_{k+1}=\boldsymbol{A}\boldsymbol{x}_k$ 的两个基本事实：若 $\boldsymbol{A}$ 是 n 阶矩阵，它的特征值满足 $|\lambda_1|\geqslant 1$ 和 $|\lambda_j|<1, j=2,\cdots,n$，$\boldsymbol{p}_1$ 是 λ_1 对应的特征向量. 假如 $\boldsymbol{x}_0$ 由(5.10)式给出且 $c_1\neq 0$，那么对足够大的 k，

$$\boldsymbol{x}_k\approx c_1\ (\lambda_1)^k\boldsymbol{p}_1,\tag{5.15}$$

$$\boldsymbol{x}_{k+1}\approx\lambda_1\boldsymbol{x}_k.\tag{5.16}$$

式(5.15)和(5.16)的近似精度可根据需要通过取足够大的 k 来得到. 由(5.16)式知，$\boldsymbol{x}_k$ 每时段最终以近似 λ_1 的倍数增长，因此，λ_1 确定了系统的最终增长率. 同样由(5.15)式知，对足够大的 k，$\boldsymbol{x}_k$ 的 2 个分量之比近似等于 p_1 对应分量之比.

当 $\boldsymbol{A}$ 为 2 阶矩阵时，可以通过系统发展趋势的几何描述来补充解释代数计算. 我们可以把方程 $\boldsymbol{x}_{k+1}=\boldsymbol{A}\boldsymbol{x}_k$ 看作是 $\mathbf{R}^2$ 中的初始点 $\boldsymbol{x}_0$ 被映射 $\boldsymbol{x}\mapsto\boldsymbol{A}\boldsymbol{x}$ 重复变换的描述，由 $\boldsymbol{x}_0,\boldsymbol{x}_1,\cdots$ 组成的图形称为是动力系统的轨迹.

例 28　当 $\boldsymbol{A}=\begin{pmatrix}0.85&0\\0&0.6\end{pmatrix}$ 时，画出动力系统 $\boldsymbol{x}_{k+1}=\boldsymbol{A}\boldsymbol{x}_k$ 的若干条轨迹.

解　$\boldsymbol{A}$ 的特征值是 0.85 和 0.6，对应的特征向量分别是 $\boldsymbol{p}_1=\begin{pmatrix}1\\0\end{pmatrix},\boldsymbol{p}_2=\begin{pmatrix}0\\1\end{pmatrix}$.

如果 $\boldsymbol{x}_0=c_1\boldsymbol{p}_1+c_2\boldsymbol{p}_2$，那么

$$\boldsymbol{x}_k=c_1\ (0.85)^k\begin{pmatrix}1\\0\end{pmatrix}+c_2\ (0.6)^k\begin{pmatrix}0\\1\end{pmatrix}.$$

当 $k\to\infty$ 时，$(0.85)^k$ 和 $(0.6)^k$ 很快趋于零，当然 $\boldsymbol{x}_k$ 也趋于零. 但趋于零的方式是有趣的. 图 5-14 显示了几条轨迹的开头几项.

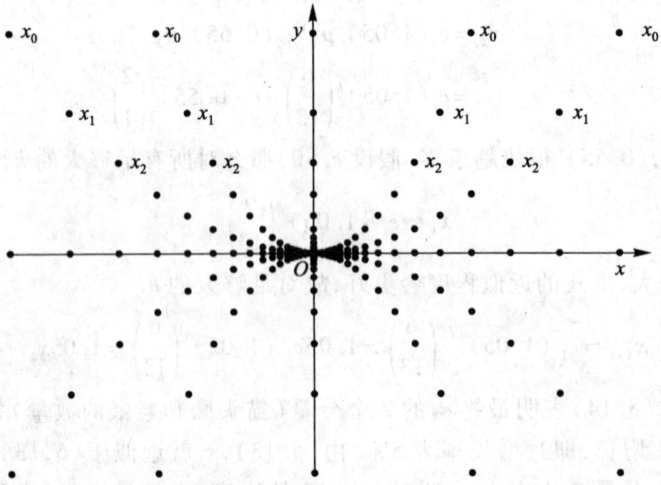

图 5-14　原点是吸引子

在例 28 中，因为所有的轨迹都趋于原点，所以原点被称为动力系统的吸引子. 当两个特征值的绝对值都小于 1 的时候出现这种情况. 由原点和最小绝对值的特征值对应的特征向量所确定的直线的方向是最大吸引方向.

例 29　画出方程 $\boldsymbol{x}_{k+1}=\boldsymbol{A}\boldsymbol{x}_k$ 的若干条典型轨迹，其中 $\boldsymbol{A}=\begin{pmatrix}1.6 & 0\\ 0 & 1.2\end{pmatrix}$.

解　$\boldsymbol{A}$ 的特征值是 1.6 和 1.2，对应的特征向量分别是 $\boldsymbol{p}_1=\begin{pmatrix}1\\0\end{pmatrix}$，$\boldsymbol{p}_2=\begin{pmatrix}0\\1\end{pmatrix}$. 如果 $\boldsymbol{x}_0=c_1\boldsymbol{p}_1+c_2\boldsymbol{p}_2$，那么

$$\boldsymbol{x}_k=c_1\ (1.6)^k\begin{pmatrix}1\\0\end{pmatrix}+c_2\ (1.2)^k\begin{pmatrix}0\\1\end{pmatrix}.$$

当 $k\to\infty$ 时，$(1.6)^k$ 和 $(1.2)^k$ 都趋于无穷大，因此 $\boldsymbol{x}_k$ 也趋于无穷大，但第 1 项增大的速度更快一些. 图 5-15 显示的是起点接近原点的几条轨迹.

在例 29 中，$\boldsymbol{A}$ 的两个特征值的绝对值都大于 1，系统的所有轨迹都不可能趋于原点，所以原点称为动力系统的**排斥子**. 由原点和较大特征值的特征向量所确定的直线方向是最大排斥方向.

在下一个例子，原点称为**鞍点**，因为原点在某些方向吸引解，而在其他方向又排斥解. 当一个特征值的绝对值大于 1，而另一个特征值的绝对值小于 1 的时候出现这种情况.

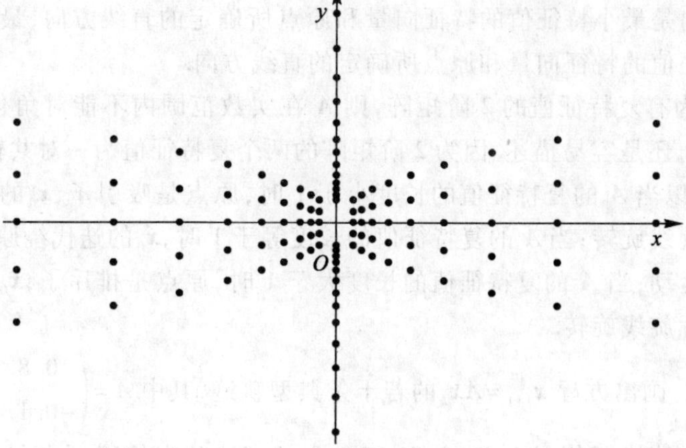

图 5-15 原点是排斥子

例 30 画出方程 $\boldsymbol{x}_{k+1}=\boldsymbol{A}\boldsymbol{x}_k$ 的若干条典型轨迹,其中 $\boldsymbol{A}=\begin{pmatrix}2.2 & 0\\ 0 & 0.6\end{pmatrix}$.

解 $\boldsymbol{A}$ 的特征值是 2.2 和 0.6,对应的特征向量分别是 $\boldsymbol{p}_1=\begin{pmatrix}1\\0\end{pmatrix}$,$\boldsymbol{p}_2=\begin{pmatrix}0\\1\end{pmatrix}$. 如果 $\boldsymbol{x}_0=c_1\boldsymbol{p}_1+c_2\boldsymbol{p}_2$,那么

$$\boldsymbol{x}_k=c_1\ (2.2)^k\begin{pmatrix}1\\0\end{pmatrix}+c_2\ (0.6)^k\begin{pmatrix}0\\1\end{pmatrix}.$$

假如 $\boldsymbol{x}_0$ 在 y 轴上,那么,$c_1=0$,因此当 $k\to\infty$ 时,$\boldsymbol{x}_k\to 0$. 但当 $\boldsymbol{x}_0$ 不在 y 轴上时,$(2.2)^k\to\infty$,$(0.6)^k\to 0(k\to\infty)$,因此 x_k 趋于无穷大. 图 5-16 显示的是起点接近或在 y 轴上的 10 条轨迹.

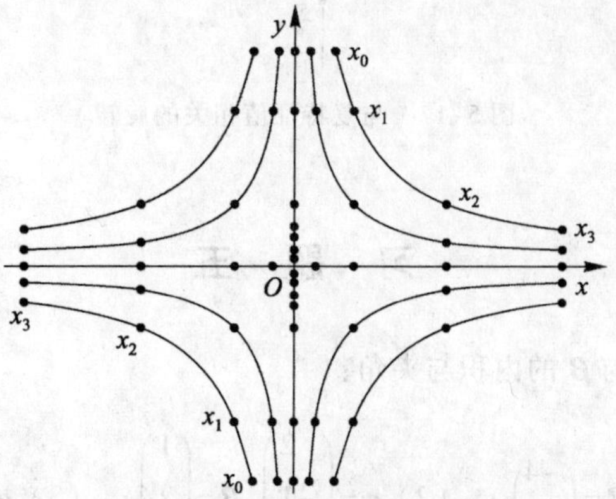

图 5-16 原点是鞍点

在本例中，最大吸引方向是 y 轴，最大排斥方向是 x 轴. 对于一般的情况，最大吸引方向是最小特征值的特征向量和原点所确定的直线方向，最大排斥方向是最大特征值的特征向量和原点所确定的直线方向.

若 $\boldsymbol{A}$ 为有复特征值的 2 阶矩阵，则 $\boldsymbol{A}$ 在实数范围内不能对角化. 但动力系统 $\boldsymbol{x}_{k+1}=\boldsymbol{A}\boldsymbol{x}_k$ 还是容易描述. 因为 2 阶矩阵的两个复特征值为一对共轭复数，其长度相等，所以当 $\boldsymbol{A}$ 的复特征值的长度小于 1 时，原点是吸引子，$\boldsymbol{x}_0$ 的迭代绕原点向内作螺旋线旋转；当 $\boldsymbol{A}$ 的复特征值的长度等于 1 时，$\boldsymbol{x}_0$ 的迭代绕原点沿椭圆轨道作螺旋运动；当 $\boldsymbol{A}$ 的复特征值的长度大于 1 时，原点是排斥子，$\boldsymbol{x}_0$ 的迭代绕原点向外作螺旋线旋转.

例 31　画出方程 $\boldsymbol{x}_{k+1}=\boldsymbol{A}\boldsymbol{x}_k$ 的若干条典型轨迹，其中 $\boldsymbol{A}=\begin{pmatrix}0.8 & 0.5\\ -0.1 & 1\end{pmatrix}$.

解　$\boldsymbol{A}$ 的特征值是 0.9－0.2i 和 0.9＋0.2i，对应的特征向量分别是 $\boldsymbol{p}_1=\begin{pmatrix}1+2\mathrm{i}\\ 1\end{pmatrix}$，$\boldsymbol{p}_2=\begin{pmatrix}1-2\mathrm{i}\\ 1\end{pmatrix}$. 图 5-17 显示的是动力系统 $\boldsymbol{x}_{k+1}=\boldsymbol{A}\boldsymbol{x}_k$ 的初始点在坐标轴上的 4 条轨迹.

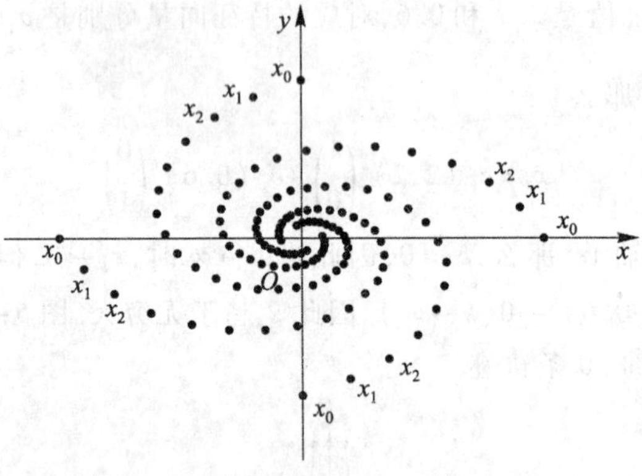

图 5-17　与复特征值相关的旋转

习　题　五

1. 求向量 $\boldsymbol{\alpha}$ 与 $\boldsymbol{\beta}$ 的内积与夹角：

（1）$\boldsymbol{\alpha}=\begin{pmatrix}1\\2\end{pmatrix}$，$\boldsymbol{\beta}=\begin{pmatrix}-4\\2\end{pmatrix}$；　（2）$\boldsymbol{\alpha}=\begin{pmatrix}2\\-1\\1\end{pmatrix}$，$\boldsymbol{\beta}=\begin{pmatrix}1\\2\\1\end{pmatrix}$；　（3）$\boldsymbol{\alpha}=\begin{pmatrix}1\\-2\\0\\3\end{pmatrix}$，$\boldsymbol{\beta}=\begin{pmatrix}2\\3\\1\\-1\end{pmatrix}$.

2. 设 $\boldsymbol{\alpha}_1=\begin{pmatrix}1\\1\\1\end{pmatrix}$,

（1）求向量 $\boldsymbol{\alpha}_2,\boldsymbol{\alpha}_3$ 使向量组 $\boldsymbol{\alpha}_1,\boldsymbol{\alpha}_2,\boldsymbol{\alpha}_3$ 成为 $\mathbf{R}^3$ 的正交基；

（2）求向量 $\boldsymbol{\beta}=\begin{pmatrix}2\\-3\\4\end{pmatrix}$ 在正交基 $\boldsymbol{\alpha}_1,\boldsymbol{\alpha}_2,\boldsymbol{\alpha}_3$ 下的坐标.

3. 下列矩阵是不是正交矩阵？并说明理由：

（1）$\begin{pmatrix}0.6 & 0.8\\0.8 & -0.6\end{pmatrix}$；　　（2）$\begin{pmatrix}1 & -\frac{1}{2} & \frac{1}{3}\\-\frac{1}{2} & 1 & \frac{1}{2}\\\frac{1}{3} & \frac{1}{2} & -1\end{pmatrix}$；

（3）$\begin{pmatrix}\frac{1}{9} & -\frac{8}{9} & -\frac{4}{9}\\-\frac{8}{9} & \frac{1}{9} & -\frac{4}{9}\\-\frac{4}{9} & -\frac{4}{9} & \frac{7}{9}\end{pmatrix}$；　　（4）$\begin{pmatrix}\frac{2}{3} & \frac{2}{3} & \frac{1}{3}\\0 & \frac{1}{\sqrt{5}} & -\frac{2}{\sqrt{5}}\\\frac{\sqrt{5}}{3} & -\frac{4}{\sqrt{45}} & -\frac{2}{\sqrt{45}}\end{pmatrix}$.

4. 设 $\boldsymbol{A},\boldsymbol{B}$ 都是正交矩阵，证明 $\boldsymbol{AB}$ 也是正交矩阵.

5. 讨论 a,b,c 为何值时，矩阵 $\begin{pmatrix}a & c\\b & 2c\end{pmatrix}$ 为正交矩阵.

6. λ 是 $\boldsymbol{A}$ 的特征值吗？为什么？

（1）$\lambda=2,\boldsymbol{A}=\begin{pmatrix}3 & 2\\3 & 8\end{pmatrix}$；

（2）$\lambda=4,\boldsymbol{A}=\begin{pmatrix}3 & 0 & -1\\2 & 3 & 1\\-3 & 4 & 5\end{pmatrix}$.

7. $\boldsymbol{p}$ 是 $\boldsymbol{A}$ 的特征向量吗？如果是，求对应的特征值.

（1）$\boldsymbol{p}=\begin{pmatrix}4\\-3\\1\end{pmatrix},\boldsymbol{A}=\begin{pmatrix}3 & 7 & 9\\-4 & -5 & 1\\2 & 4 & 4\end{pmatrix}$；

（2）$\boldsymbol{p}=\begin{pmatrix}1\\-2\\1\end{pmatrix},\boldsymbol{A}=\begin{pmatrix}3 & 6 & 7\\3 & 3 & 7\\5 & 6 & 5\end{pmatrix}$.

8. 不用计算,求 $A=\begin{pmatrix}1&2&3\\1&2&3\\1&2&3\end{pmatrix}$ 的一个特征值,验证你的结果.

9. 不用计算,求 $A=\begin{pmatrix}2&2&2\\2&2&2\\2&2&2\end{pmatrix}$ 的一个特征值和两个线性无关的特征向量,验证你的结果.

10. 设 A 是 n 阶实矩阵,k 是 A 的实特征值的个数,证明 k 与 n 有相同的奇偶性.

11. 求下列矩阵的特征多项式和特征值:

(1) $\begin{pmatrix}2&1\\-1&4\end{pmatrix}$; (2) $\begin{pmatrix}1&-2\\2&1\end{pmatrix}$; (3) $\begin{pmatrix}2&-2\\1&0\end{pmatrix}$.

12. 求下列矩阵的特征值和特征向量:

(1) $\begin{pmatrix}1&0&-1\\2&3&-1\\0&0&6\end{pmatrix}$; (2) $\begin{pmatrix}1&2&3\\2&1&3\\3&3&6\end{pmatrix}$;

(3) $\begin{pmatrix}0&0&1\\0&1&0\\1&0&0\end{pmatrix}$; (4) $\begin{pmatrix}4&-7&0&2\\0&3&-4&6\\0&0&3&-8\\0&0&0&1\end{pmatrix}$.

13. 设 A 是 n 阶矩阵,证明 A^{T} 与 A 的特征值相同.

14. 设 $A^2-3A+2E=O$,证明 A 的特征值只能取 1 或 2.

15. 已知 3 阶矩阵 A 的特征值为 $-1,1,2$,求:

(1) $|A^3-4A^2+7E|$;

(2) $|A^*-5A^2+2E|$.

16. 设矩阵 A 满足 $A^2=A$,证明 $5E-A$ 可逆.

17. 计算 A^k,k 为正整数,其中

(1) $A=\begin{pmatrix}-2&12\\-1&5\end{pmatrix}$; (2) $\begin{pmatrix}a&0\\2(a-b)&b\end{pmatrix}$.

18. 设 A,B 都是 n 阶矩阵,且 A 可逆,证明 AB 与 BA 相似.

19. 已知矩阵 $A=\begin{pmatrix}-2&0&0\\2&x&2\\3&1&1\end{pmatrix}$ 与矩阵 $B=\begin{pmatrix}-1&&\\&2&\\&&y\end{pmatrix}$ 相似.

(1) 求 x 与 y;

(2) 求可逆矩阵 $\boldsymbol{P}$,使 $\boldsymbol{P}^{-1}\boldsymbol{AP}=\boldsymbol{B}$.

20. 已知 $\boldsymbol{p}=\begin{pmatrix}1\\1\\-1\end{pmatrix}$ 是矩阵 $\boldsymbol{A}=\begin{pmatrix}2&-1&2\\5&a&3\\-1&b&-2\end{pmatrix}$ 的一个特征向量.

(1) 求参数 a,b 及特征向量 $\boldsymbol{p}$ 所对应的特征值;

(2) 问 $\boldsymbol{A}$ 能不能相似对角化? 并说明理由.

21. 设 3 阶矩阵 $\boldsymbol{A}$ 的特征值为 $\lambda_1=1,\lambda_2=0,\lambda_3=-1$,对应的特征向量分别为

$$\boldsymbol{p}_1=\begin{pmatrix}1\\2\\2\end{pmatrix},\boldsymbol{p}_2=\begin{pmatrix}-2\\-1\\2\end{pmatrix},\boldsymbol{p}_3=\begin{pmatrix}2\\-2\\1\end{pmatrix},$$

求矩阵 $\boldsymbol{A}$.

22. 设 3 阶对称矩阵 $\boldsymbol{A}$ 的特征值为 $\lambda_1=8,\lambda_2=6,\lambda_3=3,\lambda_1,\lambda_2$ 对应的特征向量依次为

$$\boldsymbol{p}_1=\begin{pmatrix}-1\\1\\0\end{pmatrix},\boldsymbol{p}_2=\begin{pmatrix}1\\1\\-2\end{pmatrix},$$

求矩阵 $\boldsymbol{A}$.

23. 试求一个正交的相似变换矩阵,将下列对称矩阵化为对角矩阵:

(1) $\begin{pmatrix}1&5\\5&1\end{pmatrix}$; (2) $\begin{pmatrix}1&1&3\\1&3&1\\3&1&1\end{pmatrix}$; (3) $\begin{pmatrix}3&-2&4\\-2&6&2\\4&2&3\end{pmatrix}$.

24. 设 $\boldsymbol{A}=\begin{pmatrix}3&-2\\-2&3\end{pmatrix}$,求 $\varphi(\boldsymbol{A})=\boldsymbol{A}^9+4\boldsymbol{A}^8-3\boldsymbol{A}^5$.

25. 写出下列二次型的矩阵,并求二次型的秩:

(1) $f=x^2+4xy+4y^2+2xz+z^2+4yz$; (2) $f=x^2+3y^2-5z^2-2xy+6yz$;

(3) $f=\boldsymbol{x}^{\mathrm{T}}\begin{pmatrix}2&5\\7&3\end{pmatrix}\boldsymbol{x}$; (4) $f=\boldsymbol{x}^{\mathrm{T}}\begin{pmatrix}1&-2&7\\-4&2&6\\3&4&-3\end{pmatrix}\boldsymbol{x}$.

26. 用正交变换法化下列二次型成标准形,并求出所用的正交变换:

(1) $f(x_1,x_2,x_3)=2x_1^2+3x_2^2+x_3^2+4x_1x_2-4x_1x_3$;

(2) $f(x_1,x_2,x_3)=2x_1x_2+2x_1x_3+2x_2x_3$;

(3) $f(x_1,x_2,x_3)=x_1^2+4x_2^2+x_3^2-4x_1x_2-8x_1x_3-4x_2x_3$.

27. 判定下列二次型的正定性:

(1) $f=-2x_1^2-6x_2^2-4x_3^2+2x_1x_2+2x_1x_3$;

(2) $f=x_1^2+3x_2^2+9x_3^2-2x_1x_2+4x_1x_3$.

28. 判定下列矩阵是否为正定矩阵:

(1) $\boldsymbol{A}=\begin{pmatrix}4&-1&2\\-1&2&2\\2&2&5\end{pmatrix}$; (2) $\boldsymbol{A}=\begin{pmatrix}-1&2&2\\2&-5&-1\\2&-1&-14\end{pmatrix}$; (3) $\boldsymbol{A}=\begin{pmatrix}2&2&3\\2&-3&4\\3&4&6\end{pmatrix}$.

29. 讨论参数 t 满足什么条件时下列二次型正定:

(1) $f=x_1^2+4x_2^2+2x_3^2+2tx_1x_2+2x_1x_3$;

(2) $f=x_1^2+x_2^2+5x_3^2+2tx_1x_2-2x_1x_3+4x_2x_3$.

30. 证明对称矩阵 $\boldsymbol{A}$ 为正定的充分必要条件是:存在可逆矩阵 $\boldsymbol{C}$,使 $\boldsymbol{A}=\boldsymbol{C}^{\mathrm{T}}\boldsymbol{C}$,即 $\boldsymbol{A}$ 与单位矩阵 $\boldsymbol{E}$ 合同.

31. 给下列二次曲线分类,求出每条曲线两条半轴的长度,求出主轴方向,若是封闭曲线,求其所围的面积:

(1) $3x_1^2-4x_1x_2+6x_2^2=14$;　　(2) $9x_1^2-8x_1x_2+3x_2^2=11$;

(3) $2x_1^2+10x_1x_2+2x_2^2=21$;　　(4) $8x_1^2+6x_1x_2=9$.

32. 求在条件 $\boldsymbol{x}^{\mathrm{T}}\boldsymbol{x}=1$ 限制下,$Q(\boldsymbol{x})$ 的最大值和达到最大值的一个单位向量:

(1) $Q(\boldsymbol{x})=5x_1^2+5x_2^2-4x_1x_2$;

(2) $Q(\boldsymbol{x})=7x_1^2+3x_2^2+3x_1x_2$;

(3) $Q(\boldsymbol{x})=5x_1^2+6x_2^2+7x_3^2+4x_1x_2-4x_2x_3$;

(4) $Q(\boldsymbol{x})=3x_1^2+2x_2^2+2x_3^2+2x_1x_2+2x_1x_3+4x_2x_3$;

(5) $Q(\boldsymbol{x})=7x_1^2+x_2^2+7x_3^2-8x_1x_2-4x_1x_3-8x_2x_3$.

33. [M]把原点归类为由下列矩阵 $\boldsymbol{A}$ 所确定的动力系统 $\boldsymbol{x}_{k+1}=\boldsymbol{A}\boldsymbol{x}_k$ 的吸引子或排斥子或鞍点,并求最大的吸引方向或排斥方向,在实验六的实验区中进行验证:

(1) $\boldsymbol{A}=\begin{pmatrix}1.7&-0.3\\-1.2&0.8\end{pmatrix}$;　　(2) $\boldsymbol{A}=\begin{pmatrix}0.3&0.4\\-0.3&1.1\end{pmatrix}$;

(3) $\boldsymbol{A}=\begin{pmatrix}0.4&0.5\\-0.4&1.3\end{pmatrix}$;　　(4) $\boldsymbol{A}=\begin{pmatrix}0.5&0.6\\-0.3&1.4\end{pmatrix}$;

(5) $\boldsymbol{A}=\begin{pmatrix}0.8&0.3\\-0.4&1.5\end{pmatrix}$;　　(6) $\boldsymbol{A}=\begin{pmatrix}1.7&0.6\\-0.4&0.7\end{pmatrix}$.

34. [M]在例27中,若捕食参数为0.5,证明猫头鹰和老鼠最终都会灭亡. p

取何值时，两者的数量保持稳定？此时，两者的数量关系是什么？

35. [M]在例27中，若捕食者-食饵矩阵为 $\boldsymbol{A}=\begin{pmatrix}0.5 & 0.4\\ -0.2 & 1.1\end{pmatrix}$，预测动力系统的发展趋势（给出 $\boldsymbol{x}_k$ 的公式）. 猫头鹰的数量是增长还是下降呢？老鼠的情况又怎样？

习题答案

习题一

1. （1）1；（2）$a^3+b^3+c^3-3abc$；（3）$(b-a)(c-a)(c-b)$；（4）$-2x^3-2y^3$.

2. （1）10,偶排列；（2）23,奇排列；（3）$\dfrac{n(n-1)}{2}$,当 $n=4k$ 或 $n=4k+1$ 时为偶排列,当 $n=4k+2$ 或 $n=4k+3$ 时为奇排列.

3. $a_{11}a_{23}a_{34}a_{42}$,$a_{12}a_{23}a_{31}a_{44}$,$a_{14}a_{23}a_{32}a_{41}$.

5. （1）-105；（2）182；（3）0；（4）$x^2+y^2+z^2+1$；
（5）$x^4+y^4+z^4-2x^2y^2-2x^2z^2-2y^2z^2$；（6）$-12$.

6. （1）1；（2）$n!$.

7. （1）$x_1=-\sqrt{3}$,$x_2=\sqrt{3}$,$x_3=-3$；（2）$x=y=z=0$.

8. 64.

9. （1）$\begin{cases}x_1=\dfrac{5}{6},\\ x_2=-\dfrac{1}{6};\end{cases}$ （2）$\begin{cases}x_1=-5,\\ x_2=\dfrac{29}{2},\\ x_3=-\dfrac{1}{2};\end{cases}$ （3）$\begin{cases}x_1=\dfrac{3}{7},\\ x_2=-\dfrac{1}{7},\\ x_3=\dfrac{5}{7},\\ x_4=-1;\end{cases}$ （4）$\begin{cases}x_1=-\dfrac{85}{211},\\ x_2=\dfrac{106}{211},\\ x_3=-\dfrac{39}{211},\\ x_4=\dfrac{50}{211}.\end{cases}$

10. （1）当 $k\neq\pm\sqrt{3}$ 时有唯一解,其解为$\begin{cases}x_1=\dfrac{5k+4}{6k^2-18},\\ x_2=-\dfrac{4k+15}{4k^2-12};\end{cases}$

（2）当 $sk\neq-1$ 且 $k\neq0$ 时有唯一解,其解为$\begin{cases}x_1=\dfrac{1}{3(k+1)},\\ x_2=\dfrac{4k+3}{6k(k+1)}.\end{cases}$

11. 当 $k=0$ 或 $k=2$ 或 $k=3$ 时有非零解.

12. $f(x)=2x^3-5x^2+7$.

13. 共面;因为 $\begin{vmatrix} a_1 & b_1 & c_1 \\ a_2 & b_2 & c_2 \\ a_3 & b_3 & c_3 \end{vmatrix}=0$.

16. (1) 8,平行四边形;(2) 14.5,不是平行四边形;(3) 13.5,不是平行四边形;(4) 10.5,是平行四边形.

17. (1) 22;(2) 15;(3) 72;(4) 8.

习题二

1. (1) $\boldsymbol{A}+\boldsymbol{B}=\begin{pmatrix} 3 & 0 \\ 0 & 6 \end{pmatrix}$;(2) $a=3, b=0, c=0, d=6$.

2. $\begin{pmatrix} 8 & 7 & 3 \\ -7 & 8 & 8 \end{pmatrix}$.

3. $\begin{pmatrix} -1 & -\frac{4}{3} & \frac{8}{3} \\ 1 & \frac{4}{3} & -1 \end{pmatrix}$.

4. $\begin{pmatrix} 2 & 3 & -3 \\ 2 & -2 & 1 \\ -1 & -3 & 2 \end{pmatrix}$.

5. (1) $\begin{pmatrix} 2 & 6 & 4 \\ 1 & 3 & 2 \\ 3 & 9 & 6 \end{pmatrix}$;(2) 11;(3) $\begin{pmatrix} 2 & 1 \\ 4 & 3 \\ 7 & 9 \end{pmatrix}$;(4) $\begin{pmatrix} 6 & -1 & 2 \\ 4 & 3 & -6 \end{pmatrix}$;(5) $\begin{pmatrix} -2 & 0 \\ 1 & 0 \\ -3 & 0 \end{pmatrix}$.

6. $\begin{pmatrix} 0 & 3 & -4 \\ 0 & 0 & -1 \\ 0 & 0 & 0 \end{pmatrix}$.

7. (1) $\begin{pmatrix} 1 & 0 & -1 \\ -1 & -7 & 3 \\ -4 & -3 & -2 \end{pmatrix}$;(2) $\begin{pmatrix} 0 & -4 & 0 \\ 2 & -14 & 2 \\ -5 & -11 & -5 \end{pmatrix}$;(3) $\begin{pmatrix} -4 & -8 & 2 \\ -3 & -11 & 5 \\ -4 & -10 & -4 \end{pmatrix}$.

8. (1) $\begin{pmatrix}1&1\\0&0\end{pmatrix}$；(2) $\begin{pmatrix}1&0\\n\lambda&1\end{pmatrix}$；(3) $\begin{pmatrix}a^n&0&0\\0&b^n&0\\0&0&c^n\end{pmatrix}$.

9. (1) $\boldsymbol{O}$；(2) $\begin{pmatrix}\lambda^n & n\lambda^{n-1} & \frac{n(n-1)}{2}\lambda^{n-2} & \frac{n(n-1)(n-2)}{3!}\lambda^{n-3}\\ 0 & \lambda^n & n\lambda^{n-1} & \frac{n(n-1)}{2}\lambda^{n-2}\\ 0&0&\lambda^n & n\lambda^{n-1}\\ 0&0&0&\lambda^n\end{pmatrix}$.

11. $(\boldsymbol{AB})^{\mathrm{T}}=\begin{pmatrix}5&6&0\\0&8&5\\-4&0&3\end{pmatrix}$, $\boldsymbol{B}^{\mathrm{T}}\boldsymbol{A}^{\mathrm{T}}=\begin{pmatrix}5&6&0\\0&8&5\\-4&0&3\end{pmatrix}$, $\boldsymbol{A}^{\mathrm{T}}\boldsymbol{B}^{\mathrm{T}}=\begin{pmatrix}11&12\\-2&5\end{pmatrix}$.

13. $-m^4$.

14. (1) -80；(2) 0.

15. (1) $\frac{1}{7}\begin{pmatrix}5&-4\\-2&3\end{pmatrix}$；(2) $\begin{pmatrix}1&-2&7\\0&1&-2\\0&0&1\end{pmatrix}$；

(3) $\begin{pmatrix}0&0&3\\0&-\frac{1}{2}&0\\1&0&0\end{pmatrix}$；(4) $\begin{pmatrix}1&3&-2\\-\frac{3}{2}&-3&\frac{5}{2}\\1&1&-1\end{pmatrix}$.

16. (1) $\begin{pmatrix}2&-23\\0&8\end{pmatrix}$；(2) $\begin{pmatrix}\frac{11}{6}&\frac{1}{2}&3\\-\frac{1}{6}&-\frac{1}{2}&-1\\\frac{2}{3}&1&1\end{pmatrix}$；(3) $\begin{pmatrix}2&-1&0\\1&3&-4\\1&0&-2\end{pmatrix}$.

17. $x_1=\frac{7}{3}, x_2=-\frac{5}{3}, x_3=-\frac{1}{3}$.

18. $\begin{pmatrix}2&0&1\\0&3&0\\1&0&2\end{pmatrix}$.

22. $-\frac{16}{27}$.

23. $\begin{pmatrix}3&-2&2\\-1&3&-3\\-3&4&-2\end{pmatrix}$.

24. $\frac{1}{3}\begin{pmatrix} -1+2^{14} & -4+2^{14} \\ 1-2^{12} & 4-2^{12} \end{pmatrix}$.

25. $\begin{pmatrix} 1 & 2 & 0 & 0 & 0 \\ 0 & 1 & 0 & 0 & 0 \\ 2 & 1 & 3 & 2 & 3 \\ -2 & 0 & 2 & 3 & -1 \\ 4 & 2 & 2 & 1 & 3 \end{pmatrix}$.

26. $\begin{pmatrix} a^3 & 2a^2 & 0 & 0 \\ 0 & a^3 & 0 & 0 \\ 0 & 0 & b^3 & 0 \\ 0 & 0 & -2b^2 & b^3 \end{pmatrix}$.

27. $\begin{pmatrix} \boldsymbol{A}^{-1} & \boldsymbol{O} \\ -\boldsymbol{B}^{-1}\boldsymbol{C}\boldsymbol{A}^{-1} & \boldsymbol{B}^{-1} \end{pmatrix}$.

28. QEVEYXSBNY.

29. SSYZVIMFQ.

习题三

1. (1) 例如$\begin{cases} x+y=1, \\ 2x-3y=2 \end{cases}$满足要求；(2) 例如$\begin{cases} x+y=1, \\ 2x+2y=3 \end{cases}$满足要求.

2. (1) 例如$\begin{cases} x+y+z=1, \\ 2x-3y+4z=-3, \\ 3x-2y+5z=-2 \end{cases}$满足要求；(2) 例如$\begin{cases} x+y+z=1, \\ 2x+2y+2z=3, \\ 3x-4y-z=-2 \end{cases}$满足要求.

3. (1) $\begin{cases} x_1=\frac{5}{11}, \\ x_2=-\frac{4}{11}, \\ x_3=\frac{6}{11}, \\ x_4=-\frac{4}{11}; \end{cases}$ (2) $\begin{pmatrix} x_1 \\ x_2 \\ x_3 \\ x_4 \end{pmatrix}=c\begin{pmatrix} 1 \\ 1 \\ 1 \\ 0 \end{pmatrix}+\begin{pmatrix} 4 \\ 3 \\ 0 \\ -3 \end{pmatrix}$ (c 为任意常数).

4. (1) $\begin{pmatrix} 1 & 2 & 0 & -2 & -4 \\ 0 & -1 & 1 & 1 & 1 \\ 0 & 0 & 0 & 1 & 4 \\ 0 & 0 & 0 & 0 & 0 \end{pmatrix}$；(2) $\begin{pmatrix} 1 & 2 & -2 & 4 \\ 0 & 1 & 3 & -1 \\ 0 & 0 & 15 & 9 \end{pmatrix}$.

5. (1) $\begin{pmatrix}1&-1&0&2&-3\\0&0&1&-2&2\\0&0&0&0&0\\0&0&0&0&0\end{pmatrix}$; (2) $\begin{pmatrix}1&0&2&0&-2\\0&1&-1&0&3\\0&0&0&1&4\\0&0&0&0&0\end{pmatrix}$;

(3) $\begin{pmatrix}1&0&3&2\\0&1&-2/3&2/3\\0&0&0&0\end{pmatrix}$.

6. (1) $\begin{pmatrix}1&0&0&0\\0&1&0&0\\0&0&1&0\\0&0&0&0\end{pmatrix}$; (2) $\begin{pmatrix}1&0&0\\0&1&0\\0&0&1\end{pmatrix}$.

7. (1) 2; (2) 1.

8. (1) 2; (2) 3; (3) 3; (4) 3; (5) 3; (6) 2; (7) 4.

9. 当 $k=1$ 时, $R(\boldsymbol{A})=1$; 当 $k=-2$ 时, $R(\boldsymbol{A})=2$; 当 $k\neq 1$ 且 $k\neq -2$ 时, $R(\boldsymbol{A})=3$.

10. (1) $\begin{pmatrix}2&-1&1\\4&-2&1\\-3/2&1&-1/2\end{pmatrix}$; (2) $\begin{pmatrix}7/6&2/3&-3/2\\-1&-1&2\\-1/2&0&1/2\end{pmatrix}$;

(3) $\begin{pmatrix}1&1&-2&-4\\0&1&0&-1\\-1&-1&3&6\\2&1&-6&-10\end{pmatrix}$; (4) $\begin{pmatrix}-2&1&0\\-13/2&3&-1/2\\-16&7&-1\end{pmatrix}$.

11. (1) $\begin{pmatrix}3&2\\-2&-3\\1&3\end{pmatrix}$; (2) $\begin{pmatrix}-2&2&1\\-8/3&5&-2/3\end{pmatrix}$; (3) $\begin{pmatrix}2&-1&0\\1&3&-4\\1&0&-2\end{pmatrix}$;

(4) $\begin{pmatrix}0&3&3\\-1&2&3\\-1&1&0\end{pmatrix}$.

12. (1) $c\begin{pmatrix}1\\0\\0\\1\end{pmatrix}+\begin{pmatrix}-4/5\\3/5\\1\\0\end{pmatrix}$; (2) $\begin{pmatrix}5\\0\\3\end{pmatrix}$; (3) $c_1\begin{pmatrix}1\\5\\7\\0\end{pmatrix}+c_2\begin{pmatrix}1\\-9\\0\\7\end{pmatrix}+\begin{pmatrix}6/7\\-5/7\\0\\0\end{pmatrix}$;

(4) $c\begin{pmatrix}-2\\1\\1\end{pmatrix}+\begin{pmatrix}-1\\2\\0\end{pmatrix}$；(5) $c_1\begin{pmatrix}3\\3\\2\\0\end{pmatrix}+c_2\begin{pmatrix}-3\\7\\0\\4\end{pmatrix}+\begin{pmatrix}5/4\\-1/4\\0\\0\end{pmatrix}$；

(6) $c_1\begin{pmatrix}-2\\7\\3\\0\\0\end{pmatrix}+c_2\begin{pmatrix}-1\\2\\0\\3\\0\end{pmatrix}+c_3\begin{pmatrix}0\\-2\\0\\0\\1\end{pmatrix}+\begin{pmatrix}1/3\\-8/3\\0\\0\\0\end{pmatrix}$.

13. (1) $c_1\begin{pmatrix}-2\\1\\0\\0\end{pmatrix}+c_2\begin{pmatrix}1\\0\\0\\1\end{pmatrix}$；(2) 零解；(3) $c_1\begin{pmatrix}2\\-2\\1\\0\end{pmatrix}+c_2\begin{pmatrix}5\\-4\\0\\3\end{pmatrix}$；

(4) $c_1\begin{pmatrix}1\\-2\\1\\0\\0\end{pmatrix}+c_2\begin{pmatrix}1\\-2\\0\\1\\0\end{pmatrix}+c_3\begin{pmatrix}5\\-6\\0\\0\\1\end{pmatrix}$；(5) $c_1\begin{pmatrix}-2\\1\\1\\0\\0\end{pmatrix}+c_2\begin{pmatrix}-1\\-3\\0\\1\\0\end{pmatrix}+c_3\begin{pmatrix}2\\1\\0\\0\\1\end{pmatrix}$；

(6) $c_1\begin{pmatrix}-2\\1\\0\\0\\0\end{pmatrix}+c_2\begin{pmatrix}-2\\0\\1\\0\\1\end{pmatrix}$.

14. (1) 当 $R(\boldsymbol{A})=R(\boldsymbol{B})=2$ 时，相交；当 $R(\boldsymbol{A})=1, R(\boldsymbol{B})=2$ 时，平行不重合；当 $R(\boldsymbol{A})=R(\boldsymbol{B})=1$ 时，重合.

(2) 当 $R(\boldsymbol{A})=R(\boldsymbol{B})=3$ 时，交于一点；当 $R(\boldsymbol{A})=R(\boldsymbol{B})=2$ 时，交于一条直线.

15. (1) 当 $\lambda\neq0$ 且 $\lambda\neq-3$ 时，有唯一解；(2) 当 $\lambda=0$ 时无解；(3) 当 $\lambda=-3$ 时有无穷多解，且解为 $c\begin{pmatrix}1\\1\\1\end{pmatrix}+\begin{pmatrix}-1\\-2\\0\end{pmatrix}$.

16. (1) 当 $\lambda\neq0$ 且 $\lambda\neq1$ 时，有唯一解；(2) 无论 λ 取何值方程组都有解；(3) 当 $\lambda=0$ 时有无穷多解，且解为 $c\begin{pmatrix}-2\\1\\2\end{pmatrix}+\begin{pmatrix}0\\1\\0\end{pmatrix}$；当 $\lambda=1$ 时有无穷多解，且解为

$c\begin{pmatrix}1\\1\\-1\end{pmatrix}+\begin{pmatrix}0\\1\\0\end{pmatrix}$.

17. $\lambda=0$ 或 $\lambda=-3$.

18. $\lambda=1$ 或 $\mu=0$.

20. (1) $\begin{pmatrix}1&1\\2&1\end{pmatrix}=\begin{pmatrix}1&0\\2&1\end{pmatrix}\begin{pmatrix}1&-1\\0&1\end{pmatrix}\begin{pmatrix}1&0\\0&-1\end{pmatrix}$;

(2) $\begin{pmatrix}1&-1\\1&1\end{pmatrix}=\begin{pmatrix}1&-1\\0&1\end{pmatrix}\begin{pmatrix}2&0\\0&1\end{pmatrix}\begin{pmatrix}1&0\\1&1\end{pmatrix}$.

习题四

1. $\boldsymbol{\gamma}=3\boldsymbol{\alpha}+\boldsymbol{\beta}=(10\quad -4\quad 3\quad 7)^T$.

2. $\boldsymbol{\beta}=-\boldsymbol{\alpha}_1-2\boldsymbol{\alpha}_2+4\boldsymbol{\alpha}_3$.

3. α_3 不能由 $\alpha_1,\alpha_2,\alpha_4$ 线性表示.

5. (1) 线性相关; (2) 线性相关; (3) 线性相关; (4) 线性无关.

6. (1) 线性相关; (2) 线性无关.

7. (1) 7; (2) 0; (3) 31.

8. (1) 33; (2) 0.

9. $\boldsymbol{\beta}_1,\boldsymbol{\beta}_2,\cdots,\boldsymbol{\beta}_n$ 线性相关.

10. (1) $\boldsymbol{\alpha}_1$ 能用 $\boldsymbol{\alpha}_2,\boldsymbol{\alpha}_3$ 唯一地线性表示; (2) $\boldsymbol{\alpha}_4$ 不能用 $\boldsymbol{\alpha}_1,\boldsymbol{\alpha}_2,\boldsymbol{\alpha}_3$ 线性表示.

11. (1) 秩为 4, $\boldsymbol{\alpha}_1,\boldsymbol{\alpha}_2,\boldsymbol{\alpha}_3,\boldsymbol{\alpha}_4$ 极大无关组; (2) 秩为 4, $\boldsymbol{\alpha}_1,\boldsymbol{\alpha}_2,\boldsymbol{\alpha}_3,\boldsymbol{\alpha}_5$ 极大无关组.

12. (1) 极大无关组为 $\begin{pmatrix}2\\4\\2\end{pmatrix},\begin{pmatrix}1\\1\\0\end{pmatrix}$, 且 $\begin{pmatrix}2\\3\\1\end{pmatrix}=\frac{1}{2}\begin{pmatrix}2\\4\\2\end{pmatrix}+\begin{pmatrix}1\\1\\0\end{pmatrix},\begin{pmatrix}3\\5\\2\end{pmatrix}=\begin{pmatrix}2\\4\\2\end{pmatrix}+\begin{pmatrix}1\\1\\0\end{pmatrix}$;

(2) 极大无关组为 $\begin{pmatrix}1\\0\\2\\1\end{pmatrix},\begin{pmatrix}1\\2\\0\\1\end{pmatrix},\begin{pmatrix}2\\1\\3\\0\end{pmatrix}$, 且

$$\begin{pmatrix}2\\5\\-1\\4\end{pmatrix}=\begin{pmatrix}1\\0\\2\\1\end{pmatrix}+3\begin{pmatrix}1\\2\\0\\1\end{pmatrix}-\begin{pmatrix}2\\1\\3\\0\end{pmatrix},\begin{pmatrix}1\\-1\\3\\-1\end{pmatrix}=-\begin{pmatrix}1\\2\\0\\1\end{pmatrix}+\begin{pmatrix}2\\1\\3\\0\end{pmatrix}.$$

13. (1) 当 $p\neq 2$ 时, 向量组线性无关, 且

$$\begin{pmatrix}4\\1\\6\\10\end{pmatrix}=2\begin{pmatrix}1\\1\\1\\3\end{pmatrix}+\frac{3p-4}{p-2}\begin{pmatrix}-1\\-3\\5\\1\end{pmatrix}+\begin{pmatrix}3\\2\\-1\\p+2\end{pmatrix}+\frac{1-p}{p-2}\begin{pmatrix}-2\\-6\\10\\p\end{pmatrix};$$

（2）当 $p=2$ 时，向量组线性相关，且秩为3，极大无关组为 $\begin{pmatrix}1\\1\\1\\3\end{pmatrix},\begin{pmatrix}-1\\-3\\5\\1\end{pmatrix},\begin{pmatrix}3\\2\\-1\\4\end{pmatrix}$.

14.（1）当 $a=-1$ 时，$\boldsymbol{\beta}$ 不能由 $\boldsymbol{\alpha}_1,\boldsymbol{\alpha}_2,\boldsymbol{\alpha}_3,\boldsymbol{\alpha}_4$ 线性表示；

（2）当 $a\neq-1,-2$ 时，$\boldsymbol{\beta}$ 能由 $\boldsymbol{\alpha}_1,\boldsymbol{\alpha}_2,\boldsymbol{\alpha}_3,\boldsymbol{\alpha}_4$ 唯一线性表示，且

$$\boldsymbol{\beta}=\frac{-2b}{a+1}\cdot\boldsymbol{\alpha}_1+\frac{a+b+1}{a+1}\cdot\boldsymbol{\alpha}_2+\frac{b}{a+1}\cdot\boldsymbol{\alpha}_3+0\cdot\boldsymbol{\alpha}_4.$$

15.（1）$\begin{cases}2x-y+3z=0,\\x+3y+2z=0;\end{cases}$（2）$\begin{cases}x_1+3x_2+5x_3-4x_4=1,\\x_1+3x_2+2x_3-2x_4+x_5=-1,\\x_1-2x_2+x_3-x_4-x_5=3,\\x_1-4x_2+x_3+x_4-x_5=3.\end{cases}$

16.（1）当 a,b,c 互异时，方程组仅有唯一零解；

（2）当 $a=b=c$ 时，通解为 $\begin{pmatrix}x_1\\x_2\\x_3\end{pmatrix}=c_1\begin{pmatrix}1\\-1\\0\end{pmatrix}+c_2\begin{pmatrix}1\\0\\-1\end{pmatrix}$（$c_1,c_2$ 为任意实数）；

当 $a=b\neq c$ 时，通解为 $\begin{pmatrix}x_1\\x_2\\x_3\end{pmatrix}=c\begin{pmatrix}1\\-1\\0\end{pmatrix}$（$c$ 为任意实数）；

当 $a=c\neq b$ 时，通解为 $\begin{pmatrix}x_1\\x_2\\x_3\end{pmatrix}=c\begin{pmatrix}1\\0\\-1\end{pmatrix}$（$c$ 为任意实数）；

当 $a\neq b=c$ 时，通解为 $\begin{pmatrix}x_1\\x_2\\x_3\end{pmatrix}=c\begin{pmatrix}0\\1\\-1\end{pmatrix}$（$c$ 为任意实数）.

17.（1）$\begin{pmatrix}x_1\\x_2\\x_3\\x_4\end{pmatrix}=c\begin{pmatrix}-122\\-2\\46\\5\end{pmatrix}$（$c$ 为任意实数）；

(2) $\begin{pmatrix} x_1 \\ x_2 \\ x_3 \\ x_4 \\ x_5 \end{pmatrix} = c_1 \begin{pmatrix} 1 \\ -2 \\ 1 \\ 0 \\ 0 \end{pmatrix} + c_2 \begin{pmatrix} 1 \\ -2 \\ 0 \\ 1 \\ 0 \end{pmatrix} + c_3 \begin{pmatrix} 5 \\ -6 \\ 0 \\ 0 \\ 1 \end{pmatrix}$ (c_1, c_2, c_3 为任意实数)；

(3) $\begin{pmatrix} x_1 \\ x_2 \\ x_3 \\ x_4 \end{pmatrix} = \begin{pmatrix} 1 \\ -2 \\ 0 \\ 0 \end{pmatrix} + c \begin{pmatrix} -9/7 \\ 1/7 \\ 1 \\ 0 \end{pmatrix}$ (c 为任意实数)；

(4) $\begin{pmatrix} x_1 \\ x_2 \\ x_3 \\ x_4 \end{pmatrix} = \begin{pmatrix} -1 \\ 1 \\ 0 \\ 0 \end{pmatrix} + c_1 \begin{pmatrix} 8 \\ -6 \\ 1 \\ 0 \end{pmatrix} + c_2 \begin{pmatrix} -7 \\ 5 \\ 0 \\ 1 \end{pmatrix}$ (c_1, c_2 为任意实数).

18. $\begin{cases} 2x_1 - 3x_2 + x_4 = 0, \\ x_1 - 3x_3 + 2x_4 = 0. \end{cases}$

21. (1) 故向量空间 $\boldsymbol{V}$ 的基为 $\boldsymbol{\alpha}_1, \boldsymbol{\alpha}_2, \boldsymbol{\alpha}_3$，维数为 3；

(2) $\boldsymbol{\beta} \in \boldsymbol{V}$，$\boldsymbol{\beta}$ 在基 $\boldsymbol{\alpha}_1, \boldsymbol{\alpha}_2, \boldsymbol{\alpha}_3$ 下的坐标为 $(-4 \quad -13 \quad 4)^T$.

22. (1) $\begin{pmatrix} 2 & 3 & 4 \\ 0 & -1 & 0 \\ -1 & 0 & -1 \end{pmatrix}$；

(2) $\boldsymbol{\eta}$ 在基 $\boldsymbol{\alpha}_1, \boldsymbol{\alpha}_2, \boldsymbol{\alpha}_3$ 下的坐标为 $(6 \quad 1 \quad -4)^T$.

23. (1) $\boldsymbol{V}_1$ 的基为 $\begin{pmatrix} -2 \\ 1 \\ 0 \end{pmatrix}, \begin{pmatrix} -1 \\ 0 \\ 1 \end{pmatrix}$，维数为 2；

(2) $\boldsymbol{V}_2$ 的基为 $\begin{pmatrix} 1 \\ 4 \end{pmatrix}$，维数为 1.

24. (1) $1^k, 2^k, (-2)^k$ 构成解空间的基；

(2) $(-1)^k, k(-1)^k, 5^k$ 构成解空间的基；

(3) $1^k, 3^k \cos \dfrac{k\pi}{2}, 3^k \sin \dfrac{k\pi}{2}$ 构成解空间的基.

25. (1) $x_{k+1} = \begin{pmatrix} 0 & 1 \\ 8 & -2 \end{pmatrix} x_k$；(2) $x_{k+1} = \begin{pmatrix} 0 & 1 & 0 \\ 0 & 0 & 1 \\ 2 & -5 & 7 \end{pmatrix} x_k$；

$$x_{k+1}=\begin{pmatrix}0&1&0&0\\0&0&1&0\\0&0&0&1\\-1&5&-5&-3\end{pmatrix}x_k.$$

26. (1) $3^k,4^k$ 是差分方程解空间的一个基；

(2) $(-5)^k,5^k$ 是差分方程解空间的一个基；

(3) $\left(-\dfrac{3}{4}\right)^k,\left(\dfrac{1}{4}\right)^k$ 是差分方程解空间的一个基.

27. (1) $y_k=c_1+c_2(-4)^k+k^2$；(2) $y_k=c_13^k+c_25^k+k+1$.

28. (1) $q=\begin{pmatrix}2/5\\3/5\end{pmatrix}$；　(2) $q=\begin{pmatrix}5/7\\2/7\end{pmatrix}$；

(3) $q=\begin{pmatrix}1/4\\2/4\\1/4\end{pmatrix}$；　(4) $q=\begin{pmatrix}2/5\\1/5\\2/5\end{pmatrix}$.

29. (1) 正则随机矩阵；(2) 非正则随机矩阵.

习题五

1. (1) $[\boldsymbol{\alpha},\boldsymbol{\beta}]=0,\theta=\dfrac{\pi}{2}$；(2) $[\boldsymbol{\alpha},\boldsymbol{\beta}]=1,\theta=\arccos\dfrac{1}{6}$；

(3) $[\boldsymbol{\alpha},\boldsymbol{\beta}]=-7,\theta=\arccos\left(-\sqrt{\dfrac{7}{30}}\right)$.

2. (1) $\boldsymbol{\alpha}_1=\begin{pmatrix}1\\1\\1\end{pmatrix},\boldsymbol{\alpha}_2=\begin{pmatrix}1\\-1\\0\end{pmatrix},\boldsymbol{\alpha}_3=\begin{pmatrix}1\\1\\-2\end{pmatrix}$ 构成 $\mathbf{R}^3$ 的一组正交基；

(2) $\boldsymbol{\beta}=\begin{pmatrix}2\\-3\\4\end{pmatrix}$ 在正交基 $\boldsymbol{\alpha}_1,\boldsymbol{\alpha}_2,\boldsymbol{\alpha}_3$ 下的坐标为 $\begin{pmatrix}1&\dfrac{5}{2}&-\dfrac{3}{2}\end{pmatrix}^T$.

3. (1) 正交矩阵；(2) 非正交矩阵；(3) 正交矩阵；(4) 正交矩阵.

5. $a=\dfrac{-2}{\sqrt5},b=\dfrac{1}{\sqrt5},c=\dfrac{1}{\sqrt5}$ 或 $a=\dfrac{2}{\sqrt5},b=\dfrac{-1}{\sqrt5},c=\dfrac{-1}{\sqrt5}$.

6. (1) $\boldsymbol{\lambda}=2$ 为特征值；(2) 故 $\boldsymbol{\lambda}=4$ 为特征值.

7. (1) $\boldsymbol{p}$ 是特征向量，对应的特征值为 0；(2) $\boldsymbol{p}$ 是特征向量，对应的特征值为 -2.

8. $\boldsymbol{\lambda}=0$ 是一个 2 重特征值.

9. $\lambda=0$ 是一个 2 重特征值,对应的线性无关的特征向量为$\begin{pmatrix}-1\\1\\0\end{pmatrix},\begin{pmatrix}-1\\0\\1\end{pmatrix}$;

$\lambda=6$ 是另一个特征值,对应的特征向量为$\begin{pmatrix}1\\1\\1\end{pmatrix}$.

11. (1) $\begin{vmatrix}2-\lambda & 1\\-1 & 4-\lambda\end{vmatrix}=(\lambda-3)^2,\lambda=3$ 是 2 重特征值;

(2) $\begin{vmatrix}1-\lambda & -2\\2 & 1-\lambda\end{vmatrix}=\lambda^2-2\lambda+5,\lambda=1\pm2\mathrm{i}$ 是特征值;

(3) $\begin{vmatrix}2-\lambda & -2\\1 & 0-\lambda\end{vmatrix}=\lambda^2-2\lambda+2,\lambda=1\pm\mathrm{i}$ 是特征值.

12. (1) $\lambda_1=1,\lambda_2=3,\lambda_3=6,\boldsymbol{p}_1=\begin{pmatrix}1\\-1\\0\end{pmatrix},\boldsymbol{p}_2=\begin{pmatrix}0\\1\\0\end{pmatrix},\boldsymbol{p}_3=\begin{pmatrix}3\\7\\-15\end{pmatrix}$;

(2) $\lambda_1=0,\lambda_2=9,\lambda_3=-1,\boldsymbol{p}_1=\begin{pmatrix}1\\1\\-1\end{pmatrix},\boldsymbol{p}_2=\begin{pmatrix}1\\1\\2\end{pmatrix},\boldsymbol{p}_3=\begin{pmatrix}1\\-1\\0\end{pmatrix}$;

(3) $\lambda_1=\lambda_2=1,\lambda_3=-1,\boldsymbol{p}_1=\begin{pmatrix}1\\0\\1\end{pmatrix},\boldsymbol{p}_2=\begin{pmatrix}0\\1\\0\end{pmatrix},\boldsymbol{p}_3=\begin{pmatrix}1\\0\\-1\end{pmatrix}$;

(4) $\lambda_1=1,\lambda_2=\lambda_2=3,\lambda_4=4,\boldsymbol{p}_1=\begin{pmatrix}11\\5\\4\\1\end{pmatrix},\boldsymbol{p}_2=\boldsymbol{p}_3=\begin{pmatrix}7\\1\\0\\0\end{pmatrix},\boldsymbol{p}_4=\begin{pmatrix}1\\0\\0\\0\end{pmatrix}$.

15. (1) -8; (2) $-1\ 280$.

17. (1) $\boldsymbol{A}^k=\begin{pmatrix}4-3\cdot2^k & -12+12\cdot2^k\\1-2^k & -3+4\cdot2^k\end{pmatrix}$;

(2) 当 $a=b$ 时,$\boldsymbol{A}^k=\begin{pmatrix}a^k & 0\\0 & a^k\end{pmatrix}$;当 $a\neq b$ 时,$\boldsymbol{A}^k=\begin{pmatrix}a^k & 0\\2(b^k-a^k) & b^k\end{pmatrix}$.

19. (1) $x=0,y=-2$; (2) $\boldsymbol{P}=\begin{pmatrix}0 & 0 & 1\\2 & 1 & 0\\-1 & 1 & -1\end{pmatrix}$.

20. (1) $a=-3,b=0,\lambda=-1$; (2) $\boldsymbol{A}$ 不可能对角化.

21. $A=\begin{pmatrix}-1/3 & 2/3 & 0\\ 2/3 & 0 & 2/3\\ 0 & 2/3 & 1/3\end{pmatrix}$.

22. $A=\begin{pmatrix}6 & -2 & -1\\ -2 & 6 & -1\\ -1 & -1 & 5\end{pmatrix}$.

23. (1) $Q=\begin{pmatrix}1/\sqrt{2} & 1/\sqrt{2}\\ 1/\sqrt{2} & -1/\sqrt{2}\end{pmatrix}$, $Q^{\mathrm{T}}AQ=\begin{pmatrix}6 & 0\\ 0 & -4\end{pmatrix}$;

(2) $Q=\begin{pmatrix}1/\sqrt{3} & -1/\sqrt{6} & 1/\sqrt{2}\\ 1/\sqrt{3} & 2/\sqrt{6} & 0\\ 1/\sqrt{3} & -1/\sqrt{6} & -1/\sqrt{2}\end{pmatrix}$, $Q^{\mathrm{T}}AQ=\begin{pmatrix}5 & & \\ & 2 & \\ & & -2\end{pmatrix}$;

(3) $Q=\begin{pmatrix}1/\sqrt{5} & 4/(3\sqrt{5}) & 2/3\\ -2/\sqrt{5} & 2/(3\sqrt{5}) & 1/3\\ 0 & 5/(3\sqrt{5}) & -2/3\end{pmatrix}$, $Q^{\mathrm{T}}AQ=\begin{pmatrix}7 & & \\ & 7 & \\ & & -2\end{pmatrix}$.

24. $\varphi(A)=\begin{pmatrix}1703126 & -1703124\\ -1703124 & 1703126\end{pmatrix}$.

25. (1) $A=\begin{pmatrix}1 & 2 & 1\\ 2 & 4 & 2\\ 1 & 2 & 1\end{pmatrix}$,秩为 1;(2) $A=\begin{pmatrix}1 & -1 & 0\\ -1 & 3 & 3\\ 0 & 3 & -5\end{pmatrix}$,秩为 3;

(3) $A=\begin{pmatrix}2 & 6\\ 6 & 3\end{pmatrix}$,秩为 2; (4) $A=\begin{pmatrix}1 & -3 & 5\\ -3 & 2 & 5\\ 5 & 5 & -3\end{pmatrix}$,秩为 3.

26. (1) $x=\begin{pmatrix}2/3 & 1/3 & 2/3\\ 2/3 & -2/3 & -1/3\\ -1/3 & -2/3 & 2/3\end{pmatrix}y$, $f=5y_1^2+2y_2^2-y_3^2$;

(2) $x=\begin{pmatrix}1/\sqrt{3} & 1/\sqrt{2} & 1/\sqrt{6}\\ 1/\sqrt{3} & -1/\sqrt{2} & 1/\sqrt{6}\\ 1/\sqrt{3} & 0 & -2/\sqrt{6}\end{pmatrix}y$, $f=2y_1^2-y_2^2-y_3^2$;

(3) $x=\begin{pmatrix}1/\sqrt{5} & 4/(3\sqrt{5}) & 2/3\\ -2/\sqrt{5} & 2/(3\sqrt{5}) & 1/3\\ 0 & -5/(3\sqrt{5}) & 2/3\end{pmatrix}y$, $f=5y_1^2+5y_2^2-4y_3^2$.

27. (1) 负定;(2) 正定.

28. (1) 正定;(2) 负定;(3) 不定.

29. (1) $-\sqrt{2}<t<\sqrt{2}$；(2) $-1<t<1$.

31. (1) 椭圆 $\frac{x'^2}{(\sqrt{2})^2}+\frac{y'^2}{(\sqrt{7})^2}=1$，主轴为 $\boldsymbol{p}_1=\begin{pmatrix}1/\sqrt{5}\\-2/\sqrt{5}\end{pmatrix}$，$\boldsymbol{p}_2=\begin{pmatrix}2/\sqrt{5}\\1/\sqrt{5}\end{pmatrix}$，半轴长度为 $\sqrt{2}$ 和 $\sqrt{7}$，面积为 $\sqrt{14}\,\pi$；

(2) 椭圆 $\frac{x'^2}{1^2}+\frac{y'^2}{(\sqrt{11})^2}=1$，主轴为 $\boldsymbol{p}_1=\begin{pmatrix}2/\sqrt{5}\\-1/\sqrt{5}\end{pmatrix}$，$\boldsymbol{p}_2=\begin{pmatrix}1/\sqrt{5}\\2/\sqrt{5}\end{pmatrix}$，半轴长度为 1 和 $\sqrt{11}$，面积为 $\sqrt{11}\,\pi$；

(3) 双曲线 $\frac{x'^2}{(\sqrt{3})^2}-\frac{y'^2}{(\sqrt{7})^2}=1$，主轴为 $\boldsymbol{p}_1=\begin{pmatrix}1/\sqrt{2}\\1/\sqrt{2}\end{pmatrix}$，$\boldsymbol{p}_2=\begin{pmatrix}1/\sqrt{2}\\-1/\sqrt{2}\end{pmatrix}$，半轴长度为 $\sqrt{3}$ 和 $\sqrt{7}$；

(4) 双曲线 $\frac{x'^2}{1^2}-\frac{y'^2}{3^2}=1$，主轴为 $\boldsymbol{p}_1=\begin{pmatrix}3/\sqrt{10}\\1/\sqrt{10}\end{pmatrix}$，$\boldsymbol{p}_2=\begin{pmatrix}1/\sqrt{10}\\-3/\sqrt{10}\end{pmatrix}$，半轴长度为 1 和 3.

32. (1) 最大值 7，单位向量 $\boldsymbol{p}_1=\begin{pmatrix}1/\sqrt{2}\\-1/\sqrt{2}\end{pmatrix}$；

(2) 最大值 $\frac{15}{2}$，单位向量 $\boldsymbol{p}_1=\begin{pmatrix}3/\sqrt{10}\\1/\sqrt{10}\end{pmatrix}$；

(3) 最大值 9，单位向量 $\boldsymbol{p}_1=\begin{pmatrix}1/3\\2/3\\-2/3\end{pmatrix}$；

(4) 最大值 5，单位向量 $\boldsymbol{p}_1=\begin{pmatrix}1/\sqrt{3}\\1/\sqrt{3}\\1/\sqrt{3}\end{pmatrix}$；

(5) 最大值 9，单位向量 $\boldsymbol{p}_1=\begin{pmatrix}2/\sqrt{5}\\-1/\sqrt{5}\\0\end{pmatrix}$ 或 $\boldsymbol{p}_1=\begin{pmatrix}1/\sqrt{30}\\2/\sqrt{30}\\-5/\sqrt{30}\end{pmatrix}$.

附 录

线性代数智能教学平台简介

（“基于智能教学平台的线性代数课程教学模式的研究与实践”获得 2009 年国家级教学成果二等奖）

线性代数智能教学平台(简称教学平台)是武汉纺织大学与全国高等学校教学研究中心联合成立的大学数学数字化教学资源研发中心(简称中心)经多年潜心研究而研发的网络教学软件。教学平台把中心研发的 6 类数字化教学资源与线性代数课程进行了有效整合,突破了在线性代数教学中有效使用信息技术的难点。教学平台能按照教师在现场教学的需要逐步进行计算,并输出每一步的计算结果,实现了随机生成试题和完整的解答过程,它题型丰富,不需试题库的支撑,而且能自动评卷并进行测试结果分析,在教与学的过程中实现了实时交互功能。教学平台由测试系统、实验系统、智能教案、教学网站、评价系统、信息处理、交流答疑和在线帮助八个模块组成。教学平台营造了一种适应信息时代学习特征的教学环境。

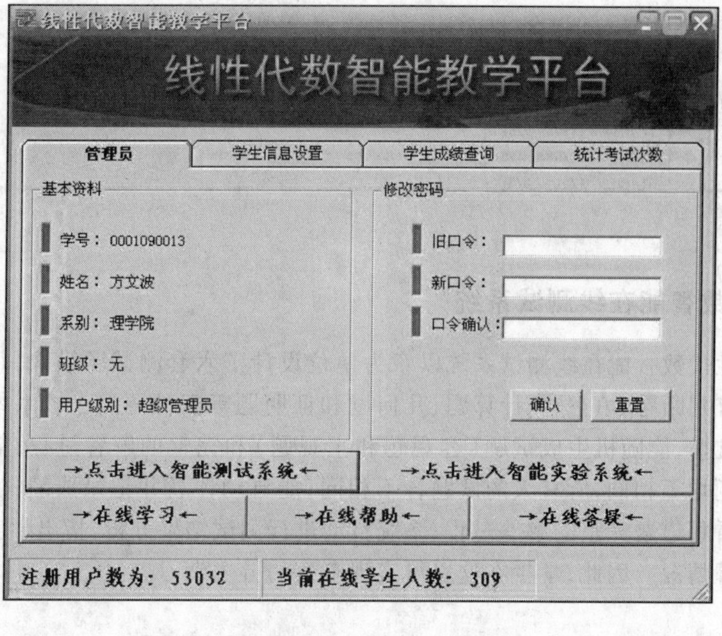

线性代数演算系统

线性代数演算系统由行列式计算、矩阵运算、方程组求解、向量组运算等四个模块组成，这四个模块能方便地实现线性代数教学中所需的符号运算（最多可进行 26 元多项式的运算）和有理数运算。与专业数学软件相比，线性代数演算系统专门为教学而设计，输入输出界面与教师写板书的格式完全一致，进行符号运算时更简单。该系统操作简单，不用记忆任何命令；输入输出界面友好、求解过程完整；符号运算功能强大。

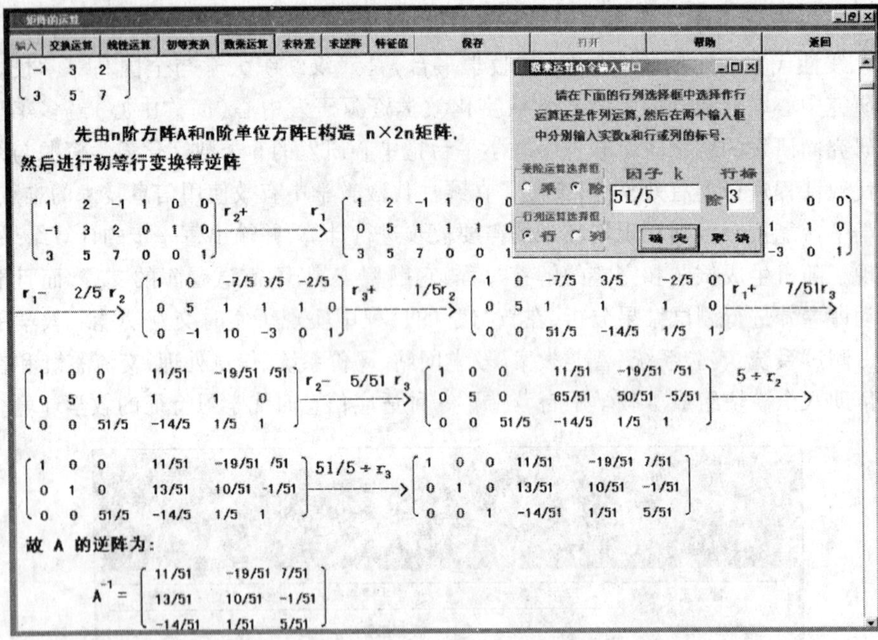

线性代数智能在线测试系统

线性代数智能在线测试系统以章为单位设计了六套测试题模块，每套测试题模块有判断题、填空题、计算题、几何题和证明题等五种题型。该系统不需试题库的支撑，能随机生成试题（客观题和主观题）和完整的解答过程；能做到每次的试题均不相同，所有人的试题各不相同；能自动评卷并记录成绩；学生提交后可查看每道题完整的解答过程；系统自动进行测试结果分析，指出学生各知识点的掌握情况。因此，学生在这里可实现有效的自主学习。

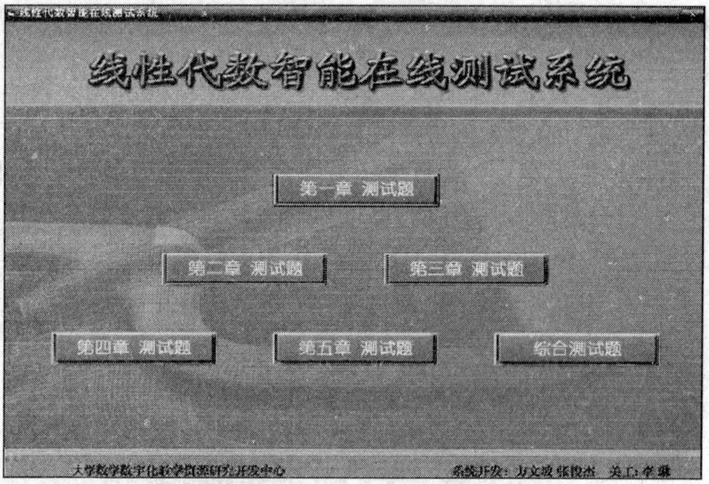

线性代数智能在线实验系统

实验系统由 10 个实验模型组成，涉及工程学、计算机科学、数学、物理学、生物学等学科，分为两类：网上提交类和提交纸质实验报告类。每个实验模型有实验目的、实验原理、实验任务和思考题四个部分。该系统通过大量直观的几何图形变换来解释线性代数中的抽象理论，实现了代数与几何的有效整合；支持实验情景自主创设、自主探究；能做到每次的题目均不相同，所有人的题目各不相同。这些功能既能有效地克服线性代数抽象难学的困难，又能很好地激发学生学习和应用数学的兴趣，学生在这里可实现探究性学习。

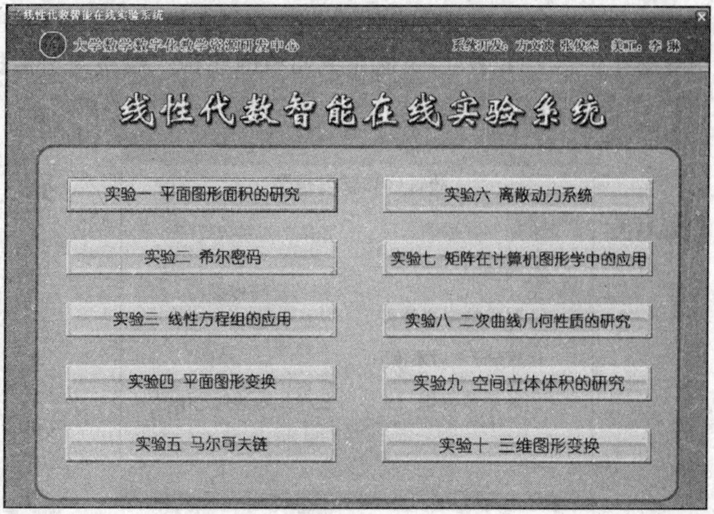

线性代数智能电子教案

  智能电子教案把自主研发的演算系统、求解模型、学习模型和教学内容有机地结合起来,使教案具有强大的智能计算功能。

  线性代数求解模型是专门为数学教师开发的一个高效的教学软件,可为学生提供一个自主探究性学习的环境,也可为提高教师的课堂效率和教学质量服务。主要功能有:1. 强大的教学功能,线性代数求解模型以线性代数典型知识点为单元,研发了 20 个模型,每个模型为一个知识点的知识建构场景,教师利用模型进行课堂教学时,能大大提高教学效率和教学质量。2. 强大的自主学习功能,由于每个模型为一个知识点的知识建构场景,所以学生利用模型可以快速完成知识的建构。

线性代数求解模型	
求逆序数模型	$A_{2\times 2} \times B_{2\times 2}$
对换模型	$A_{2\times 3} \times B_{3\times 3}$
行列式的定义模型	$A_{3\times 3} \times B_{3\times 3}$
三阶行列式展开模型	转置模型
四阶行列式展开模型	矩阵的求逆模型
求余子式模型	求秩模型
Cramer 法则	三阶矩阵的判定模型
$A_{2\times 3} \times E_{3\times 3}$ $E_{3\times 3} \times A_{3\times 3}$	四阶矩阵的判定模型
$E(i,j) \times A_{3\times 3}$ $A_{3\times 3} \times E(i(k))$	$E(ij(k)) \times A_{3\times 3}$

  线性代数学习模型专门为高等学校理工科学生自主探究性学习线性代数而研发。它以线性代数典型知识点为单元,研发了 9 个模型,每个模型为一个知识点的知识建构场景。在每个模型中设计了若干个与之相关的问题,这些问题一步一步地引导学生进行自主学习,快速完成知识的建构。模型为学生提供了一个符合建构主义学习理论的智能场景,为提高学生的学习效率服务。

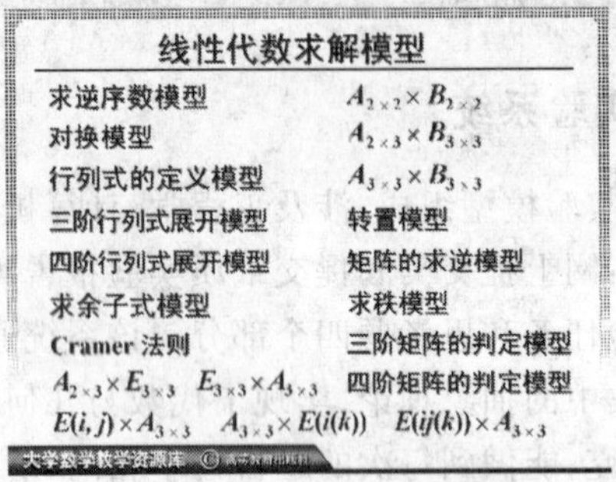

线性代数学习模型	
求逆序数模型	矩阵的求逆模型
对换模型	初等矩阵模型
行列式的定义模型	
代数余子式性质模型	求秩模型
矩阵乘积模型	三阶矩阵的判定模型

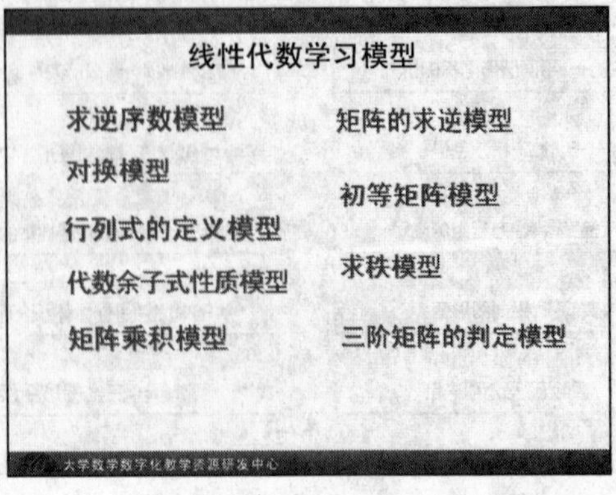

教学平台自投入使用以来，全国已有多所高校在试用，测试次数达 100 多万人次，高等教育出版社出版的系列智能电子教案在上百所高校广泛使用，受到了广大师生的一致好评。